"十四五"职业教育国家规划教材　　　　工业和信息化精品系列教材

U0176919

C语言
项目式系统开发教程

微课版｜第2版

彭顺生 朱清妍 ◉ 主编

王鑫 王敏 付世凤 ◉ 副主编

THE C PROGRAMMING LANGUAGE

人民邮电出版社

北京

图书在版编目（CIP）数据

C语言项目式系统开发教程：微课版 / 彭顺生，朱清妍主编. -- 2版. -- 北京：人民邮电出版社，2021.11(2024.6重印)
工业和信息化精品系列教材
ISBN 978-7-115-20387-8

Ⅰ. ①C… Ⅱ. ①彭… ②朱… Ⅲ. ①C语言—程序设计—高等学校—教材 Ⅳ. ①TP312.8

中国版本图书馆CIP数据核字(2021)第261537号

内 容 提 要

本书共分为10个单元，单元1～单元9的内容包括认识C语言程序、数据描述与数据处理、选择结构程序设计、循环结构程序设计、数组程序设计、模块化程序设计、指针程序设计、结构体程序设计、文件程序设计；单元10以图书超市收银系统项目为例，带领读者实现整个项目的设计、掌握开发流程。

本书采用任务驱动的编写思路，以技能为主线，以具体的任务为载体，使读者更容易掌握学习内容和学习方法。通过本书的学习，读者能够利用C语言程序开发工具Dev-C++进行程序编辑、编译和运行，能够使用不同的数据类型来描述现实生活中的数据，能够使用运算符对数据进行操作，能够使用程序流程图来描述算法，能够运用选择结构、循环结构来解决实际问题，能够运用数组、函数、指针、结构体、文件等知识设计复杂的应用程序，并能熟练掌握程序的调试方法。

本书可作为高等教育本、专科院校计算机相关专业的教材，也可作为计算机培训机构的参考教材。

◆ 主　　编　彭顺生　朱清妍
　　副主编　王　鑫　王　敏　付世凤
　　责任编辑　范博涛
　　责任印制　焦志炜

◆ 人民邮电出版社出版发行　　北京市丰台区成寿寺路 11 号
　　邮编　100164　　电子邮件　315@ptpress.com.cn
　　网址　http://www.ptpress.com.cn
　　三河市君旺印务有限公司印刷

◆ 开本：787×1092　1/16
　　印张：17.25　　　　　　2021 年 11 月第 2 版
　　字数：426 千字　　　　2024 年 6 月河北第 4 次印刷

定价：59.80 元

读者服务热线：(010)81055256　印装质量热线：(010)81055316
反盗版热线：(010)81055315
广告经营许可证：京东市监广登字 20170147 号

前 言

PREFACE

本书全面贯彻党的二十大精神，落实立德树人根本任务，注重培养学生形成正确的世界观、人生观和价值观。在学习专业知识的同时，本书强化学生的爱国情怀和民族自信心，培养学生脚踏实地、善作善成的创业品质，激发学生对 AI、区块链等新技术的兴趣与热情，为实现我国信息技术自主创新，为建设科技强国、数字中国贡献力量。

"C语言程序设计"是计算机专业及很多理工类专业重要的基础课程之一。为适应课程的发展，进一步提高计算机程序设计课程的教学质量，编者根据多年的教学经验，结合教学改革的实践及人才培养的高标准要求，对本书进行整体设计。本书采用任务驱动的编写思路，以技能为主线，以具体的任务为载体，共分解成36 个任务进行阐述，在突出培养读者动手能力的前提下，注重知识点的完整性和系统性。

通过几年的教学实践，我们发现在教学中较早引入算法的概念和设计算法的基本方法，有利于培养读者的综合应用能力，对培养应用型、技能型人才也是有益的。实践证明，用流程图来表示算法，能使读者更好地理解结构化程序设计的思想，掌握 C 语言程序设计的核心。

本书内容由浅入深、循序渐进，配合程序流程图帮助读者分析、解决实际生活中的问题。本书具有以下特色。

1. 任务驱动，启发性强

为便于教学工作的开展，本书采用任务驱动的编写思路。在每个任务中，首先提出任务目标，然后给出具体的学习任务，激发读者的学习积极性。结合具体任务，讲解完成任务所需要的相关知识。任务实施部分介绍完成任务的步骤和注意事项，使读者能够顺利完成任务，增加读者的成就感。任务实施后安排了课堂实训，通过课堂实训帮助读者巩固所学知识，培养了读者的想象力和创新思维能力，强化了读者的专业技能。

2. 既见树木，又见森林

单元 1～单元 9 以各个任务中的知识点建立起完整的课程知识框架，通过任务实施帮助读者做到对知识点融会贯通。单元 10 以设计与实现图书超市收银系统项目为例，让读者具备知识的综合运用能力和工程化编程思想。

3. 有效整合教材内容与教学资源，打造立体化、自主学习式的新形态一体化教材

本书为"知识点""任务实现"提供了对应的微课视频二维码，让读者以纸质教材为核心，通过互联网尤其是移动互联网，将线上资源与纸质教材有机融合，实现"线上线下互动"。本书实现了"互联网+"时代教材功能的升级和形式的创新。同时，本书为每个任务准备了精美的课件、教案、实训任务书、例题源代码及课后习题答案等配套教学资源，以减轻教师备课压力，方便教师开展教学。读者若需要课程配套资源或需要开通 SPOC 空间，可通过邮箱 114757461@qq.com 联系我们。

本书的编写及资源开发由彭顺生、朱清妍、王鑫、王敏、付世凤、蔡琼、邓华侔、张佳佳、方丽、黄海芳等完成。感谢湖南信息职业技术学院软件学院各位领导与同事的支持和关心。由于编者水平有限，书中难免存在不妥与疏漏之处，请广大读者批评指正。

编者

2023 年 7 月

目 录
CONTENTS

单元 1

认识C语言程序

欢迎来到编程语言的世界！正如人与人之间通过各种语言进行沟通一样，我们与计算机交流也需要用计算机和我们都能够理解的语言才行，这种语言就是"计算机语言"。要想让计算机进行各种工作，需要用某种计算机语言将这些工作内容表达出来，然后输入计算机，这个过程便是"计算机编程"或"程序设计"。用计算机语言表达的命令集被称为"计算机程序"，用于编写计算机程序的语言被称为"程序设计语言"。本单元通过初识C语言——搭建开发环境、编写第一个C语言程序输出树形图这两个任务来介绍C语言程序。

教学导航

教学目标	知识目标： 了解计算机编程语言的发展历史 了解 C 语言的标准 掌握使用 C 语言的 7 个步骤 掌握 Dev-C++开发平台的使用 掌握 C 语言程序的基本组成 掌握简单 C 语言代码的编写、编译、运行 能力目标： 具备安装和使用 Dev-C++开发平台的能力 具备运用 Dev-C++编写、编译、运行简单 C 语言程序的能力 素养目标： 培养学生的动手能力、团队协作意识 思政目标： 让学生明白规律的客观性原理、联系的普遍性原理
教学重点	使用 C 语言的 7 个步骤 Dev-C++开发平台的使用 C 语言程序的基本组成 格式化输出语句
教学难点	简单 C 语言代码的编写、编译、运行
课时建议	4 课时

任务 1-1　初识 C 语言——搭建开发环境

任务目标

★ 了解计算机编程语言的发展历史
★ 了解 C 语言的标准
★ 掌握编写程序的步骤
★ 掌握 Dev-C++开发平台的安装及使用

任务陈述

"工欲善其事，必先利其器"，我们要想完成某项任务，离不开工具的辅助。在学习编程之前，也需要有一个开发环境作为工具来帮助我们实现程序开发。C 语言的开发环境很多，在本书中，我们选择 Dev-C++集成开发平台作为开发工具，此任务需要完成 Dev-C++开发平台的安装并使用 Dev-C++开发平台完成"Hello World!"程序。

知识准备

1.1.1　计算机编程语言的发展历史

在开始讲解计算机编程语言的发展历史之前，先向同学们提出一个问题：究竟什么是程序呢？现在，我们的生活已离不开计算机，但是，如果你用 20 世纪初的英文词典查询"computer"这个词，查到的定义是"执行计算工作的人"。今天，计算机能为我们执行各种复杂的工作，在这个人工智能时代，机器也已经学会了思考。其实，计算机的本质依然是执行计算工作，不过它不再是执行计算工作的人，而是执行计算工作的机器。程序就是一系列的指令，用于指示计算机如何通过有限步骤的计算来完成各种复杂的任务。程序员则是设计和编写这些指令，并让计算机来执行的人。

1. 机器语言

从早期的电子管到今天的集成电路，计算机都是通过电路的通断来存储和记录信息的。因此，计算机只认识两个数字：1、0，它们分别表示电路中继电器的通和断。这种由数字 0、1 所组成的、能直接被计算机识别的指令代码（或者说程序语言）被称为机器语言。然而，这种能直接被计算机理解和执行的机器语言对程序员而言却好似一场噩梦：如果你想让计算机执行一次加法，那么指令为 1011011000000000。计算机先驱、剑桥大学的戴维·惠勒（David Wheeler）曾经回忆道："那时候，我正试着让自己编写的第一个真正意义上的程序运转起来。有一次，我像往常一样在 EDSAC 机房，准备去操作打孔机（早期计算机通过纸带打孔输入），在楼梯转角处我突然犹豫了，因为我意识到单是给自己的程序消除错误（debug）可能就要花掉我大半辈子的时间。"

2. 汇编语言

考虑到程序员使用机器语言编写程序所面临的困境，由剑桥大学数学实验室主任莫里斯·威尔克斯（Maurice Wilkes）教授所领导的研究团队开始使用汇编语言编写程序。汇编语言使用助记符代替机器指令，例如加法指令不再是 1011011000000000 这一长串二进制数字，而是使用 ADD 来表示。这样一来，程序员不需要再与抽象的二进制数字打交道了，他们可以采用简短的助记符来编写程序。使用汇编语言编写程序时，每一条汇编指令都与机器语言中的指令一一对应，汇编语言程序读取汇编语言所书写的源程序，输出使用机器语言的目标程序。使用汇编语言编写的程序执行效率相当高，到今天为止，很多计算机游戏程序的编写都使用汇编语言，因为这样可以提高游戏的运行速度。

3. 高级语言

虽然相对于由二进制数组成的机器语言程序代码而言，用汇编语言编写的程序代码在阅读和理解上已简单许多，但它依然是晦涩难懂的。尤其是汇编语言指令与机器语言指令是一一对应的，使得使用汇编语言编写的程序无法在完全不同的中央处理器（Central Processing Unit，CPU）上使用。计算机科学家们逐渐发现他们需要更高级的编程语言，且这种语言可以独立于底层硬件设备。1957年，任职于 IBM 公司的约翰·巴克斯（John Backus）所领导的团队发明了第一种高级编程语言——FORTRAN。高级语言所使用的指令更贴近人类（程序员）的思维习惯，这样更有利于人们去阅读和编写程序，有助于提高程序的开发效率。FORTRAN 是为了满足数值运算而设计的编程语言，至今仍在使用。

随后，在 1960 年的巴黎软件专家讨论会上，艾伦·佩利（Alan J. Perlis）发表了一篇名为《算法语言 ALGOL 60》的报告，该报告将程序设计从早期的数值计算和数值分析中独立出来。ALGOL 60 编程语言的提出标志计算科学的诞生。威尔克斯教授所领导的研究团队在 ALGOL 60 的基础上，发明了组合编程语言（Combined Programming Language，CPL），虽然 CPL 并没有引起热烈的反响，但是却为 BCPL（Basic CPL）的发明奠定了基础。

20 世纪 60 年代，任职于贝尔实验室的肯·汤普森（Ken Thompson）在 BCPL 的基础上发明了 B 语言，并使用 B 语言在一台名为 PDP-7 的机器上开发了一款名为 UNICS（UNiplexed Information and Computing System）的操作系统。随后，为了改进 UNICS，肯·汤普森和他贝尔实验室的同事丹尼斯·里奇（Dennis M.Ritchie）（如图 1-1 所示）合作发明了 C 语言，并用 C 语言开发了 UNIX 操作系统。C 语言被认为是第一个真正意义上的可移植的现代编程语言，它已经被移植到所有的系统架构和操作系统上。我们当前所使用的各种操作系统（如 UNIX、Linux、Windows、macOS）的开发都使用了 C 语言。如今，几乎每一台计算机上都搭载了 C 语言的编译器。

图 1-1　肯·汤普森和丹尼斯·里奇

近年来，C++、Java 等面向对象的编程语言非常流行，但是它们大多是基于 C 语言的语法和基本结构扩展而来的。现在，许多软件都是在 C 语言及其衍生的各种语言的基础上开发的，换言之，C 语言是现代程序员的共通语言。

1.1.2　C 语言的标准

C 语言诞生之后，1978 年，布莱恩·柯林汉（Brian W. Kernighan）和丹尼斯·里奇合著了《C 程序设计语言》（*The C Programming Language*）一书。C 语言诞生之初，计算机领域还没有"标准"这一概念，因此，布莱恩·柯林汉和丹尼斯·里奇合著的这本书的第 1 版就成了公认的 C 语言标准，被称为"K&R C"或者"经典 C"，尤其是书中的"附录 A：C 语言参考手册"成为 C 语言程序员的参考宝典，如图 1-2 所示。

图 1-2   《C 程序设计语言》第 1 版

1. ANSI C 标准

随着 C 语言的广泛使用，人们需要对其有更完整的描述，并适应它在使用过程中所进行的一些变化。1988年，美国国家标准学会（American National Standards Institute，ANSI）为 C 语言制定了一个精确的标准——ANSI C。该标准保持了 C 语言的表达能力、效率、小规模，以及对机器的最终控制，同时还保证符合标准的程序可以移植到任意一台计算机与任意一种操作系统上，且不需要修改程序。同时，这个标准也被国际标准化组织（International Organization for Standardization，ISO）采纳为国际标准。

2. C99 标准

1994 年，ANSI/ISO 联合委员会开始修订 C 语言标准，最终于 1999 年发布了 C99 标准。委员会保留了 C 语言原来的样子，使其成为适用于各种程序员的一种紧凑且有效的工具。同时，该标准为 C 语言添加了新特性。例如，提供多种方法处理国际字符集，支持国际化编程，支持可变长度数组，增加了基本数据类型、关键字和 些基本函数。

3. C11 标准

2011 年 12 月 8 号，ISO 发布了新的 C 语言标准 C11，推出了一些新的特性。随着时代的变化、技术的更新，技术标准也会随之修订。然而，修订标准不是因为原来的标准不能用，而是需要跟进新的技术。例如，新标准中添加了可选项来支持当前使用多处理器的计算机。

1.1.3   C 语言的使用步骤

1. 定义程序的目标

在开始编写程序之前，必须分析清楚程序要做什么、需要实现什么功能，程序有哪些已知信息、需要进行哪些计算，以及程序需要输出什么结果。在这一步骤中，不涉及具体的程序设计语言，应该使用自然语言来描述问题。

2. 设计程序

当理清程序需要实现的功能、明晰目标定义之后，就应当考虑如何使用程序来实现它。例如，决定在程序中如何表示数据，用什么方式处理数据等。在设计程序阶段，可以使用伪代码或者流程图来描述设计思路。对于初学者，遇到的问题都很简单，程序没有过多需要设计的地方，但是随着要处理的问题越来越复杂，需要决策和考虑的问题也就越来越多，合理的设计是完成程序的核心步骤。

3. 编写代码

当程序设计好之后，就可以进行编码了，即用合适的编程语言实现程序设计，在本书中我们使用 C 语言。这是真正使用到编程语言的步骤，思路可以画在纸上，但终究还是要将程序输入计算机。编写代码时，用户把编写好的 C 语言源程序输入计算机，并以文本文件的形式存储在磁盘上。其标识为 "文件名.c"。其中，文件名是由用户指定的符合 C 语言标识符规定的任意字符组合，扩展名为 ".c"，表示是 C 语言源程序，例

如 "hello.c" "first.c" 等。

在这个步骤中，我们需要使用特定的编程环境来编写代码。C 语言因为历史悠久，可选择的编程环境有很多。支持 C 语言的集成开发环境包括 Visual Studio、Dev-C++、Eclipse、Atom、Visual C++ 6.0 等。不同的开发平台所选用的编译器不同，对于 C 语言的各个标准的支持也不尽相同。在本书中，我们选用 Dev-C++开发平台作为编程环境。

4. 编译

我们知道计算机只能理解由 0、1 组成的机器语言指令集，而用高级语言编写的程序在计算机看来就是一堆无法理解和识别的符号。这个时候，就需要编译器出场了。所谓编译，就是把程序员用高级语言编写的程序翻译成计算机能理解的机器语言指令集，即把源代码翻译成可执行代码。可执行文件的文件名为 "文件名.exe"，扩展名 ".exe" 是可执行文件的文件类型标识。

在编译的过程中，编译器还会检查 C 语言程序是否有效，如果代码中出现语法错误，编译器将会报错，并且拒绝生成可执行文件。阅读和理解编译器的错误，检查代码并修改错误，是程序员必须掌握的技能。

5. 运行程序

当编译成功且生成可执行文件后，就可以运行程序了。在不同的操作系统中，可以通过相应的终端命令来运行程序，在集成开发环境（Integrated Development Environment，IDE）中可以通过选择菜单命令或者按键方式来执行 C 语言程序。

6. 测试和调试程序

程序能运行之后，我们需要对程序进行测试，检查程序是否能按照所设计的思路正确运行。当程序出现错误，无论是编译时检查到的语法错误还是运行结果错误，我们都将其称为 bug。查找并修复程序中出现的错误被称为调试，即 debug。程序出现 bug 在所难免，即便是一流的程序员，程序出现 bug 都是无法避免的。通常调试程序所花费的时间比编写程序所花费的时间还要多。静下心调试程序，是程序员的必修课。

7. 维护代码

程序创建完成之后，在使用的过程中还可能会发现程序有原来测试时未发现的错误，或者遇到程序需要扩展一些其他功能的情况，这个时候就需要修改程序，对代码进行维护了。

任务实施

（1）启动 Dev-C++。选择【文件】→【新建】→【源代码】，如图 1-3 所示。

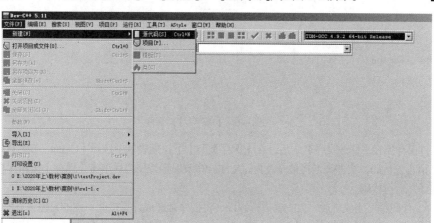

图 1-3　Dev-C++开发界面

（2）新建 C 语言源文件。在代码编辑区编写源代码，如图 1-4 所示。代码如何编写，我们将在后续章节讲解。

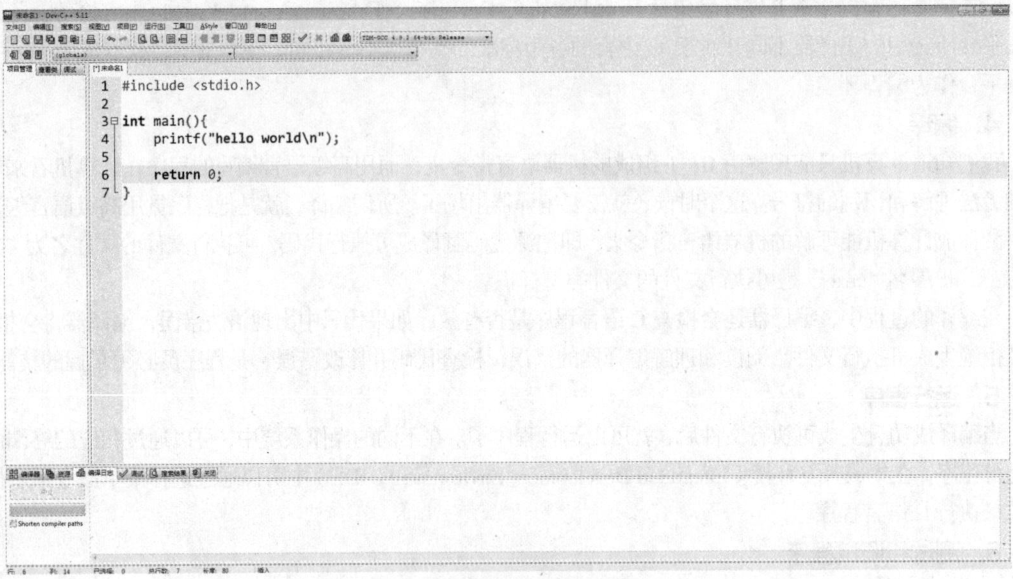

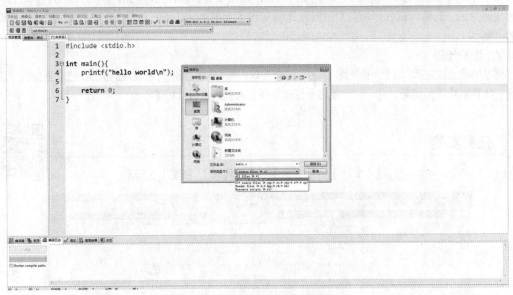

图 1-4　C 语言程序编辑界面

（3）保存源代码。选择【文件】→【保存】，会弹出图 1-5 所示的【保存为】对话框。

图 1-5　【保存为】对话框

选择文件保存路径，修改文件名之后，在【保存类型】下拉列表框中选择【C source files (*.c)】，将源代码保存为 C 语言源代码，文件类型将被修改为.c 文件。修改保存类型之后单击【保存】按钮保存源代码。

（4）编译并运行代码。

① 编译。代码编写完成之后，首先要进行编译，将程序翻译成计算机能识别的只包含 0 和 1 的机器语言，生成.exe 文件。选择【运行】→【编译】，如图 1-6 所示，或者直接按【F9】键对代码进行编译。

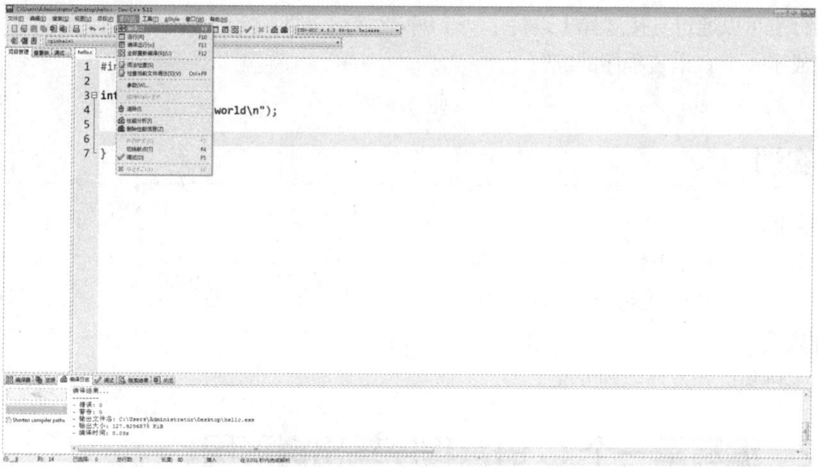

图 1-6　编译源代码

② 运行。编译通过之后，选择【运行】→【运行】，如图 1-7 所示，或者直接按【F10】键运行程序。

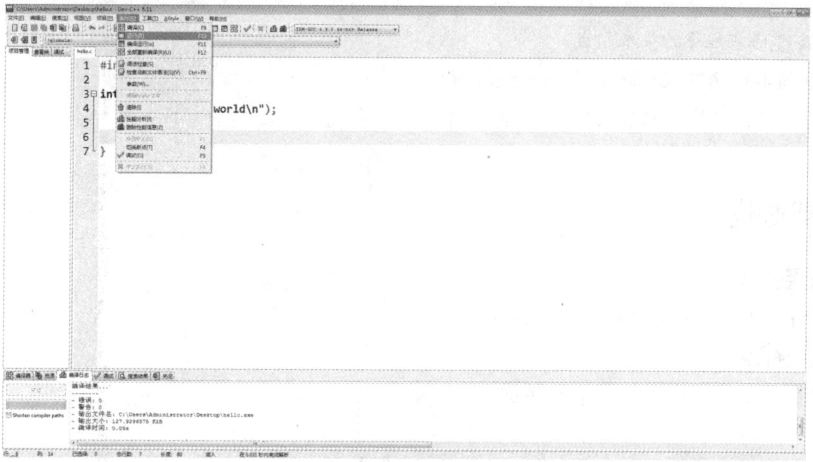

图 1-7　运行程序

程序成功运行之后，输出结果将通过【命令提示符】窗口或者终端展示，如图 1-8 所示。

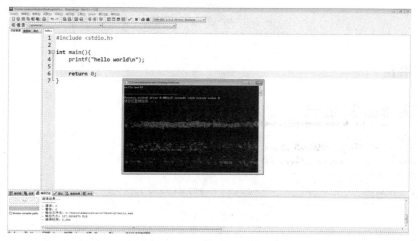

图 1-8　程序运行结果

编译和运行也可以通过直接选择【运行】→【编译运行】同时进行。

这样就完成了一个 C 语言程序的编写。

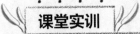

1. 实训目的

★ 了解编译器，以及编程语言的集成开发环境

★ 能熟练掌握Dev-C++集成编译环境的使用

2. 实训内容

完成 Dev-C++集成开发环境的安装。

任务1-2　编写第一个 C 语言程序输出树形图

任务目标

★ 掌握C语言程序的基本组成

★ 掌握简单C语言代码的编写、编译、运行

★ 编写一个简单的 C 语言程序

任务陈述

1. 任务描述

编写一个 C 语言程序，输出一棵树的图形。

2. 运行结果

树形图程序的运行结果如图 1-9 所示。

```
      *
     ***
    *****
   *******
     ***
     ***
```

图 1-9　树形图程序运行结果

知识准备

C 语言程序的基本组成

用 C 语言编写的程序称为 C 语言程序或 C 语言源程序。下面通过一个简单的示例来介绍一下 C 语言程序。

【例 1-1】一个简单的 C 语言程序。

```
#include <stdio.h>
int main()
{
    printf("Hello, world!\n");        /*输出要显示的字符串*/
    return 0;                         /*程序返回0*/
}
```

程序运行结果：

```
Hello, world!
Press any key to continue
```

程序分析如下。

（1）头文件

程序中的第 1 行：

```
#include <stdio.h>
```

这条语句中的 include 称为文件包含命令，其功能是把角括号（<>）中指定的文件嵌入到本程序中，使其成为程序的一部分。这里被嵌入的文件通常是由系统提供的头文件（其扩展名为.h）。C 语言的头文件中包括了各个标准库函数的函数原型。"stdio.h" 文件包含了标准输入/输出函数。

（2）主函数

程序中的第 2 行：

```
int main()
```

这条语句中 main()代表的是主函数的函数名，int 代表函数的返回值类型为整数类型。一个 C 语言程序，无论其大小和复杂程度如何，都是由函数和变量组成的。函数中包含一些语句，以指定要执行的计算操作；变量则用于存储计算过程中使用的值。通常情况下，函数的命名没有过多的限制，但是 main()是一个特殊的函数，每个程序都是以 main()函数作为起点开始执行的。也就是说，每个程序都必须在某个位置包含一个 main() 函数。

（3）函数体

程序中的第 3~6 行：

```
{
    printf("Hello, world!\n");          /*输出要显示的字符串*/
    return 0;                           /*程序返回0*/
}
```

一个函数分为两个部分，一部分是函数头，另一部分是函数体。程序中的第 3 行和第 6 行这两个花括号中的语句构成了函数体，第 4 行和第 5 行的语句就是函数体中要执行的内容。

（4）执行语句

程序中的第 4 行：

```
printf("Hello, world!\n");          /*输出要显示的字符串*/
```

执行语句就是函数体中要实现的操作。这条语句实现向控制台输出字符串 "Hello，world!"。printf()是格式化输出函数，括号中的内容称为函数的参数。其中 "\n" 符号代表换行。

（5）return 语句

程序的第 5 行：

```
return 0;                           /*程序返回0*/
```

这条语句的作用是使 main()函数结束运行，并返回一个整数类型常量 "0"，return 相当于 main()函数的结束标志。一般默认约定 return()是正常退出程序，return 非 0 是异常退出程序，它是给操作系统识别的，对程序无影响。如果将函数定义为 void main()，则可以不用返回值。

（6）注释

程序中的第 4 行和第 5 行都有一段关于代码的文字描述：

```
printf("Hello, world!\n");          /*输出要显示的字符串*/
return 0;                           /*程序返回0*/
```

这两段对代码的文字描述称为代码的注释。它起到解释说明的作用，说明这条语句是做什么的。包含在 "/*" 与 "*/" 之间的文字将被编译器忽略。添加注释是为了自己或他人在阅读程序时能够理解程序代码的含义和设计思想。注释可以自由地添加在程序的任何地方。"//" 是单行注释符，即注释中不能出现换行符；而 "/*...*/" 用于多行注释，注释中可以出现换行符。

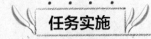 **任务实施**

1. 实施步骤

（1）启动 Dev-C++，选择【文件】→【新建】→【源代码】。

（2）编写代码。在编辑窗口输入源代码并保存。

（3）编译检查语法错误。

（4）运行。

2. 程序代码

```c
#include<stdio.h>
int main()
{
    printf("  *  \n");
    printf("  ***  \n");
    printf(" *****  \n");
    printf("*******\n");
    printf("  ***  \n");
    printf("  ***  \n");
    return 0;
}
```

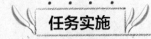 **课堂实训**

1. 实训目的

★ 能熟练地使用 Dev-C++ 集成开发环境开发 C 语言程序

★ 能熟练掌握 C 语言程序的基本组成

★ 能熟练掌握格式化输出语句的使用方法

2. 实训内容

编写代码，向控制台输出"欢迎来到 C 语言的世界"。

单元小结

本单元介绍了计算机编程语言的发展历史，C 语言的标准，使用 C 语言的 7 个步骤，Dev-C++ 开发平台的使用，C 语言程序的基本组成，简单 C 语言代码的编写、编译、运行，最后通过编写一个简单的 C 语言程序帮助读者理解 C 语言程序的组成及编译运行。

单元习题

一、选择题

1. 一个 C 语言程序是由（　　）组成的。

    A. 一个主程序和若干子程序　　　　　　B. 一个或多个函数

    C. 若干过程　　　　　　　　　　　　　　D. 若干子程序

2. 计算机能够直接识别和执行的语言是（　　）。

    A. 汇编语言　　　　　B. 机器语言　　　　　C. 高级语言　　　　　D. 自然语言

3. 下列说法中，错误的是（　　）。

    A. 每条语句必须独占一行，语句的最后可以是一个分号，也可以是一个换行符号

    B. 每个函数都有一个函数头和一个函数体，主函数也不例外

C.　主函数只能调用用户函数或系统函数，用户函数可以相互调用

D.　程序是由若干个函数组成的，但是必须有且只有一个主函数

4.　以下说法中正确的是（　　　）。

A.　C 语言程序总是从第一个定义的函数开始执行

B.　在 C 语言程序中，要调用的函数必须在 main() 函数中定义

C.　C 语言程序总是从 main() 函数开始执行

D.　C 语言程序中的 main() 函数必须放在程序的开始部分

5.　C 语言编译程序是（　　　）。

A.　C 语言程序的机器语言版本　　　　　　　B.　一组机器语言指令

C.　将 C 语言源程序编译成目标程序　　　　　D.　由制造厂家提供的一套应用软件

二、填空题

1.　C 语言程序文件的扩展名是 ＿＿＿＿＿＿＿。

2.　一个函数由两部分组成，它们是＿＿＿＿＿＿、＿＿＿＿＿＿。

3.　C 语言程序的开发过程是编辑、＿＿＿＿＿＿、连接、执行。

4.　一个 C 语言程序总是从＿＿＿＿＿＿开始执行的。

5.　C 语言中的多行注释以＿＿＿＿＿＿符号开始，以＿＿＿＿＿＿符号结束。

三、编程题

新学期开学，某班组织班会活动，要求学生进行自我介绍，介绍信息包括姓名、年龄、来自哪里。请你编写 C 语言程序，在屏幕上输出自己的信息。

输入格式：

无输入。

输出格式：

在一行中输出"姓名：张俊杰，年龄：18 岁，籍贯：湖南长沙"。

单元 2

数据描述与数据处理

　　学习一门程序设计语言的目的是用它来编写程序。而程序离不开数据，我们需要将数字、文字等信息输入计算机，对数据进行处理，完成给定的任务。本单元通过计算办公用品采购数量、计算身体质量指数、计算时间差、会员信息输入与输出这 4 个任务来介绍数据描述与数据处理。

教学导航

教学目标	知识目标： 掌握 C 语言中的数据类型 掌握 C 语言中的变量与常量 掌握变量、常量的定义、赋值与初始化 掌握运算符与表达式 掌握数值运算的优先级 掌握字符编码 掌握 C 语言的输入与输出 掌握格式化输入与输出 能力目标： 具备能准确选择数据类型来描述程序中信息的能力 具备各种数据类型转换的能力 具备定义、赋值和初始化变量和常量的能力 具备准确计算表达式的能力 具备运用输入、输出语句进行格式化输入、输出信息的能力 素养目标： 培养学生编码规范的职业素养 思政目标： 培养学生的爱国情怀、对祖国的认同感，加强学生对实践与认识的辩证关系的理解
教学重点	基本数据类型的使用及数据类型转换 变量的定义与赋值 数值运算符的使用 运算符的优先级

续表

教学难点	赋值运算符 自加、自减运算符 格式化输入、输出函数 scanf()、printf()
课时建议	6 课时

任务 2-1　计算办公用品采购数量

任务目标

★ 掌握变量与常量的定义

★ 掌握变量的赋值及初始化

★ 掌握 C 语言中整数的使用

★ 掌握基本的数值运算符

★ 掌握变量的输入、输出函数

任务陈述

1. 任务描述

假定某公司共有员工 70 名，现公司将采购一批办公用品（圆珠笔、U 盘）发放给员工。编写一个程序实现根据公司文员输入的为每位员工发放的圆珠笔和 U 盘数量，计算需要采购的圆珠笔和 U 盘数量，并输出结果。

2. 运行结果

计算办公用品采购数量程序的运行结果如图 2-1 所示。

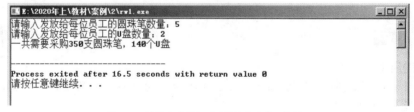

图 2-1　计算办公用品采购数量程序的运行结果

知识准备

2.1.1　整数类型

程序处理、加工的对象是数据。在计算机世界里，数据是信息的表现形式和载体，可以是符号、文字、图像、视频等。虽然数据的种类很多，但归根结底，最基本的数据类型是数字与字符。C 语言通过识别一些基本的数据类型来区分和使用这些不同类型的数据。

C 语言提供了以下 5 种基本的数据类型。

（1）整数类型：用 int 表示，代表整数数据。

（2）字符类型：用 char 表示，代表字符数据。

（3）单精度浮点型：用 float 表示，代表小数数据，小数的精确度较低。

（4）双精度浮点型：用 double 表示，代表小数数据，小数的精确度较高。

（5）空类型：用 void 表示，表示无类型。

数据类型决定了数据的大小、数据可执行的操作，以及数据的取值范围。计算机通过字节长度来度量数据的大小，不同数据类型的字节长度是不一样的。一般而言，数据类型的字节长度是 2^n（$n=0,1,2,3,4,\cdots$）个字节。显然，不同的数据类型的取值范围和大小是不同的。

在 C 语言中用 int 关键字来表示基本的整数类型。int 类型的值必须是整数，可以是正整数、负整数或者 0。而它的取值范围会根据计算机系统的不同而有所差异。一般而言，一个 int 类型的数据要占一个机器字长。早期的 16 位计算机使用 2 个字节（即 16 位）来存储一个 int 类型的值，其取值范围为 -32768～32767。而目前 64 位的计算机使用 4 个字节（即 32 位）来存储一个 int 类型的数据，其取值范围是 -2147483648～2147483647。

初学 C 语言，int 类型已经能满足大多数程序的整数类型需求。C 语言还提供了其他几种整数类型的形式。

（1）短整数类型，即 short int 类型，可以简写成 short，占用的存储空间比 int 类型少，具体长度依据不同计算机系统而定，用于较小数值的运算场合。

（2）长整数类型，即 long int 类型，可以简写成 long，占用的存储空间比 int 类型多，具体长度依据不同计算机系统而定，用于较大数值的运算场合，以便正确表达数据。

（3）long long int 或者 long long（C99 标准加入）占用的存储空间比 long 类型多，适用于更大数值的运算场合。该类型至少占 64 位。

（4）unsigned int 或者 unsigned，用于表达非负整数。这种类型的数据在 16 位计算机中占用 2 字节（16 位），其表达的数值范围为 0～65535。

说明

（1）在 int、short、long、long long 数据类型标识之前可以加上 signed 以强调其为符号类型，signed 可省略不写。

（2）short、long、long long 类型具体所需的存储空间会根据不同的计算机、不同的操作系统而有所差异。

2.1.2　变量

1. 变量的定义

变量是一个保存数据的地方，当我们需要在程序中保存数据时，就需要使用变量。变量的值在程序的运行过程中可能会发生改变。

在 C 语言中，所有的变量必须在使用之前定义。ANSI C 标准规定，程序中所有的变量必须在函数体的开头部分定义。C99 之后的标准允许变量随时定义、随时使用。定义变量的一般形式为：

```
<数据类型名> <变量列表>;
```

<数据类型名>必须是有效的 C 语言数据类型，例如 int、float 等；<变量列表>可以由一个或多个通过逗号隔开的标识符构成。所谓标识符，在 C 语言中是对变量、函数、标号和其他各种用户定义的对象的命名。标识符以字母或者下划线开头，由不超过 32 个字母、数字、下划线所组成，示例如下：

```
int i,j,k;
float number,price;
double length,total;
```

需要注意的是，标识符不能与 C 语言的关键字（见附录 A）相同，也不能与用户自定义的函数或 C 语言库函数同名。

2. 变量赋值与初始化

变量在定义好之后，可以被赋值。在 C 语言中，"="作为赋值运算符用于给变量赋值，示例如下：

```
int i;
i=10;
```

这两条语句中，首先定义了一个整数类型的变量 i，然后对变量 i 进行赋值。当这两条语句被执行之后，计算机内存中会开辟出一定的存储空间给变量 i，变量 i 的值为 10。

也可以在定义变量的同时对其赋值，这称为变量初始化。

例如：

```
int a=2,b=5;
int price=50;
```

需要注意的是，在定义中不允许连续赋值，例如 a=b=c=5 是不合法的。同样需要注意的是，变量在参与计算之前一定是已赋值状态。

3. 整数类型变量的输入输出

一个程序常常需要与用户进行交互，即允许用户从键盘输入数据，并将程序运行之后的结果通过显示器输出给用户。C 语言会提供一些输入/输出函数让用户与程序进行交流，输入/输出函数也被称为 I/O 函数。其中，最常用的是格式化输入函数 scanf() 和格式化输出函数 printf()。

scanf() 可将用户按指定格式输入的数据赋值给指定的变量。

scanf() 函数的一般形式为：

```
scanf("格式控制字符串", 输入项列表);
```

其中，格式控制字符串用于指定输入格式，为格式说明字符串。

输入项列表则由一个或多个变量地址组成，多个变量地址间用逗号","分隔。输入项列表的格式为：

```
&变量名
```

上述语句表示用户从键盘输入的数据，将被存入相应变量的地址中，其中，"&"为取地址符。单元 8 会详细介绍 "&" 符号的用法。

printf() 函数的一般形式如下：

```
printf("格式控制字符串", 输出项列表);
```

其中，格式控制字符串用于指定输出格式，可分为格式说明字符串和普通字符串两种。若格式控制字符串中只有普通字符串，后面没有输出项列表，例如 printf("Hello World!")，则用于程序中固定信息的输出。

格式说明字符串是以%开头的字符串，在%后面跟有各种格式字符，以说明输出数据的类型、形式、长度和小数位数等。例如，当输出一个 int 型的变量时，用格式说明字符串%d 将变量以十进制整数的格式输出。

输出项列表可以是常量、变量或表达式，其类型与个数必须与格式控制字符串中格式字符的类型、个数一致，当有多个输出项时，各项之间用逗号隔开。

【例 2-1】整型数据的输入输出：

```
#include <stdio.h>
int main(){
    int a,b;
    scanf("%d %d",&a,&b);
    printf("a=%d,b=%d\n",a,b);
}
```

程序运行结果：

```
18 36
a=18,b=36
```

2.1.3　常量

在 C 语言中，有些数据在程序使用之前已经预先设定好了，在整个程序的运行过程中其值不会发生改变，这些数据被称为常量。

有时，程序中会需要用到常量，例如求圆的周长，用变量 circumference 表示周长，用变量 diameter 表示直径，计算方式为圆周率乘以直径，则计算公式为：

```
circumference=3.14*diameter;
```

这里的 3.14 是数值，即直接量，其实在这里 3.14 使用常量 PI（π）来代替会更好，也就是说这条语句可以改写为：

```
circumference=PI*diameter;
```

为什么说使用常量比使用直接量更好呢？

（1）常量名比数字表达的信息更多，可以提高代码的可读性。例如：

```
interest=RATE*capital;
interest=0.02*capital;
```

读第一条语句立刻能明白它是在计算利息；而第二条语句中 0.02 仅是一个数字，需要进行更多的分析判断，例如这个数字是做什么的，整条语句是在计算什么。

（2）使用常量便于对代码进行维护。如果一个常量在程序中多处使用，有时会需要改变它的值，例如上例中的银行利率时常会浮动，如果利率浮动，就需要对代码进行修改。将利率定义成常量的话，只需要更改常量的定义；如果使用直接量，则需要在程序中找到所有的 0.02，并逐一判断其是否为银行利率，再加以修改。

那么常量该如何定义呢？常量的定义通常有两种方式。

（1）使用预处理命令，在程序的顶部进行常量定义，其格式为：

```
#define 常量名 值
```

示例如下：

```
#define PI 3.14
```

若使用这种方式定义常量，程序在编译时会将代码中所有的 PI 都替换成 3.14。需要注意的是，使用预处理命令时，对常量进行赋值没有使用赋值运算符 "="，而是在#define 之后写上常量名，接着直接给定常量的值。

（2）使用 const 关键字在程序中定义常量，其格式为：

```
const 数据类型 常量名=值;
```

如：

```
const float PI = 3.14;
```

需要注意的是，const 关键字是 C99 标准中新引入的，如果使用类似 VC++ 6.0 这些只支持 ANSI C 标准的编译器，就不能使用 const 关键字来定义常量。

▌ 说明

常量名是由标识符组成的，但是按照 C 语言的传统，常量通常会全用大写字母表示。

2.1.4　算术运算符与表达式

C 语言的运算符非常丰富，运算符与操作数能够组成不同类型的表达式。表达式是指由常量、变量、函数和运算符组合起来的式子。一个表达式有一个值及其类型，它们分别是计算表达式所得结果的值和类型。例如：

```
1+2*3-10
```

其中，1、2、3 和 10 称为操作数，+、*和-称为运算符。

上面的表达式先进行 "*" 运算，再进行 "+" 运算和 "-" 运算，这是因为运算符的优先级不同。"*" 的优先级高于 "+" 和 "-"，所以先进行 "*" 运算。

进行 "-" 运算时，是 7 减 10，而不是 10 减 7，这是由运算符的结合性决定的，"-" 运算符的结合性是从左至右。

运算符不仅具有不同的优先级，而且具有不同的结合性。在表达式中，各操作数参与运算的先后顺序不仅要遵守运算符优先级的规定，而且受运算符结合性的制约，以便确定是自左向右进行运算还是自右向左进行运算。

C 语言中的基本算术运算符如表 2-1 所示。

表 2-1　C 语言中的基本算术运算符

名称	符号	说明
加法运算符	+	双目运算符，即应有两个操作数参与加法运算，具有自左向右结合的特性。作为正号运算符时为单目运算符，具有自右向左结合的特性
减法运算符	−	双目运算符，具有自左向右结合的特性。作为负号运算符时为单目运算符，具有自右向左结合的特性
乘法运算符	*	双目运算符，具有自左向右结合的特性
除法运算符	/	双目运算符，具有自左向右结合的特性。参与运算的操作数均为整数类型时，结果也为整数类型，舍去小数。如果操作数中有一个是浮点型，则结果为双精度浮点型
求余运算符（模运算符）	%	双目运算符，具有自左向右结合的特性。要求参与运算的操作数均为整数类型，不能应用于 float 或 double 类型。求余运算的结果等于两数相除后的余数，整除时结果为 0

算术运算符优先级从高到低依次为：单目运算符"+"（正号）、"−"（负号），双目运算符"*"、"/"和"%"，双目运算符"+"和"−"。运算符优先级和结合性参见附录 D。

 任务实施

1. 实施步骤

（1）定义两个整数类型变量，分别用于存放圆珠笔和 U 盘数量；定义一个常量，存放公司的员工数量 70。

（2）输出提示信息，提示用户输入每人需要发放的圆珠笔和 U 盘数量。

（3）获取用户从键盘输入的每人需要发放的圆珠笔和 U 盘数量。

（4）计算需要采购的圆珠笔和 U 盘总数量。

圆珠笔总数=人数×每人发放的圆珠笔数量

U 盘总数=人数×每人发放的 U 盘数量

（5）输出计算结果。

2. 程序代码

```
#include<stdio.h>
int main()
{
    int numPen = 0;
    int numUdisk = 0;
    const int STAFF = 70;
    int totalPen, totalUdisk;
    printf("请输入发放给每位员工的圆珠笔数量：");
    scanf("%d", &numPen);
    printf("请输入发放给每位员工的U盘数量：");
    scanf("%d", &numUdisk);
    totalPen = STAFF * numPen;
    totalUdisk = STAFF * numUdisk;
    printf("一共需要采购%d支圆珠笔, %d个U盘\n",totalPen,totalUdisk);
    return 0;
}
```

课堂实训

1. 实训目的

★ 能熟练地掌握上机操作的步骤和程序开发的全流程

★ 能熟练掌握变量及常量的定义方法

★ 熟练掌握整数类型数据的输入输出方法

★ 能熟练掌握基本算术运算符的使用方法

2. 实训内容

提取一个 3 位整数的各位数码。

输入格式：

在一行中输入 1 个 3 位整数，即 num 的值。

输出格式：

在一行中以"个位为：% d，十位为：% d，百位为：% d"格式输出。

输入样例：

```
321
```

输出样例：

```
个位为：1，十位为：2，百位为：3
```

任务 2-2　计算身体质量指数

任务目标

★ 理解 C 语言中的浮点型变量

★ 掌握浮点数类型的变量定义

★ 掌握浮点数类型数据的输入输出

任务陈述

1. 任务描述

编写一个程序，帮助用户计算自己的身体质量指数 BMI，BMI=体重（kg）/身高（m）^{2}。用户输入自己的身高、体重，程序计算出身体质量指数 BMI 之后，将结果输出。

2. 运行结果

计算身体质量指数程序的运行结果如图 2-2 所示。

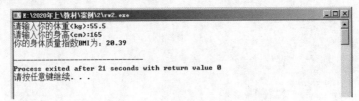

图 2-2　计算身体质量指数程序的运行结果

知识准备

2.2.1　浮点数概述

C 语言中的浮点数与数学中的实数概念一致。带小数点的数就是浮点数，例如 5 是整数，5.00 是浮点数。在 C 语言中，小数只采用十进制，可采用指数记数法和科学记数法两种表示方法，示例如下：

```
5.789
2.1E5  (相当于 2.1*10⁵)
0.5E7  (相当于 0.5*10⁷)
-2.8E-9  (相当于-2.8*10⁻⁹)
```

C 语言中的浮点数包括单精度浮点数 float、双精度浮点数 double、长双精度浮点数 long double 共 3 种类型。其中 long double 类型是 C99 标准提出的新的数据类型。

C 语言标准规定，单精度浮点数（float 类型）占用 32 位（4 字节）的存储空间，其数值范围为$-3.4\times10^{-38}\sim3.4\times10^{38}$，单精度浮点数有 6～7 位十进制有效数字。双精度浮点数（double 类型）使用 64 位（8 字节）来存储一个浮点数。它可以表示十进制的 15～16 位有效数字，其可以表示的数字的绝对值范围大约是$-1.79\times10^{-308}\sim1.79\times10^{308}$。而长双精度浮点数（long double 类型）则占 128 位（16 字节）的存储空间，其数据范围为$-1.2\times10^{-4932}\sim1.2\times10^{4932}$，有效数字有 18～19 位。

2.2.2　浮点数应用

1. 浮点型变量的定义

浮点型变量的定义和初始化与整数类型变量的定义和初始化是一样的，每个浮点型变量在使用之前都要加以定义。示例如下：

```
float x,y;
double z;
long double t;
```

需要说明的是，一个浮点型常量可以赋给一个 float 类型或 double 类型变量。根据变量的类型来截取浮点型常量中相应的有效数字。示例如下：

```
x = 123.456789;
z = 123.456789;
```

由于 float 类型的变量能表示 6 位或 7 位有效数字，因此实际存储的 x 的值为 123.4567。double 类型的值至少有 15 位有效数字，因此实际存储的 z 的值为 123.456789。

2. 浮点型数据的输出与输入

（1）浮点数的输出

浮点数的输出使用 printf() 函数。printf() 函数能让用户与程序进行交互，是格式化输出函数，其参数包含格式字符串和参数列表。其格式说明符和修饰符说明符的含义如表 2-2、表 2-3 所示。

表 2-2　printf() 函数格式说明符

格式说明符	含义
%f	以小数形式输出单、双精度实数，默认输出 6 位小数
%e 或 %E	以指数形式输出单、双精度实数，用 E，则输出时指数用 E 表示
%g 或 %G	选用 %f 或 %e 格式输出宽度较短的一种格式，不输出无意义的 0；用 G 时，若以指数形式输出，则指数以大写表示

表 2-3　printf() 函数修饰符说明符

修饰符说明符	含义
.m（为一正整数）	指定输出数据所占宽度（包括小数点）
.n（为一正整数）	对于实数，表示输出 n 位小数
+（通常省略）	右对齐，即输出的数字向右靠齐，左边填空格
-	左对齐，即输出的数字向左靠齐，右边补空格

【例 2-2】浮点数的输出，具体代码如下。

```
#include<stdio.h>
int main(){
    float a = 123.12345678;
    double b = 12345678.1234567;
    printf("a=%f,a=%lf,a=%5.4f,a=%15.6f,%e\n",a,a,a,a,b);
    printf("b=%lf,b=%f,b=%8.4f\n",b,b,b);
    return 0;
```

```
}
```

程序运行结果：

```
a=123.123459,a=123.123459,a=123.1235,a=       123.123459,1.234568e+007
b=12345678.123457,b=12345678.123457,b=12345678.1235
```

根据输出结果可知，%f 不指定字符宽度，系统自定义为全部整数位加 6 位小数，并且 l 对 f 格式无影响，例如第一个 printf() 中的 %f 和 %lf 输出格式相同。当用 m 指定宽度输出时，如果数据位数小于 m，则左端补空格，例如第一个 printf() 中的 %15.6f；如果数据位数大于 m，则按实际位数输出，例如第一个 printf() 中的 %5.4f。当用 .n 指定小数时，多余部分被截去，例如第一个 printf() 中的 %5.4f 和第二个 printf() 中的 %8.4f。

（2）浮点数的输入

浮点数的输入使用 scanf() 函数。scanf() 函数是格式化输入函数，其工作原理与 printf() 函数几乎一致。其格式说明符和修饰符说明符的含义与 printf() 基本相同，如表 2-4、表 2-5 所示。

表 2-4　scanf() 函数格式说明符

格式说明符	含义
%f	输入实数，以小数形式输入
%e	输入实数，以指数形式输入

表 2-5　scanf() 函数修饰符说明符

修饰符说明符	含义
l	双精度浮点型数据（%lf、%le）
m（为一正整数）	指定输入数据所占的宽度

【例 2-3】求圆面积，具体代码如下。

```
#include<stdio.h>
#define PI 3.1415926
int main(){
    double r,area;
    scanf("%lf",&r);
    area = PI * r * r;
    printf("area = %f\n",area);
    return 0;
}
```

程序运行结果：

```
2.5✓
area = 19.634954
```

任务实施

1. 实施步骤

（1）定义 4 个浮点型变量用于存放体重（kg）、身高（cm）、身高（m）、身体质量指数。

（2）输出提示信息，提示用户输入体重和身高。

（3）获取用户从键盘输入的体重和身高。

（4）将身高从 cm 转换为 m，计算身体质量指数。

$$身高（m）=身高（cm）÷100$$

$$身体质量指数=体重（kg）÷[身高（m）×身高（m）]$$

（5）输出计算结果。

2. 程序代码

```
#include<stdio.h>
int main(){
    float weight,height1,height2,BMI;
```

```
    printf("请输入你的体重(kg):");
    scanf("%f",&weight);
    printf("请输入你的身高(cm):");
    scanf("%f",&height1);
    height2 = height1 / 100;
    BMI = weight/(height2*height2);
    printf("你的身体质量指数 BMI 为: %.2f\n",BMI);
    return 0;
}
```

课堂实训

1. 实训目的

★ 了解浮点数的表示形式和存储方式

★ 熟练掌握浮点数变量的定义和赋值

★ 掌握浮点数输入输出函数的使用

★ 掌握浮点数相关运算

2. 实训内容

西方以英寸（in）、英尺（ft）表示身高，即英制单位，中国以 cm、m 来表示身高，即国际单位制。我们习惯以国际单位制 m 来表示身高，例如身高 1.83m，但是美国人是以英制计量单位来表示身高的。如果一个美国人告诉你，他高 5 英尺 7 英寸，那么他的身高是多少米呢？

计算公式：（5+7÷12）×0.3048≈1.7018m

请你编写一个程序来换算，并输出换算后的身高（m）。

输入格式：

在一行中输入 2 个浮点数，即 foot、inch 的值。

输出格式：

在一行中以"身高为%.4fm"格式输出，即输出转换后的身高值，保留 4 位小数。

输入样例：

5.0 7.0

输出样例：

身高为1.7018m

任务 2-3 计算时间差

任务目标

★ 掌握自加、自减运算符与表达式的使用

★ 掌握复合赋值运算符与表达式的使用

★ 了解位运算符的使用

★ 了解逗号运算符与表达式的使用

任务陈述

1. 任务描述

编写一个程序，计算小明从家到学校需要多长时间，输入出发时间和到达时间，分别以小时数和分钟数两个整数表示，然后计算并输出到达时间和出发时间之差，也以小时数和分钟数来表示。

2. 运行结果

计算时间差程序的运行结果如图 2-3 所示。

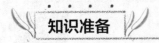

```
II:\2020年上\教材\案例\2\rw3.exe                    _|□|×|
出发时间为: 7 40
到达时间为: 8 20
小明从家到学校需要0小时40分钟:

Process exited after 5.712 seconds with return value 0
请按任意键继续...
```

图 2-3 计算时间差程序的运行结果

知识准备

2.3.1 自加、自减运算符

自加运算符（++）和自减运算符（--）在 C 语言中使用得比较频繁，这两个运算符有一个共同的特点，就是它们既可以出现在变量的左边，构成前置自加（++）或前置自减（--），又可以出现在变量的右边，构成后置自加（++）或后置自减（--）。

前置自加（++）或前置自减（--）运算的语法规则：先将变量的值加 1 或减 1，再使用该变量。

后置自加（++）或后置自减（--）运算的语法规则：先使用该变量，再将变量的值加 1 或减 1。

【例 2-4】使用自加、自减运算符的示例如下。

```c
#include<stdio.h>
int main()
{
    int i=8;
    printf("%d\n",++i);
    printf("%d\n",--i);
    printf("%d\n",i++);
    printf("%d\n",i--);
    printf("%d\n",-i++);
    printf("%d\n",-i--);
    return 0;
}
```

程序运行结果:

```
9
8
8
9
-8
-9
```

i 的初值为 8，第 5 行代码 i 加 1 后输出 9；第 6 行代码先减去 1 后输出 8；第 7 行代码输出 i 为 8 之后再为 i 加上 1（i 为 9）；第 8 行代码输出 i 为 9 之后 i 再减去 1（i 为 8）；第 9 行代码输出-8 之后再为 i 加上 1（i 为 9），第 10 行代码输出-9 之后 i 再减去 1（i 为 8）。

2.3.2 位运算符

我们在硬件上编程时，会向硬件设备发送一两个字节来控制它们，其中每个位（bit）都有特定的含义，这时，就需要通过位运算符来操控变量中的位。C 语言中提供了以下 6 种位运算符。

```
&#按位与
|#按位或
^#按位异或
<<#左移
>>#右移
~#按位取反
```

（1）按位与运算符&

按位与运算符"&"是二元运算符，通过逐位比较两个运算对象，生成一个新值。对于每个位，只有两个运算对象中相应的位都为 1 时，结果才为 1。例如：

```
(10001101) & (00111001)
```

由于这两个运算对象中只有从低到高的第 0 位和第 3 位同时为 1，因此计算结果为：00001001。

（2）按位或运算符|

按位或运算符"|"是二元运算符，通过逐位比较两个运算对象，生成一个新值。对于每个位，如果两个运算对象中相应的位有一个为 1，结果就为 1。例如：

```
(10001101) | (00111001)
```

由于这两个运算对象中从低到高的第 0 位、第 2 位、第 3 位、第 4 位、第 5 位、第 7 位都有值为 1 的位，因此计算结果为：10111101。

（3）按位异或运算符^

按位异或运算符"^"是二元运算符，通过逐位比较两个运算对象，生成一个新值。如果两个运算对象中相应的位一个为 1，另一个不为 1，则结果为 1。如果两个运算对象中相应位的值相同，即同为 1 或者同为 0，则结果为 0。例如：

```
(10001101) ^ (00111001) = (10110100)
```

（4）左移运算符<<

左移运算符"<<"是将其左侧运算对象的每一位向左边移动其右侧运算对象指定的位数。左侧运算对象移出左末端的值丢失，用 0 填充移出的位置。例如：

```
(10001101) << 2
```

运算结果为：00110100。

（5）右移运算符>>

右移运算符">>"将其左侧运算对象的每一位向右边移动其右侧运算对象指定的位数。左侧运算对象移出右末端的值丢失，用 0 填充移出的位置。例如：

```
(10001101) >> 2
```

运算结果为：00100011。

（6）按位取反运算符~

按位取反运算符"~"是一元运算符，它对数值的二进制位进行取反操作，即把 1 变成 0、把 0 变成 1，例如：

```
~(10001101)
```

运算结果为：01110010。

2.3.3　复合赋值运算符

在 C 语言中，可以在赋值运算符之前加上其他运算符，构成复合赋值运算符。共有以下 10 种复合赋值运算符。

```
+=    -=    *=    /=    %=
<<=   >>=   &=    ^=    |=
```

第一行的 5 种复合赋值运算符由算术运算符和赋值运算符结合而成；第二行的 5 种复合赋值运算符由位运算符和赋值运算符结合而成。由算术运算符和赋值运算符结合而成的是复合赋值运算符，其计算顺序是先进行算术运算，然后将结果赋值给第一个操作数。例如：

```
x+=3;              //等价于 x = x + 3
y*= y + z;//等价于 y = y * (y + z)
x%=3;              //等价于 x = x % 3
```

复合表达式也可以包含复合赋值运算符。例如，a+=a-=a*a 也是一个赋值表达式。如果 a 的初值为 12，此赋值表达式的求值步骤如下。

先进行"a-=a*a"的运算，它相当于 a = a - a * a，即 a 的值为 12-12×12=-132；然后进行 a=a+a 的运

算，那 a 的值为-132+（-132）=-264。

实际开发中不建议这么使用，否则程序可读性不强。

2.3.4　逗号运算符

在 C 语言中逗号"，"也是一种运算符，称为逗号运算符，其功能是把两个表达式连接起来组成一个表达式。有逗号运算符的表达式称为逗号表达式，其一般形式为：

表达式1，表达式2；

逗号表达式的运算顺序是从左往右分别求解两个表达式的值，并以表达式2的值作为整个逗号表达式的值。

【例2-5】逗号运算符应用示例如下。

```
#include<stdio.h>
int main()
{
    int a=2,b=4,c=6,x,y;
    y=(x=a+b,b+c);
    printf("y=%d,x=%d\n",y,x);
    return 0;
}
```

程序运行结果：

```
y=10,x=6
```

本例中，y 等于整个逗号表达式的值，也就是表达式2的值，x 等于第一个表达式的值。

对于逗号表达式还要说明以下3点。

（1）逗号表达式一般形式中的表达式1和表达式2也可以是逗号表达式。

例如：

表达式1，（表达式2，表达式3）

这形成了嵌套情形，因此可以把逗号表达式扩展为以下形式：

表达式1，表达式2，…，表达式n

整个逗号表达式的值等于表达式n的值。

（2）程序中使用逗号表达式，通常是要分别求逗号表达式内各表达式的值，并不一定要求整个逗号表达式的值。

（3）并不是所有出现逗号的地方都是逗号表达式。例如，在变量说明时，函数参数表中的逗号只是用作各变量之间的分隔符。

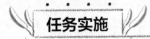

任务实施

1. 实施步骤

（1）定义4个整数类型的变量，分别用于存放出发、到达的小时和分钟。

（2）输出提示信息，提示用户输入出发的小时、分钟，到达的小时、分钟。

（3）将出发时间和到达时间转换为分钟，并计算时间差值。

（4）用时间差除以60，商为所花费的小时数，余数为所花费的分钟数。

（5）输出所花费的小时数和所花费的分钟数，即到达与出发的时间差。

2. 程序代码

```
#include<stdio.h>
int main(){
    int hour1,minute1;
    int hour2,minute2;
    printf("出发时间为: ");
    scanf("%d %d",&hour1,&minute1);
    printf("到达时间为: ");
    scanf("%d %d",&hour2,&minute2);
    int t1 = hour1 * 60 + minute1;
```

```
        int t2 = hour2 * 60 + minute2;
        int t = t2 - t1;
        int h = t / 60;
        t %= 60;
        printf("小明从家到学校需要%d小时%d分钟:\n",h,t);
        return 0;
}
```

课堂实训

1. 实训目的
★ 掌握复合赋值运算符的使用
★ 掌握中间变量的作用

2. 实训内容
交换两个变量的值,使用两种方式实现。一种是借助中间变量实现交换,另一种是不借助中间变量实现交换。

输入格式:

在一行中输入 2 个整数,即 a 、b 的值。

输出格式:

在一行中按"a＝％d,b＝％d"的格式输出交换后的结果。

输入样例:

```
1  2
```

输出样例:

```
a=2,b=1
```

任务 2-4   会员信息输入与输出

任务目标

★ 掌握 C 语言中的字符类型数据的基本知识
★ 掌握格式化输入输出函数的使用

任务陈述

1. 任务描述
输入会员的基本信息,包括编号、性别、年龄,按照指定格式输出会员的基本信息。

2. 运行结果
会员信息输入与输出程序的运行结果如图 2-4 所示。

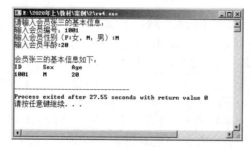

图2-4   会员信息输入与输出程序的运行结果

知识准备

2.4.1　字符编码

程序中除了可以使用整数、实数外，经常还会有字符信息。计算机是如何识别字符的？我们知道计算机只能看懂 0 和 1，因此需要通过字符编码来实现。

1. 编码

如果在计算机中输入"我喜欢你"，计算机不懂你想表达的是什么，因为它只能读懂 0 和 1。所以，需要预先在计算机中编写一本字典，字典表示例如表 2-6 所示。

表 2-6　字典表示例

字符	编码
我	000
喜	001
欢	010
你	011

有了字典，计算机就会对照字典来理解你的意思，如"我喜欢你"，就是 000 001 010 011，如果发给对方计算机的话，它接收到这一串数字后会根据字典将其翻译过来，变为"我喜欢你"这个信息。因此这本字典就是计算机的编码。

2. 编码方式

计算机最早是美国人发明的，当时美国人编制字典的时候只把 26 个英文字母和一些英文常用的符号编进去了，这本字典被称为美国信息交换标准代码（American Standard Code for Information Interchange，ASCII）。ASCII 表见附录 B。

英文字符少，字典相对较薄，只需要 8 位二进制（0 和 1）就能表示出来，2 的 8 次方为 256 个字符。中华上下五千年，发明的常用汉字就有 3500 个，8 位的字典根本不能存储这么多的汉字。所以中国就发明了自己的字典（编码）GBK 码，目的就是把中国的汉字存储到计算机中让计算机理解。

中国的汉字计算机理解了，其他国家（如印度、日本、韩国）的网民也得用计算机，所以大家都编写了自己的字典（编码）。但是各国计算机因不能理解别人的字典仍然无法正常通信。因此 ISO 编写了一本世界通用的字典 Unicode，这本字典把全世界各个国家的字符都写进去了，解决了互相通信的问题。但是存储的字符越多，字典越厚，每个字符占用的空间越大，传输速度也就越慢，这时候又编写了 UTF-8 和 UTF-16 编码。

2.4.2　字符类型

1. 字符常量表示形式

字符类型的数据是用单引号引起来的单个字符，例如'a'、'b'、'='、'+'、'?'都是合法的字符型数据，也称为字符常量。在这里单引号只起定界的作用，并不代表字符。单引号中的字符不能是单引号（'）和反斜杠（\），因为反斜杠（\）本身就是一个转义字符。

2. 转义字符

转义字符是 C 语言中表示字符的一种特殊形式。通常使用转义字符表示 ASCII 字符集中不可输出的控制字符和特定功能的字符，例如单引号字符（'）、双引号字符（"）和反斜杠字符（\）。

转义字符用反斜杠（\）加一个字符或一个八进制数、十六进制数表示。表 2-7 为 C 语言中常用的转义字符。

表 2-7　C 语言中常用的转义字符

转义字符	转义字符的意义	ASCII 值
\n	换行	10
\t	水平制度	9
\b	退格	8
\r	回车，将当前的光标移动到行首，但不会移动到下一行	13
\f	换页	12
\\	反斜杠"\"	92
\'	单引号	39
\"	双引号	34
\a	响铃	7
\ddd	1～3 位八进制数所代表的字符	
\xhh	1～2 位十六进制数所代表的字符	

广义地讲，C 语言字符集中的任何一个字符均可用转义字符来表示。表中的'\ddd'和'\xhh'分别为八进制和十六进制的 ASCII。例如'\101'表示字母'A'，'\102'表示字母'B'，'\134'表示反斜杠，'\XOA'表示换行等。

【例 2-6】转义字符的使用示例如下。

```
#include<stdio.h>
int main()
{
    printf(" ab c\tde\rf\n");
    printf("hijk\tL\bM\n");
    return 0;
}
```

程序运行结果：

```
fab c    de
hijk     M
```

3. 字符变量

字符变量的类型说明符是 char。字符变量类型定义的格式和书写规则都与整数类型变量相同。例如：

```
char a,b;
```

为字符变量赋值：

```
a = '0';
b = '1';
```

4. 字符变量在内存中的存储形式及使用方法

在 C 语言中，字符是按其所对应的 ASCII 值来存储的，一个字符占一个字节。表 2-8 为部分字符所对应的 ASCII 值。

表 2-8　部分字符的 ASCII 值

字符	0	1	A	B	a	z
ASCII 值	48	49	65	66	97	122

数据在计算机中是按位存放的，每个位中只能存放"0"或"1"，8 位组成一个字节。因此，字符在内存中存储的时候是将其 ASCII 值以 8 位二进制数的形式存放的。

例如，字符'A'在内存中的存放形式为：

0	1	0	0	0	0	0	1

【例 2-7】为字符变量赋予整数类型的值，示例如下。

```
#include<stdio.h>
```

```
int main()
{
    char a,b;
    a=120;
    b=121;
    printf("%c,%c\n",a,b);
    printf("%d,%d\n",a,b);
    return 0;
}
```

程序运行结果：

```
x,y
120,121
```

本程序中定义 a、b 为字符型，但在赋值语句中赋予其整数类型的值。从结果看，a、b 值的输出形式取决于 printf()函数格式串中的格式符，当格式符为“c”时，对应输出的变量值为字符；当格式符为“d”时，对应输出的变量值为字符对应的 ASCII 值。

【例 2-8】ASCII 的使用示例如下。

```
#include<stdio.h>
int main()
{
    char a,b;
    a='a';
    b='b';
    a=a-32;
    b=b-32;
    printf("%c,%c\n%d,%d\n",a,b,a,b);
    return 0;
}
```

程序运行结果：

```
A,B
65,66
```

本例中，a、b 被声明为字符型变量并被赋予字符值，C 语言允许字符变量参与数值运算，即用字符的 ASCII 值参与运算，由于大小写字母的 ASCII 值相差 32，因此运算后小写字母转换成了大写字母，然后分别以字符类型和整数类型输出。

2.4.3　字符的输出与输入

在 C 语言中，输出字符可使用 putchar()函数或 printf()函数，输入字符可使用 getchar()函数或 scanf()函数。

1. putchar()函数

putchar()函数是字符输出函数，其功能是在显示器上输出单个字符。一般形式如下：

```
putchar(c);                  /*c 可以是字符型、整数类型的变量或常量*/
```

例如：

```
putchar('A');                /* 输出大写字母 A */
putchar(x);                  /* 输出字符变量 x 的值 */
putchar('\101');             /* 也是输出字符 A */
putchar('\n');               /* 换行 */
```

对控制字符则执行控制功能，不在屏幕上显示。

【例 2-9】输出单个字符的示例如下。

```
#include<stdio.h>
int main()
{
    char a='B',b='o',c='k';
    putchar(a); putchar(b); putchar(b); putchar(c); putchar('\t');
    putchar(a); putchar(b);
    putchar('\n');
    putchar(b); putchar(c);
    putchar('\n');
    return 0;
```

```
}
```
程序运行结果:
```
Book    Bo
ok
```

2. printf()函数

使用 printf()函数输出单个字符时，其输出格式说明符如表 2-9 所示。

表 2-9 输出格式说明符

格式字符	意义
c	输出单个字符

3. getchar()函数

getchar()函数是键盘输入函数，其功能是从键盘上输入一个字符。一般形式如下:
```
getchar();
```
通常会将输入的字符赋给一个字符变量或整数类型变量，构成赋值语句，例如:
```
char c;
c=getchar();
```
【例 2-10】输入单个字符的示例如下。
```
#include<stdio.h>
int main()
{
    char c;
    printf("input a character\n");
    c=getchar();
    putchar(c);
    return 0;
}
```
程序运行结果:
```
input a character
n↙
n
```
使用 getchar()函数应注意以下几点。

（1）函数只能接收单个字符，输入数字也按字符处理，输入多于一个字符时，只接收第一个字符。

（2）使用本函数前必须包含文件"stdio.h"。

（3）在控制台下运行含本函数的程序时，将进入等待用户输入状态，输入完毕后返回控制台。

程序的第 6、7 行可用下面一行代替:
```
putchar(getchar());
```

4. scanf()函数

使用 scanf()函数输入单个字符时，输入格式说明符如表 2-10 所示。

表 2-10 输入格式说明符

格式字符	意义
c	输入单个字符

在输入字符数据时，若格式控制串中没有非格式字符，则认为所有输入的字符均为有效字符。
例如:
```
scanf("%c%c%c",&a,&b,&c);
```
若输入"d_ef"，则把'd'赋给变量 a，'_'（表示空格字符）赋给变量 b，'e'赋给变量 c。只有当输入为 def 时，才能把'd'赋给变量 a，'e'赋给变量 b，'f'赋给变量 c。如果在格式控制中加入空格作为间隔，例如:
```
scanf ("%c %c %c",&a,&b,&c);
```
则输入时各数据间需加空格。

【例 2-11】scanf()函数示例如下。

```
#include<stdio.h>
int main()
{
    char a,b;
    printf("input character a,b:\n");
    scanf("%c%c",&a,&b);
    printf("%c%c\n",a,b);
    return 0;
}
```

程序运行结果：

```
input character a,b:
M N↙
M
```

由于 scanf()函数"%c%c"中没有空格，输入"M_N"，输出结果只有 M。而输入改为"MN"时则可输出 MN 这两个字符。

【例 2-12】scanf()函数示例如下。

```
#include<stdio.h>
int main()
{
    char a,b;
    printf("input character a,b:\n");
    scanf("%c %c",&a,&b);
    printf("%c %c\n",a,b);
    return 0;
}
```

程序运行结果：

```
input character a,b:
M N↙
M N
```

本例表示 scanf()格式控制串"%c %c"之间有空格时，输入的数据之间可以有空格间隔。

2.4.4　数据类型转换

变量的数据类型是可以转换的。转换的方法有两种，一种是自动转换，另一种是强制转换。

1. 自动转换

自动转换发生在不同类型的数据进行混合运算时，由编译系统自动完成。自动转换遵循的规则如图 2-5 所示，可以从以下几个方面来理解这个规则。

（1）如果参与运算的操作数的类型不同，则先将其转换成同一类型，然后进行运算。

（2）按精度从低到高进行类型转换，以保证精度不降低。例如 short 型和 long 型运算时，先把 short 型变量转换成 long 型后再进行运算。

（3）所有的浮点运算都是以双精度进行的，即使表达式中仅含 float 型变量，也要先将变量转换成 double 型后再进行运算。

（4）char 型和 short 型参与运算时，必须先转换成 int 型。

（5）在赋值运算中，当"="两边的运算对象类型不相同时，系统自动将"="右边表达式的值转换成左边变量的类型后再赋值，具体规定如下。

① 浮点型赋给整数类型，舍去小数部分。

② 整数类型赋给浮点型，数值不变，但增加小数部分（小数部分值为 0）。

③ 字符类型赋给整数类型，由于字符型占 1 个字节，而整数类型占 4 个字节，因此将字符的 ASCII 值放到整数类型量的低 8 位，高 24 位补 0。整数类型赋给字符型，只把低 8 位赋给字符类型变量。

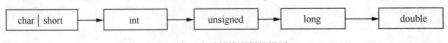

图 2-5　自动转换遵循的规则

【例 2-13】自动数据类型转换示例如下。

```
#include<stdio.h>
int main()
{
    float PI=3.14159f;
    int s,r=5;
    s=r*r*PI;
    printf("s=%d\n",s);
    return 0;
}
```

程序运行结果:

```
s=78
```

本例中，PI 为浮点型，s、r 为整数类型，在执行 s=r*r*PI 语句时，r 和 PI 都转换成 double 型再计算，结果也为 double 型，但由于 s 为整数类型，故赋值结果仍为整数类型，舍去了小数部分。

【例 2-14】输入 3 个小写字母，输出其 ASCII 值和对应的大写字母。

```
#include<stdio.h>
int main()
{
    char a,b,c;
    printf("input character a,b,c:\n");
    scanf("%c %c %c",&a,&b,&c);
    printf("%d %d %d\n%c %c %c\n",a,b,c,a-32,b-32,c-32);
    return 0;
}
```

程序运行结果:

```
input character a,b,c:
x y z✓
120 121 122
X Y Z
```

2. 强制转换

强制转换是通过类型转换运算来实现的。其一般形式为:

```
(类型说明符) (表达式)
```

其功能是把表达式的运算结果强制转换成类型说明符所表示的类型。

例如:

```
(float) a;    /* 把a转换为单精度浮点型 */
(int)(x+y);   /* 把x+y的结果转换为整数类型 */
```

在使用强制转换时应注意以下问题。

（1）类型说明符和表达式都必须加括号（单个变量可以不加括号），例如把(int)(x+y)写成(int)x+y 则表示将 x 转换成 int 型之后再与 y 相加。

（2）无论是强制转换还是自动转换，都只是为了本次运算的需要对变量的数据长度进行的临时性转换，而不改变数据说明时定义的变量类型。

【例 2-15】强制数据类型转换示例如下。

```
#include<stdio.h>
int main()
{
    float f=5.75;
    printf("(int)f=%d,f=%f\n",(int)f,f);
    return 0;
}
```

程序运行结果:

```
(int)f=5,f=5.750000
```

本例表明，虽然 f 被强制转为 int 型，但这只在运算中起作用，是临时的，而 f 本身的类型并不改变，因此，（int）f 的值为 5（删去了小数），而 f 的值仍为 5.75。

任务实施

1. 实施步骤

（1）定义整数类型变量 age、num，字符型变量 sex，分别表示会员的年龄、编号、性别。

（2）输出提示信息，提示用户输入会员相关信息，例如编号、性别、年龄。

（3）按照指定格式输出会员信息。

2. 程序代码

```c
#include<stdio.h>
int main()
{
    int age,num;
    char sex;   /* F:女  M: 男 */
    printf("请输入会员张三的基本信息: \n");
    printf("输入会员编号: ");
    scanf("%d",&num);
    getchar();
    printf("输入会员性别（F:女, M: 男）:");
    sex=getchar();
    printf("输入会员年龄:");
    scanf("%d",&age);
    printf("\n 会员张三的基本信息如下: \n");
    printf("ID\tSex\tAge\n");
    printf("%d\t%c\t%d\n",num,sex,age);
    return 0;
}
```

课堂实训

1. 实训目的

★ 掌握字符变量的定义

★ 掌握字符变量的输入与输出

★ 掌握字符变量的运算及转换

2. 实训内容

从屏幕读入一个小写字母，输出该小写字母及其对应的十进制整数，然后将该小写字母转换为大写字母并输出。

输入格式：

在一行中输入 1 个小写字母。

输出格式：

在一行中输出小写字母及其对应的十进制整数。

```
输入样例: d
输出样例1: d 100
输出样例2: D 68
```

单元小结

本单元介绍了编写 C 语言程序的一些基础知识。编写 C 语言程序的过程中要注意以下几点。

（1）不同类型的数据具有不同的取值范围。在编程的过程中，应该避免将一个较大的数据赋值给一个取值范围较小的变量。同时，还要避免在不同数据类型的变量间赋值，因为这样可能会引起数据丢失，从而导致运行结果不正确，甚至产生更严重的后果。

（2）注意使用正确的运算符来表示不同的表达式。

（3）输入输出功能是通过调用系统函数来完成的，因此要使用指令 "#include <stdio.h>" 来包含头文件。printf() 函数可以按用户指定的格式把指定的数据显示到显示器上。scanf()函数可以按用户指定的格式把从键盘输入的数据传入指定的变量中。

单元习题

一、选择题

1. 下列符号中，不属于转义字符的是（　　　）。

　　A. \\　　　　　　　　B. \0xAA　　　　　　　C. \t　　　　　　　　D. \0

2. 以下选项中，合法的浮点型常数是（　　　）。

　　A. 5E2.0　　　　　　 B. E-3　　　　　　　　C. 2E0　　　　　　　 D. 1.3E

3. 以下选项中不属于 C 语言变量类型标识符的是（　　　）。

　　A. signed short int　　B. unsigned long int　　C. unsigned int　　　 D. long shot

4. 以下选项中，正确的字符常量是（　　　）。

　　A. "F"　　　　　　　 B. '\\"　　　　　　　　C. 'W'　　　　　　　　D. "

5. 若有代数式 $\dfrac{3ab}{cd}$ ，则不正确的 C 语言表达式是（　　　）。

　　A. a/c/d*b*3　　　　　B. 3*a*b/c/d　　　　　C. 3*a*b/c*d　　　　 D. a*b/d/c*3

6. 已知字母 A 的 ASCII 值为十进制数 65，且 s 为字符型，则执行语句 s='A'+'6'-'3';后，s 中的值为（　　　）。

　　A. 'D'　　　　　　　　B. 68　　　　　　　　 C. 不确定的值　　　　 D. 'C'

7. 在 C 语言中，要求操作数必须是整数类型的运算符是（　　　）。

　　A. /　　　　　　　　　B. ++　　　　　　　　 C. *=　　　　　　　　 D. %

8. 若有定义 int m=7;float x=2.5,y=4.7;则表达式 x+m%3*(int)(x+y)%2/4 的值是（　　　）。

　　A. 2.500000　　　　　 B. 2.750000　　　　　 C. 3.500000　　　　　 D. 0.000000

9. 假设所有变量均为整数类型，则表达式（x=2,y=5,y++,x+y）的值是（　　　）。

　　A. 7　　　　　　　　　B. 8　　　　　　　　　C. 6　　　　　　　　　D. 2

10. 设 x、y 均为 float 型变量，则不正确的赋值语句是（　　　）。

　　A. ++x;　　　　　　　 B. x*=y-2;　　　　　　C. y=(x%3)/10;　　　　D. x=y=0;

11. putchar()函数可以向终端输出一个（　　　）。

　　A. 整数类型变量表达式值　　　　　　　　B. 字符串

　　C. 浮点型变量值　　　　　　　　　　　　D. 字符或字符型变量值

12. 以下程序段的输出结果是（　　　）。

```
int a=12345; printf("%2d\n", a);
```

　　A. 12　　　　　　　　　B. 34　　　　　　　　 C. 12345　　　　　　　D. 提示出错、无结果

13. 有如下程序段：

```
int x1,x2;
char y1,y2;
scanf("%d%c%d%c", &x1,&y1,&x2,&y2);
```

若要求 x1、x2、y1、y2 的值分别为 10、20、A、B，则正确的数据输入是（　　　）。（注：␣代表空格）

　　A. 10A␣20B　　　　　 B. 10␣A20B　　　　　 C. 10␣A␣20␣B　　　 D. 10A20␣B

14. 有如下程序段，对应正确的数据输入是（　　　）。

```
float x,y;
scanf("%f%f",&x,&y);
printf("a=%f,b=%f",x,y);
```

　　A. 2.04<Enter>　　　　　　　　　　　　B. 2.04,5.67<Enter >

　　C. A=2.04,B=5.67<Enter>　　　　　　　D. 2.055.67<Enter>,5.67<Enter >

15. 有如下程序段，从键盘输入数据的正确形式应是（　　　　）。（注：␣代表空格）

```
int x,y,z;
scanf("x=%d,y=%d,z=%d",&x,&y,&z);
```

    A. 123　　　　　　　B. x=1,y=2,z=3　　　　C. 1,2,3　　　　　　　　D. x=1␣y=2␣z=3

16. 根据定义和数据的输入方式，输入语句的正确形式为（　　　　）。（注：␣代表空格）

```
已有定义：float x,y;
数据的输入方式：1.23<Enter >
              4.5<Enter >
```

    A. scan("%f,%f",&x,&y);　　　　　　　　B. scanf("%f%f",&x,&y);

    C. scanf("%3.2f␣%2.1f",&x,&y);　　　　　D. scanf("%3.2f%2.1f",&x,&y);

17. 根据题目中已给出的数据的输入和输出形式，程序中输入输出语句的正确内容是（　　　　）。

```
#include<stdio.h>
int main()
{ int a;
float b;
输入语句
输出语句
}
输入形式：1␣2.3<Enter >（注：␣代表空格）
输出形式：a+b=3.300
```

    A. scanf("%d%f",&a,&b);　　　　　　　B. scanf("%d%3.1f",&a,&b);

      printf("\na+b=%5.3f",a+b);　　　　　　　printf("\na+b=%f",a+b);

    C. scanf("%d,%f",&a,&b);　　　　　　　D. scanf("%d%f",&a,&b);

      printf("\na+b=%5.3f",a+b)　　　　　　　printf("\na+b=%f",a+b);

二、填空题

1. 以下程序的执行结果是＿＿＿＿。（注：␣代表空格）

```
#include<stdio.h>
int main()
{
  float pi=3.1415927;
  printf("%f,%.4f,%4.3f,%10.3f",pi,pi,pi,pi);
  printf("\n%e,%.4e,%4.3e,%10.3e",pi,pi,pi,pi);
  return 0;
}
```

2. 以下程序的执行结果是＿＿＿＿。

```
#include<stdio.h>
int main()
{
  char c='c'+5;
  printf("c=%c\n",c);
  return 0;
}
```

3. 以下程序输入 1␣2␣3 后的执行结果是＿＿＿＿。（注：␣代表空格）

```
#include<stdio.h>
int main()
{
  int i,j;
  char k;
  scanf("%d%c%d",&i,&k,&j);
  printf("i=%d,k=%c,j=%d\n",i,k,j);
  return 0;
}
```

4. 在以下程序中，输入 9876543210 后的执行结果是＿＿＿＿；输入 98␣76␣543210 后的执行结果是＿＿＿＿；输入 987654␣3210 后的执行结果为＿＿＿＿。（注：␣代表空格）

```
#include<stdio.h>
int main()
{
```

```
    int x1,x2;
    char y1,y2;
    scanf("%2d%3d%3c%c",&x1,&x2,&y1,&y2);
    printf("x1=%d,x2=%d,y1=%c,y2=%c\n",x1,x2,y1,y2);
    return 0;
}
```

5.　有一个输入函数 scanf("%d",&k)，则不能使 float 类型变量 k 得到正确数值的原因是＿＿＿＿。

6.　有如下程序段，输入数据 12345ff1678 后，u 的值是＿＿＿＿，v 的值是＿＿＿＿。

```
int  u;
float  v;
scanf("%3d%f",&u,&v);
```

三、编程题

计算长方形的周长及面积。根据用户从键盘输入的长方形的两条边长，计算出长方形的周长及面积，输出结果。

输入格式：

在一行中输入 2 个整数，即长方形的长和宽，用空格隔开。

输出格式：

在一行中输出结果，格式为"长方形周长：%d，长方形面积：%.2f"。

输入样例 1：

```
10 5
```

输出样例 1：

```
长方形周长：30，长方形面积：50.00
```

输入样例 2：

```
6 2
```

输出样例 2：

```
长方形周长：16，长方形面积：12.00
```

単元 **3**

选择结构程序设计

　　人生如程序，在人生的道路上，我们经历了一次又一次的选择，我们在选择中成长，在选择中走向未来，程序也是如此。本单元通过计算时间差、购物找零计算器、计算购物折扣、划分会员等级、判断指定月份天数这 5 个任务来介绍选择结构程序设计。

教学导航

教学目标	知识目标： 掌握关系运算符与关系表达式、逻辑运算符与逻辑表达式、运算符的优先级相关知识 了解算法的概念 掌握用程序流程图表示算法和程序调试方法 掌握 if 语句、if...else 语句、条件运算符相关知识 掌握 if 语句嵌套相关知识 掌握多重选择语句 if...else if...else 相关知识 掌握 switch 语句 能力目标： 具备运用选择结构语句解决实际问题的能力 具备用程序流程图表示算法的能力 具备通过调试程序解决错误的能力 素养目标： 培养学生自主调试程序的习惯和团队合作意识 思政目标： 培养学生明辨是非、敢于挑战、终身学习、乐观向上的能力
教学重点	if 语句 程序流程图 if...else 语句 if 语句嵌套 if...else if...else 语句 switch 语句

续表

教学难点	程序流程图 if 语句嵌套 if...else if...else 语句
课时建议	8 课时

任务 3-1　计算时间差

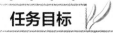

任务目标

★ 掌握关系运算符与关系表达式的使用

★ 了解算法的概念

★ 学会用程序流程图表示算法

★ 掌握 if 语句

★ 了解程序调试方法

任务陈述

1. 任务描述

计算某销售员从家到书店需要多长时间。输入出发和到达时间，时间格式是小时和分钟值，然后计算到达时间和出发时间的差值，输出时间差的小时和分钟值。

2. 运行结果

计算时间差程序的运行结果如图 3-1 所示。

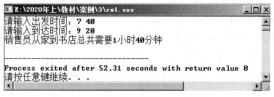

图 3-1　计算时间差程序的运行结果

知识准备

3.1.1　关系运算符与关系表达式

1. 关系运算符

在程序中经常需要比较两个数的大小，以确定程序下一步的工作。判明两个表达式的大小关系的运算符称为关系运算符。进行关系运算后的结果为逻辑值（即"1"或者"0"）。C 语言一共提供了以下 6 种关系运算符。

```
<        #小于运算符，如 a<b
<=       #小于或等于运算符，如 a<=b+5
>        #大于运算符，如 a>(b+c)
```

```
>=                #大于或等于运算符，如 a>=b
==                #等于运算符，如 a==b
!=                #不等于运算符，如 4!=7
```

▌▌▌ 说明

（1）关系运算符都是双目运算符，其结合性均为自左向右。

（2）在 6 个关系运算符中，"<""<="">"">=" 的优先级相同，高于 "==" 和 "!="，"==" 和 "!=" 的优先级相同。

（3）关系运算符的优先级低于算术运算符，高于赋值运算符。

（4）"==" 是关系运算符，用来比较两个变量或表达式的值。而 "=" 是赋值运算符，用于赋值运算。

（5）由两个字符组成的运算符之间不可以加空格，例如 ">=" 不能写成 "> ="。

2. 关系表达式

用关系运算符将两个或两个以上的运算对象连接起来的式子称为关系表达式。进行关系运算的对象可以是常量、变量或表达式。

例如：

```
a+b>c-d
5<9
(a=3)<=(b=5)
'a'>'b'
(a>b)==(b>c)
```

上述这些都是合法的关系表达式。

关系表达式的运算结果为 1 或 0，在 C 语言中用 "1" 表示 "真"（T），"0" 表示 "假"（F）。例如：

```
int x=3,y=4,z=5
x<y              #其值为 1（即"真"）
x+y<z            #其值为 0（即"假"）
x>(y>z)          #其值为 1（即"真"）
x>y>z            #其值为 0（即"假"）
```

▌▌▌ 说明

（1）当关系运算符两边的操作数类型不一致时，若一边是整数类型，另一边是浮点数类型，则系统自动将整数类型转换为浮点数类型，然后进行比较。

（2）若 x 和 y 都是浮点数类型，则应当避免使用 "==" 这样的关系表达式，因为通常存储在内存中的浮点数类型的数据是有误差的，不可能精确相等，这将导致关系表达式 x==y 的结果总为 0。

（3）关系表达式常用作选择结构、循环结构的判定条件。

（4）关系表达式的运算结果还可以参与其他的运算，例如算术运算、逻辑运算。

（5）当表示 x 在一定区间时，不能像数学中一样写成连式，必须写成两个关系表达式，再用逻辑运算符将其连接起来。例如，表示 x 大于 3 小于 5，不能写成 3<x<5（对于这个表达式，编译器会先比较 3 与 x 的大小，结果为 0 或 1，再用 0 或 1 与 5 进行比较，结果始终为 1），而应该写成 x>3&&x<5。

3.1.2　算法及其表示

1. 算法

（1）算法的概念

算法是完成一项任务所需要的步骤列表。为了解决一个问题，给计算机的一组指令就称为算法。这些指令必须清晰、简单，否则程序无法进行下去。

对于同一个问题有不同的解题方法和步骤，即有不同的算法。算法有优劣，一般而言，应选择运算速度快、内存开销小的算法。

（2）算法的特性

① 有穷性。

一个算法应当包含有限的步骤，而不是包含无限的步骤；同时一个算法应当在执行有穷步后结束，不能无限循环。

② 确定性。

算法中的每个步骤都应当是确定的，而不是含糊的、模棱两可的，即不能产生歧义。例如"将成绩优秀的同学名单输出"就是有歧义的："成绩优秀"是要求每门课程都90分以上，还是平均成绩在90分以上？

③ 可行性。

算法的每一步必须是切实可行的，即算法中描述的操作原则上通过已经实现的基本运算在执行有限次数后就能实现。

④ 有输入。

算法必须有0个或多个输入。所谓输入是指算法从外界获取必要的信息。例如，计算出5!，不需要输入任何信息，即0个输入；判断输入的正整数是否为素数，需要1个输入；求两个整数的最大公约数，需要2个输入。

⑤ 有输出。

算法必须有1个或多个输出，即有结果。没有结果的算法没有意义。

2. 算法的表示

算法的表示有多种方法，常用的算法表示方法包括自然语言表示法、流程图表示法、N-S图表示法、伪代码表示法、计算机语言表示法等。本书介绍流程图表示法。

流程图由带箭头的线条将有限的几何图形框连接而成，其中，几何图形框用来表示指令动作、指令序列或条件判断，箭头说明算法的走向。流程图通过形象化的图示，能较好地表示算法中描述的各种结构，使程序设计可以更加方便和严谨。

算法流程图采用ANSI规定的一些常用的流程图符号，这些符号和它们所代表的含义如表3-1所示。

表 3-1　流程图符号及其含义

流程图符号	名称	含义
⬭	开始/结束框	代表算法的开始或结束，每个独立的算法只有一对开始/结束框
▱	数据框	代表算法中数据的输入或数据的输出
▭	处理框	代表算法中的指令或指令序列，通常为程序的表达式语句，用于对数据进行处理
◇	判断框	代表算法中的分支情况，判断条件只有满足和不满足两种情况
○	连接符	当流程图在一个页面画不完的时候，用它来表达对应的连接处。用中间带数字或字母的小圆圈表示，例如①
→⌐	流程线	代表算法中处理流程的走向，连接各种图形框，用实心箭头表示

为了使流程图的框图更加简化，通常将平行四边形的输入/输出框用矩形处理框来代替。

对结构化程序而言，表3-1所示的6种符号组成的流程图只构成3种基本结构：顺序结构、选择结构和循环结构。一个完整的算法可以用这3种基本结构的有机组合来表示。掌握了这3种基本结构的流程图的画法，就可以画出整个算法的流程图。

3. 程序的3种基本结构

（1）顺序结构

顺序结构是3种基本结构中最简单的一种，程序中的语句按照从上到下的顺序逐行排列。顺序结构就是从上到下一条条地执行语句，所有的语句都会被执行到，执行过的语句不会再次执行。

顺序结构如图3-2所示，表示先执行指令A，再执行指令B，两者是顺序执行的关系。

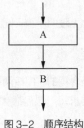

图3-2　顺序结构

例如，求1+2+3+4+5的和，就可以从左至右依次累加。

完成顺序结构程序设计的语句包括赋值语句、函数调用语句和复合语句。

（2）选择结构

选择结构也称分支结构，就是根据条件来决定执行哪些语句，如果给定的条件成立，就执行相应的语句；如果不成立，就执行另外一些语句。

选择结构如图3-3所示，图中P代表一个条件，当P条件成立（或称为"T"）时执行A，否则执行B。注意只能执行A或B之一。两条路径汇合到一个出口结束。

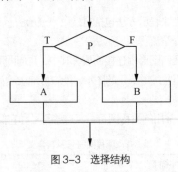

图3-3　选择结构

（3）循环结构

循环结构就是在达到指定条件前，重复执行某些语句。如图3-4所示，当P条件成立（"T"）时，反复执行A操作，直到P条件不成立（"F"）才停止。

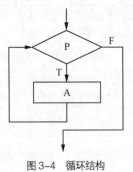

图3-4　循环结构

3.1.3　单分支if语句

选择结构可以让程序在执行时选择不同的操作，其选择的标准是由指定的条件是否成立来确定的。有时，计算机程序需要根据条件做一些选择，如果条件为真，做一些事情；如果条件为假，做另一些事情。此时用选择结构语句的代码来解决这类问题最合适。

if语句是C语言中选择结构语句的主要形式。它根据给定的条件进行判断，以决定执行某个分支程序段。

1. 格式

```
if(表达式)
{
    语句序列
}
```

上述格式中，表达式可以是任意表达式，语句序列可以是一条或多条语句，整个结构是一条语句。如果语句序列是一条语句，if后的花括号可以省略，但不建议初学者省略。

2. 执行过程

单分支 if 语句的执行过程为：当执行到 if 语句时，先判断其表达式，若表达式的值为非 0，则执行其后的语句序列；若表达式的值为 0，则不执行其后的语句序列，即跳过语句序列执行 if 语句后的下一条语句。其过程如图 3-5 所示。

3. 应用场合

单分支 if 语句适用于只有一个分支需要选择执行的实际问题。

【例 3-1】从键盘输入一个整数，计算输出该数的绝对值。

分析：对于一个正数或 0，其绝对值为其本身。对于一个负数，其绝对值为其相反数。因此，解决这个问题的核心就在于判断输入的这个数是否小于 0，【例 3-1】算法流程如图 3-6 所示。

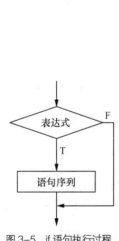

图 3-5 if 语句执行过程

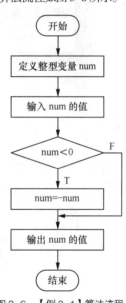

图 3-6 【例 3-1】算法流程

根据图 3-6 所示的算法流程图编写程序，具体如下：

```
#include<stdio.h>
int main()
{
    int num;
    printf("请输入一个数: ");
    scanf("%d",&num);
    if(num<0)
    {
        num=-num;
    }
    printf("这个数的绝对值是%d\n",num);
    return 0;
}
```

程序运行结果：

```
请输入一个数:-3✓
这个数的绝对值是 3
```

3.1.4　程序调试方法

1. 调试

调试也叫 debug，是根据程序中数据的变化寻找错误的准确位置的方法。虽然许多编译器都自带纠错功能，但一般只能找出语法上的错误却不能找出逻辑上和定义上的错误，特别是当我们在编译一些稍复杂的程序时，学会如何去调试程序非常重要。同时，通过调试我们能清楚地知道程序的运行过程。

2. 设置断点

调试程序的时候往往不会从头到尾逐条进行调试，而是只调试最有可能出问题的代码，一般设置调试的起点和终点作为断点，在对应行按鼠标左键或者按【F4】键设置断点，被设置为断点的行将高亮显示，如图3-7所示。当开始调试的时候，程序将在运行到起点的时候停在当前行，要使程序继续运行，需要单击【调试】栏的【下一步】按钮。

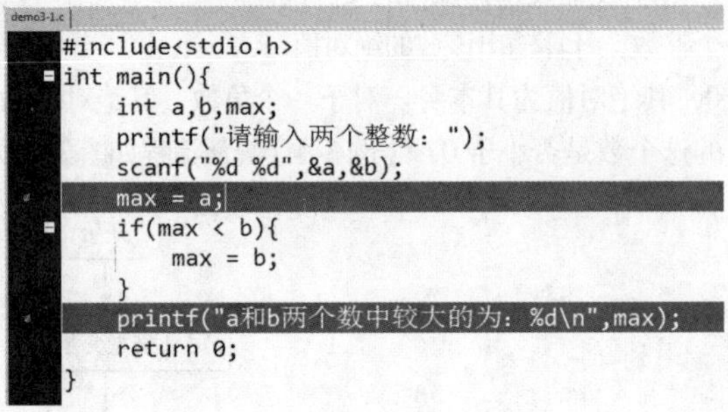

```
demo3-1.c
#include<stdio.h>
int main(){
    int a,b,max;
    printf("请输入两个整数：");
    scanf("%d %d",&a,&b);
    max = a;
    if(max < b){
        max = b;
    }
    printf("a和b两个数中较大的为：%d\n",max);
    return 0;
}
```

图 3-7　设置断点

3. 设置监控对象

为了更加精确地跟踪程序执行逻辑或判断程序出错的原因，需要单击【添加查看】按钮来设置需要监控的对象，在出现的对话框中输入监控对象的名字并单击【OK】按钮，即可在左边的【调试】监控窗口看到所添加的对象及在调试过程中对象的变化情况了。此处添加 a、b、max 这3个变量作为监控对象，如图3-8所示。

图 3-8　设置监控对象

4. 实施调试

完成上述准备工作后便可实施调试。先编译再进行调试，可以单击菜单栏【运行】下的【调试】选项卡或直接按【F5】键，也可以在工具栏上单击【✅】按钮。然后输入 a、b 两个变量的值按【Enter】键，程序将运行到起点断点所在位置，如图3-9所示。单击左下角工具箱中的按钮，可以分别实施操作。例如，单击【下一步】按钮，可以看程序下一步执行的是哪一条语句。通过调试可分析程序执行过程及发现程序中的错误信息。程序执行到终点断点后，可以单击【跳过】按钮结束调试。

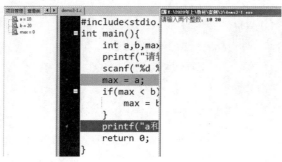

图 3-9 实施调试

任务实施

1. 实施步骤

（1）获取用户从命令行输入的出发时间和到达时间。

（2）用到达时间与出发时间相减，小时减小时得到小时差值，分钟减分钟得到分钟差值。

（3）判断分钟差值是否小于 0，如果小于 0，说明不够减，需要从小时差值借 1 小时加到分钟差值上，即小时差值减 1，分钟差值加上 60。

（4）输出总共花费的时间。

2. 流程图

计算时间差任务实现流程如图 3-10 所示。

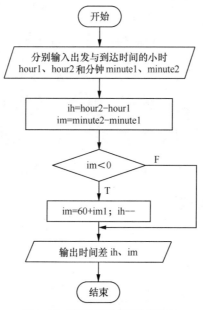

图 3-10 计算时间差任务实现流程

3. 程序代码

```
#include<stdio.h>
int main(){
    int hour1,minute1;
    int hour2,minute2;
    printf("请输入出发时间: ");
    scanf("%d %d",&hour1,&minute1);
    printf("请输入到达时间: ");
```

```
        scanf("%d %d",&hour2,&minute2);
        int ih = hour2 - hour1;
        int im = minute2 - minute1;
        if(im<0)
        {
            im = 60 + im;
            ih--;
        }
        printf("销售员从家到书店总共需要%d 小时%d 分钟\n",ih,im);
        return 0;
    }
```

课堂实训

1. 实训目的

★ 能熟练地掌握上机操作的步骤和程序开发的全过程

★ 能熟练掌握 if 单分支语句结构

★ 熟练掌握使用程序流程图表示算法的方法

★ 能熟练掌握程序调试方法

2. 实训内容

画出程序流程图并编写程序，实现将整数 a、b 的值按从小到大的顺序输出。提示：将较小的数放在 a 中，较大的数放在 b 中，先后输出 a 和 b 的值即可。

输入格式：

在一行中输入 2 个整数，即 a、b 的值。

输出格式：

在一行中按从小到大的顺序输出 a、b 的值，格式为"a、b"，a 为较小的数，b 为较大的数。

输入样例 1：

```
10 20
```

输出样例 1：

```
10、20
```

输入样例 2：

```
50 40
```

输出样例 2：

```
40、50
```

任务 3-2　购物找零计算器

任务目标

★ 掌握 if...else 语句

★ 掌握条件运算符与表达式

任务陈述

1. 任务描述

请为收银员设计一个购物找零计算器，帮助收银员实现自动找零功能。

要求：如果小芳支付给收银员的金额大于等于图书总价格，计算出应找给小芳的金额，并输出应找零金额，如果小芳支付给收银员的金额小于图书总价格，输出提示信息：您的钱不够，还差×××元。

2. 运行结果

购物找零计算器程序的运行结果如图 3-11 和图 3-12 所示。

```
E:\2020年上\教材\案例\3\rw2.exe
请输入书的总价格：45.0
请输入客户支付金额：100.0
应找您55.0元

_____
Process exited after 7.745 seconds with return value 0
请按任意键继续. . .
```

图 3-11　购物找零计算器程序的运行结果（1）

```
E:\2020年上\教材\案例\3\rw2.exe
请输入书的总价格：45.0
请输入客户支付金额：40.0
您的钱不够，还差5.0元

_____
Process exited after 12.93 seconds with return value 0
请按任意键继续. . .
```

图 3-12　购物找零计算器程序的运行结果（2）

知识准备

3.2.1　if...else 语句

1. 格式

```
if(表达式)
{
    语句序列 1;
}
else
{
    语句序列 2;
}
```

说明

（1）表达式通常是关系表达式和逻辑表达式，但也可以是其他表达式。

（2）语句序列 1 和语句序列 2 都可以是一条或多条语句。

（3）整个 if...else 结构是一条语句，而不是两条语句，else 必须与 if 配对使用，不能单独使用。

2. 执行过程

if...else 语句执行过程为：先判断 if 后面的表达式，若表达式的值为非 0，则执行语句序列 1，然后跳过 else 子句，去执行 if...else 语句后面的语句；若表达式的值为 0，则跳过 if 子句，去执行 else 子句中的语句序列 2，接着去执行 if...else 语句后面的语句。其执行流程如图 3-13 所示。

3. 应用场合

if...else 语句适用于有两个分支需要选择其中一个分支执行的实际问题。

【例 3-2】输入一个整数，判断它的奇偶性。

分析：根据题目的要求，可以将这个问题转换为判断这个整数是否能被 2 整除，其程序算法流程如图 3-14 所示。

根据图 3-14 所示的算法流程图编写程序，具体如下：

```
#include<stdio.h>
int main()
{
    int m;
```

```
    scanf("%d",&m);
    if (m%2==0)
    {
        printf("%d is 偶数\n",m);
    }
    else
    {
        printf("%d is 奇数\n",m);
    }
    return 0;
}
```

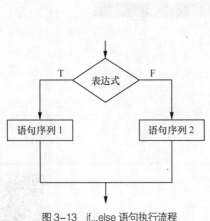

图 3-13　if...else 语句执行流程

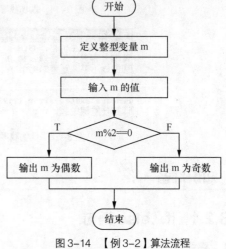

图 3-14　【例 3-2】算法流程

程序运行结果：

```
5✓
5 is 奇数
```

3.2.2　条件运算符

条件运算符由"?"和":"组成，它是 C 语言中唯一的三目运算符（即要求有 3 个操作数）。
条件表达式的一般形式为：

```
表达式 1?表达式 2:表达式 3
```

条件表达式的执行过程为：先求解表达式 1，若表达式 1 的值为非 0（为"真"）时，则求解表达式 2
的值作为整个条件表达式的值；若表达式 1 的值为 0（为"假"）时，则求解表达式 3 的值作为整个条件表
达式的值，如图 3-15 所示。

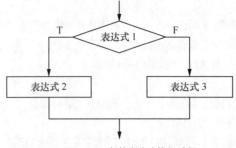

图 3-15　条件表达式执行过程

例如，条件语句如下：

```
if(a>b) max=a;
else max=b;
```

上述语句可用条件表达式写成如下形式：

```
max=(a>b)?a:b;
```

执行该语句的含义是：如果 a>b 为真，则把 a 赋给 max，否则把 b 赋给 max。

使用条件表达式时，还应注意以下几点。

① 条件运算符的运算优先级低于关系运算符和算术运算符，但高于赋值运算符。因此：

```
max=(a>b)?a:b;
```

可以去掉括号写成：

```
max=a>b?a:b;
```

② 条件运算符"?"和":"是一对运算符，不能单独使用。

③ 条件运算符的结合方向是自右向左。例如：

```
a>b?a:c>d?c:d;
```

应理解为：

```
a>b?a:(c>d?c:d);
```

④ 条件运算符允许嵌套。例如：

```
grade = score >= 90 ? 'A':score>=60 ? 'B':'C';//相当于: grade = (score >= 90) ? 'A':((score>=60) ? 'B':'C');
```

【例 3-3】用条件表达式输出两个数中的大数，具体如下。

```c
#include<stdio.h>
int main()
{
    int a,b;
    printf("input two numbers: ");
    scanf("%d%d",&a,&b);
    printf("max=%d\n",a>b?a:b);
    return 0;
}
```

程序运行结果：

```
input two numbers:87 56✓
max=87
```

任务实施

1. 实施步骤

（1）获取销售员输入的商品价格和小芳支付给销售员的金额。

（2）用支付金额减去商品价格，得到差值。

（3）判断差值是否大于等于 0。如果是，则差值为找零金额并输出；如果不是，差值为还需要继续支付的金额，输出对应提示信息。

2. 流程图

购物找零计算器程序流程如图 3-16 所示。

3. 程序代码

```c
#include<stdio.h>
int main(){
    float price;
    float amount;
    printf("请输入书的总价格: ");
    scanf("%f",&price);
    printf("请输入客户支付金额: ");
    scanf("%f",&amount);
    if(amount>=price){
        printf("应找您%.1f 元\n",amount-price);
    }
    else{
        printf("您的钱不够, 还差%.1f 元\n",price-amount);
    }
```

```
        return 0;
}
```

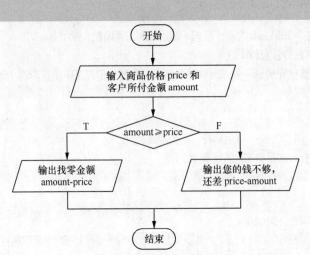

图 3-16　购物找零计算器程序流程

课堂实训

1. 实训目的
★ 熟练掌握 if...else 双分支语句结构
★ 熟练掌握使用程序流程图表示算法的方法
★ 熟练掌握程序调试方法

2. 实训内容
画出程序流程图并编写程序计算工人每周的薪水。计算方式：当工作时间不超过 40 小时，每小时工资为 8.25 元；当工作时间超过 40 小时，超过部分按每小时 1.5 倍计算，计算工资并输出。

输入格式：

在一行中输入 1 个不超过 120 的非负整数，即每周工作的小时数。

输出格式：

在一行中输出周工资结果，格式为"应付工资：m 元"，其中 m 为周工资。

输入样例 1：

```
34
```

输出样例 1：

```
应付工资：280.50 元
```

输入样例 2：

```
48
```

输出样例 2：

```
应付工资：429.00 元
```

任务 3-3　计算购物折扣

任务目标

★ 掌握 if 语句嵌套
★ 掌握逻辑运算符和逻辑表达式
★ 掌握运算符的优先级

1. 任务描述

11 月 11 日商场策划了一场促销活动，请你编写程序解决计算客户购物折扣的问题。这个任务要求判定客户是否是会员，如果客户是会员，购物金额超过 1000 元打 9.5 折，否则打 9.8 折；如果客户是非会员，购物金额超过 1000 元打 9.8 折，否则没有折扣，根据要求计算出客户应支付金额，并输出。

2. 运行结果

计算购物折扣程序的运行结果如图 3-17 所示。

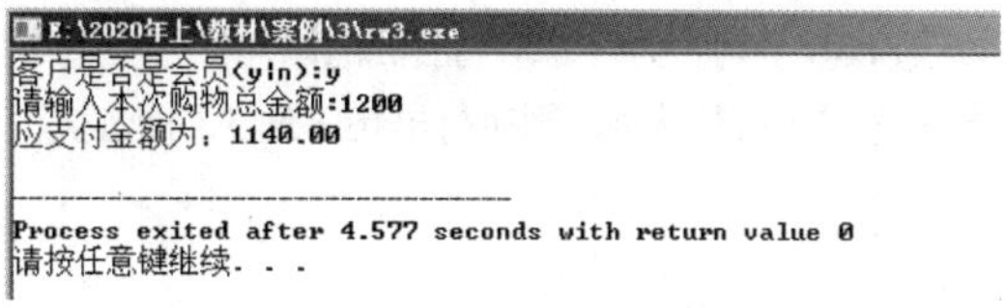

```
E:\2020年上\教材\案例\3\rw3.exe
客户是否是会员(y|n):y
请输入本次购物总金额:1200
应支付金额为: 1140.00
------------------------------------
Process exited after 4.577 seconds with return value 0
请按任意键继续. . .
```

（a）

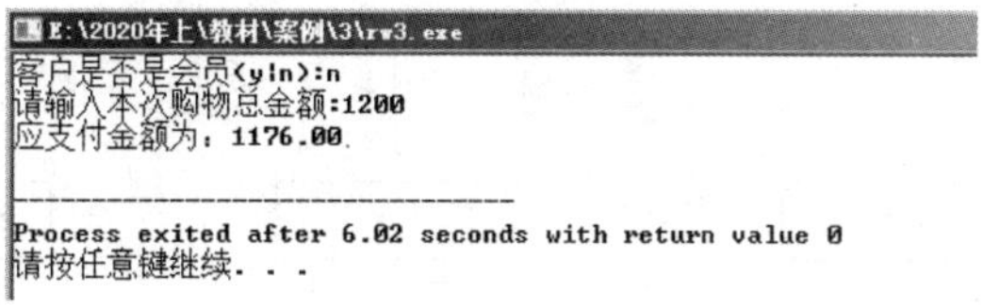

```
E:\2020年上\教材\案例\3\rw3.exe
客户是否是会员(y|n):n
请输入本次购物总金额:1200
应支付金额为: 1176.00
------------------------------------
Process exited after 6.02 seconds with return value 0
请按任意键继续. . .
```

（b）

图 3-17　计算购物折扣程序的运行结果

知识准备

3.3.1　if 语句嵌套

1. 格式

选择结构可以嵌套使用，当 if 的条件满足或不满足的时候要执行的语句也是一条 if 或 if...else 语句，这就是嵌套的 if 语句，其一般形式如下。

（1）单分支 if 语句嵌套

```
if(表达式1)
{
    if（表达式2）
    {
        语句序列1
    }
    else
    {
        语句序列2
    }
}
```

（2）双分支 if 语句嵌套

```
if(表达式1)
{
    if（表达式2）
    {
        语句序列1
    }
    else
    {
```

```
        语句序列 2
    }
}
else
{
  语句序列 3
}
```

2. 执行过程

单分支 if 语句嵌套执行过程：先判断表达式 1，若表达式 1 的值为非 0，则继续判断表达式 2，表达式 2 的值为非 0，执行语句序列 1；否则执行语句序列 2。其执行过程如图 3-18 所示。

双分支 if 语句嵌套执行过程：先判断表达式 1，若表达式 1 的值为非 0，则继续判断表达式 2，表达式 2 的值为非 0，执行语句序列 1，然后跳过 else 子句去执行 if 语句后面的语句；若表达式 2 的值为 0，执行语句序列 2，然后执行 if 语句后面的语句；若表达式 1 的值为 0，则执行语句序列 3，接着执行 if 语句后的语句。其执行过程如图 3-19 所示。

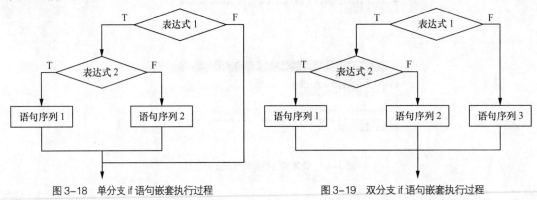

图 3-18　单分支 if 语句嵌套执行过程　　　　图 3-19　双分支 if 语句嵌套执行过程

3. 应用场合

if 嵌套语句用于复杂条件判断，即根据表达式判定结果从多个分支中选择其中一个分支执行。

4. if 语句嵌套匹配原则

if 语句嵌套时，else 子句与 if 的匹配原则：else 子句总是与在它上面、距它最近且尚未匹配的 if 配对。例如：

```
if(a==b)
if(b==c)
   printf("a==b==c");
else
   printf("a!=b");
```

根据 if 语句嵌套匹配原则，上述程序段中的 else 子句会与 if(b==c)配对，而不是与 if(a==b)配对。如果需要与 if（a==b）这个语句配对，需将内嵌的 if 语句加上{}，可进行如下修改：

```
if(a==b)
{
   if(b==c)
        printf("a==b==c");
}
else
{
   printf("a!=b");
}
```

【例 3-4】比较 3 个整数的大小，用户输入 3 个整数，输出 3 个数中最大的整数。

分析：根据题目的要求，可以将这个问题转换为先判断两个整数的大小，然后再将较大数与第三个数进行比较，程序算法流程如图 3-20 所示。

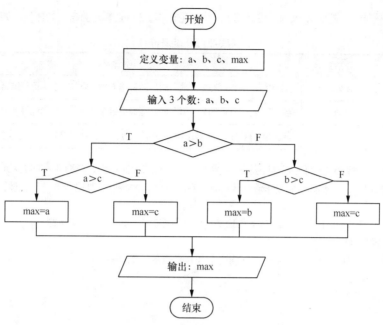

图 3-20 【例 3-4】算法流程

根据图 3-20 所示的算法流程图编写程序，具体如下：

```
#include<stdio.h>
int main(){
    int a,b,c;
    printf("请输入3个整数: ");
    scanf("%d %d %d",&a,&b,&c);
    int max = 0;
    if(a>b){
        if(a>c){
            max = a;
        }else{
            max = c;
        }
    }
    else{
        if(b>c){
            max = b;
        }else{
            max = c;
        }
    }
    printf("最大数是:%d\n",max);
    return 0;
}
```

程序运行结果：

请输入3个整数: 10 20 30✓
最大数是:30

3.3.2　逻辑运算符与逻辑表达式

1. 逻辑运算符

关系表达式只能描述单一条件，对于复杂的复合条件，就需要将若干个关系表达式连接起来进行描述。例如，描述"x>=3"且"x<=5"就需要借助逻辑表达式。

C语言中提供了&&（逻辑与）、||（逻辑或）、!（逻辑非）3种逻辑运算符，具体说明如表3-2所示。

表3-2   逻辑运算符

名称	符号	表达式	说明
逻辑与	&&	a&&b	当且仅当a、b同时为"真"时，运算结果为"真"，否则运算结果为"假"
逻辑或	||	a||b	当且仅当a、b同时为"假"时，运算结果为"假"，否则运算结果为"真"
逻辑非	!	! a	当a为"真"时，运算结果为"假"；当a为"假"时，运算结果为"真"

与运算符（&&）和或运算符（||）均为双目运算符，要求有两个操作数，具有自左向右结合的特性。非运算符（!）为单目运算符，只要求有一个操作数，且具有自右向左结合的特性。逻辑运算符与其他运算符的优先级关系如下：

非运算符（!）> 算术运算符 > 关系运算符 > 与运算符（&&）>或运算符（||）> 赋值运算符

2. 逻辑运算的值

逻辑运算的值为"真"和"假"两种，分别用1和0来表示。例如：

```
int x=2,y=6,z;
z=(y>3)      z=1
z=(x>y)      z=0
```

例如：

```
int x=2,y=3,z=5,b=0,a;
a=x+y>z&&b<0          相当于 a=((x+y)>z)&&(b<0)  最终a=0
a=x<y||!b             相当于 a=(x<y)||(!b)        最终a=1
```

虽然C语言编译器在给出逻辑运算值时，以1代表"真"，0代表"假"。但反过来在判断一个量是为"真"还是为"假"时，以0代表"假"，以非0的数值代表"真"。例如：由于5和3均为非0，因此5&&3的值为"真"，即1。

3. 逻辑表达式

逻辑表达式是指用逻辑运算符将一个或多个表达式连接起来进行逻辑运算的式子。在C语言中，用逻辑表达式表示多个条件的组合。

例如，判断一个整数n能否被3和5整除，可用如下逻辑表达式来表示：

```
n%3==0&&n%5==0
```

又如，表示x的取值在［5,9］或（120,180）的表达式为：

```
(x>=5&&x<=9)||(x>120&&x<180)
```

▌▌ **注意**

不能写成 5<=x<=9||120<x<180。

▌▌ **说明**

实际系统在计算逻辑表达式时，只有在必须执行下一个表达式求解时，才真正求解这个表达式。

（1）对于逻辑与运算，如果第一个操作数被判定为"假"，系统将不再判定或求解第二个操作数。

例如，int a=0,b=0; a&&b++; 逻辑表达式结果为0，a=0，b=0。

（2）对于逻辑或运算，如果第一个操作数被判定为"真"，系统将不再判定或求解第二个操作数。

例如，int a=1, b=0; a||b++; 逻辑表达式的结果为1，a=1，b=0。

【例3-5】判断一个整数是否同时是3和5的倍数。

分析：根据题目的要求，可以将这个问题转换为先输入一个整数，然后判断这个整数是否与3相除余数为0，同时与5相除余数也为0。其程序算法流程如图3-21和图3-22所示。

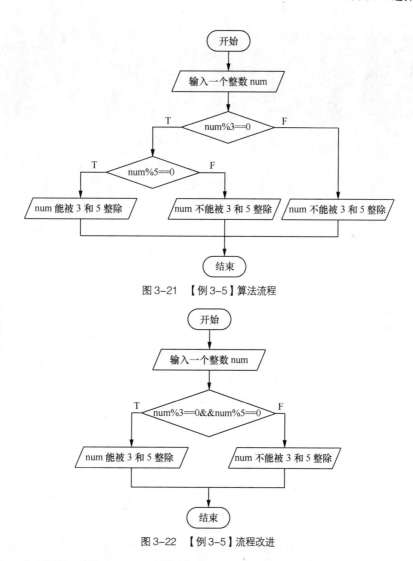

图 3-21   【例 3-5】算法流程

图 3-22   【例 3-5】流程改进

根据图 3-21 所示的算法流程编写程序，具体如下：

```
#include<stdio.h>
int main(){
    int num;
    printf("请输入一个整数:");
    scanf("%d",&num);
    if(num%3==0){
        if(num%5==0){
            printf("%d 能同时被 3 和 5 整除\n",num);
        }
        else{
            printf("%d 不能同时被 3 和 5 整除\n",num);
        }
    } else{
        printf("%d 不能同时被 3 和 5 整除\n",num);
    }
    return 0;
}
```

程序运行结果：

```
请输入一个整数:15↙
15 能同时被 3 和 5 整除
```

根据图 3-22 所示改进流程写出的程序如下：

```
#include<stdio.h>
int main(){
    int num;
    printf("请输入一个整数:");
    scanf("%d",&num);
    if(num%3==0&&num%5==0){
        printf("%d 能同时被 3 和 5 整除\n",num);
    }
    else{
        printf("%d 不能同时被 3 和 5 整除\n",num);
    }
    return 0;
}
```

程序运行结果:

请输入一个整数:21↙
21 不能同时被 3 和 5 整除

 任务实施

1. 实施步骤

（1）获取客户是否是会员和客户购物总金额。

（2）根据促销规则，计算应支付金额。

（3）输出应支付金额。

2. 流程图

计算购物折扣程序流程如图 3-23 所示。

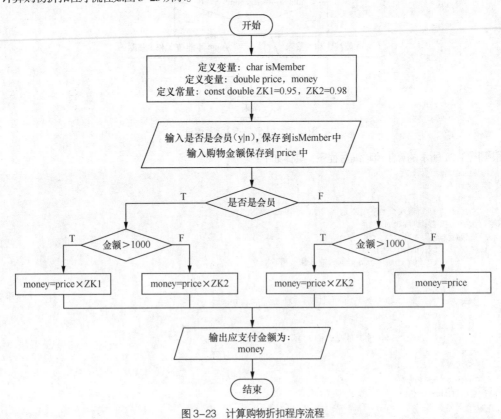

图 3-23　计算购物折扣程序流程

3. 程序代码

```
#include<stdio.h>
int main(){
    char isMember;
    double price,money;
    const double ZK1=0.95,ZK2=0.98;
    printf("客户是否是会员(y|n):");
    scanf("%c",&isMember);
    printf("请输入本次购物总金额:");
    scanf("%lf",&price);
    if(isMember =='Y'|| isMember =='y'){
        if(price>1000){
            money = price * ZK1;
        }
        else{
            money = price * ZK2;
        }
    }
    else{
        if(price>1000){
            money = price * ZK2;
        }
        else{
            money = price;
        }
    }
    printf("应支付金额为: %.2f\n",money);
    return 0;
}
```

课堂实训

1. 实训目的

★ 熟练掌握逻辑运算符与逻辑表达式的用法

★ 熟练掌握 if 嵌套语句结构

★ 熟练掌握使用程序流程图表示算法的方法

★ 熟练掌握程序调试方法

2. 实训内容

旅游景点为吸引游客，旺季和淡季门票价格不同，旺季为每年 5~10 月，门票价格为 200 元，淡季门票价格是旺季的 8 折。不论旺季还是淡季，65 岁以上老人免票，14 岁以下儿童半价，其余游客全价。请编写一个景点门票计费程序。

输入格式：

在一行中输入游览月份存储到变量 month 中，输入游客年龄存储到变量 age 中，景点门票单价存储到变量 price 中。

输出格式：

在一行中输出"游客应付门票金额为：money"。

输入样例 1：

```
7 68 200
```

输出样例 1：

```
游客应付门票金额为: 0
```

输入样例 2：

```
4 25 200
```

输出样例 2：

```
游客应付门票金额为: 160
```

任务 3-4　划分会员等级

任务目标

★　掌握多分支语句 if...else if...else
★　了解程序中的单一出口原则

任务陈述

1. 任务描述

商场会根据会员卡积分来判断会员的等级。会员等级有普通卡会员、银卡会员、金卡会员和贵宾卡会员，会员卡积分小于 1000 为普通会员，积分大于等于 1000、小于 5000 为银卡会员，积分大于等于 5000、小于 10000 为金卡会员，积分大于等于 10000 为贵宾卡会员。编写程序计算并输出会员等级。

2. 运行结果

划分会员等级程序运行结果如图 3-24 所示。

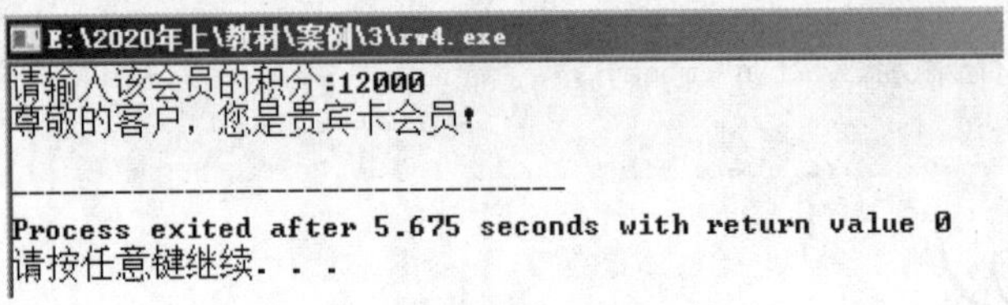

```
E:\2020年上\教材\案例\3\rw4.exe
请输入该会员的积分:12000
尊敬的客户，您是贵宾卡会员！

------------------------------------
Process exited after 5.675 seconds with return value 0
请按任意键继续. . .
```

图 3-24　划分会员等级程序运行结果

知识准备

3.4.1　多分支语句 if...else if...else

1. 格式

```
if(表达式1)
    语句序列1;
else if(表达式2)
    语句序列2;
else if(表达式3)
    语句序列3;
    ...
else if(表达式n)
    语句序列n;
else
    语句序列n+1;
```

2. 执行过程

多分支语句执行过程为：先判断表达式 1 的值，若其值为非 0，则执行语句序列 1；若其值为 0，则继续判断表达式 2，若其值为非 0，则执行语句序列 2；若其值为 0，则继续判断后面的表达式，直到最后，若没有表达式的值为非 0，则执行最后的语句序列 n。最后的 else 语句可以没有，也就是当没有表达式满足条件时将不进行任何操作。if...else if...else 语句流程如图 3-25 所示。

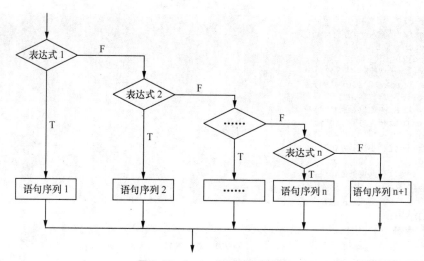

图 3-25　if...else if...else 语句流程

3. 应用场合

if...else if...else 语句用于多分支或分段函数，用于解决选择其中一个分支执行的实际问题。

【例 3-6】根据键盘输入字符的 ASCII 值来判别其类型。

分析：由 ASCII 表可知，ASCII 值小于 32 的为控制字符。在'0'和'9'之间的为数字，在'A'和'Z'之间的为大写字母，在'a'和'z'之间的为小写字母，其余则为其他字符。按题目的要求，根据输入字符的 ASCII 值的范围不同输出不同的信息，其算法流程如图 3-26 所示。

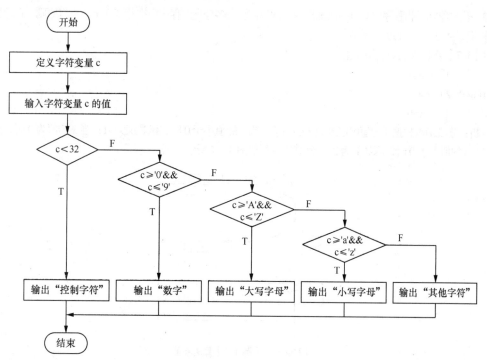

图 3-26　【例 3-6】算法流程

根据图 3-26 所示的算法流程图编写程序，具体如下：

```
#include<stdio.h>
int main()
{
```

```
char c;
printf("请输入一个字符:");
c=getchar();
if(c<32)
    printf("控制字符\n");
else if(c>='0'&&c<='9')
    printf("数字\n");
else if(c>='A'&&c<='Z')
    printf("大写字母\n");
else if(c>='a'&&c<='z')
    printf("小写字母\n");
else
    printf("其他字符\n");
return 0;
}
```

程序运行结果：

请输入一个字符: p↙
小写字母

▌▌ 说明

（1）if 后的"表达式"一般为关系表达式或逻辑表达式，也可以是任意数值类型，必须用"()"括起来。

（2）else 子句是 if 语句的一部分，必须与 if 配对使用，不能单独使用。

（3）当 if 和 else 下面的语句不只一条时，要用复合语句形式，即将多条语句用"{}"括起来，否则它将只执行后面的第一条语句。特别注意"{}"中的每一条语句后都要加"；"，但"{}"后不需要加"；"。

3.4.2　单一出口原则

单一出口原则是指程序中只有一次输出或一次返回。在多分支的程序中推荐遵守单一出口原则，它的好处是使程序可读性更好、代码更加灵活。

【例 3-7】求下列分段函数的值。

$$f(x) = \begin{cases} -1, & x<0 \\ 0, & x=0 \\ 2x, & x>0 \end{cases}$$

分析：分段函数根据 x 的值确定函数 $f(x)$ 的值，当 x 的值小于 0 时，函数值为 −1；当 x 的值为 0 时，函数值为 0；当 x 的值大于 0 时，函数值为 $2x$。其算法流程如图 3-27 所示。

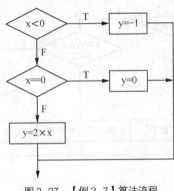

图 3-27　【例 3-7】算法流程

根据图 3-27 所示的流程编写程序，具体如下：

```
#include<stdio.h>
int main(){
    int x,y;
    scanf("%d",&x);
```

```
    }if(x<0){
        y = -1;
    }
    else if(x==0){
        y = 0;
    }
    else{
        y = 2*x;
    }
    printf("y=%d\n",y);
    return 0;
}
```

程序运行结果：

```
5
y=10
```

说明

　　分段函数借助 y 变量使程序满足单一出口原则，增强了程序的灵活性，使得程序非常清晰，给程序员带来了极大的便利。

 任务实施

1. 实施步骤

（1）获取客户会员卡总积分。

（2）根据会员卡积分规则，输出会员卡等级。

2. 流程图

划分会员等级程序流程如图 3-28 所示。

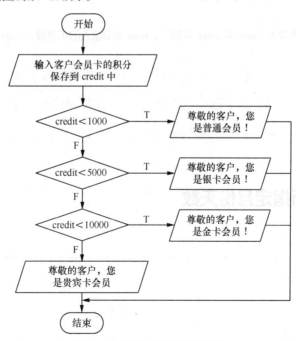

图 3-28　划分会员等级程序流程

3. 程序代码

```
#include<stdio.h>
```

```
int main(){
    int credit;
    printf("请输入该会员的积分:");
    scanf("%d",&credit);
    if(credit<1000)
        printf("尊敬的客户，您是普通会员!\n");
    else if(credit<5000)
        printf("尊敬的客户，您是银卡会员! \n");
    else if(credit<10000)
        printf("尊敬的客户，您是金卡会员! \n");
    else
        printf("尊敬的客户，您是贵宾卡会员!\n");
    return 0;
}
```

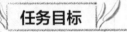

1. 实训目的

★ 熟练掌握多分支 if...else if...else 语句

★ 了解程序中的单一出口原则

★ 熟练掌握使用程序流程图表示算法的方法

★ 熟练掌握程序调试方法

2. 实训内容

画出程序流程图并编写程序，实现输入一个 4 位及 4 位以下的正整数，判断正整数是几位数，输出这个数的位数。

输入格式：

在一行中输入一个不大于 4 位数的正整数。

输出格式：

在一行中输出，输出格式为 "num 是 count 位数"，num 表示输入的正整数，count 为位数。

输入样例 1：

352

输出样例 1：

352 是 3 位数

输入样例 2：

8

输出样例 2：

8 是 1 位数

任务 3-5　判断指定月份天数

任务目标

★ 掌握 switch 多分支语句

★ 掌握 break 语句

任务陈述

1. 任务描述

年份分闰年和平年，闰年和平年的天数不一样，每个月的天数也不一样，请设计一个程序来判断某年某月有多少天。

2. 运行结果

判断指定月份天数程序运行结果如图 3-29 所示。

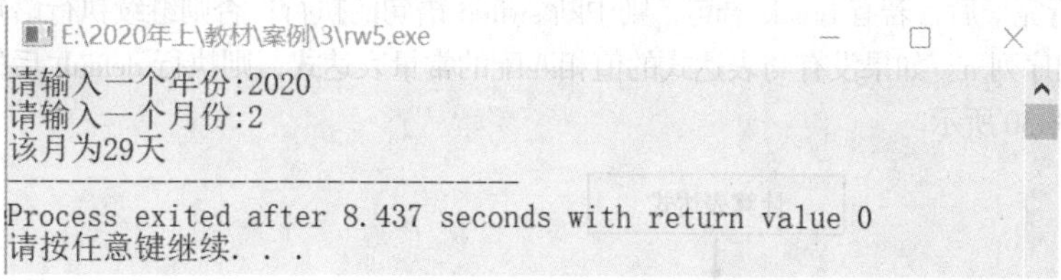

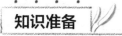

图 3-29　判断指定月份天数程序运行结果

知识准备

3.5.1　switch 语句

在 C 语言中，解决多分支选择问题除了可以利用 if...else if...else 语句外，还可以采用 switch 语句来实现。switch 语句称为分支语句，又称为开关语句。

1. 格式

```
switch(表达式)
{
    case 常量表达式 1：  语句序列 1;[break]
    case 常量表达式 2：  语句序列 2;[break]
    …
    case 常量表达式 n：  语句序列 n;[break]
    [default：  语句序列 n+1;]
}
```

其中用一对方括号括起来的部分表示是可选的。

说明

（1）switch、case 和 default 都是构成多分支语句的关键字。[ ] 表示 break 可省略，break 语句起跳出作用，若没有 break 语句，则找到执行入口后将一直执行后面的所有 case 所带的语句，直到最后。

（2）如果能够列出表达式各种可能的取值，则语句中可省去 default 分支；否则，最好不要省略 default 分支，因为 default 表示的是 switch 语句在没有找到匹配入口时的语句执行入口。

（3）case 后的常量表达式的值实际上就是 switch 后括号内的表达式的各种可能的取值，其值必须互不相同。

（4）switch 后的表达式可以是任何表达式，一般为整型、字符型和枚举型表达式。

（5）在 switch 语句的一般使用形式下，case 出现的次序不影响执行结果。

（6）在 case 后可包含多个执行语句，而且不必加{}。

（7）switch 可以嵌套。

（8）多个 case 可以共用一组执行语句，例如：

```
switch(表达式)
{
    case 常量表达式 1：
    case 常量表达式 2：
    case 常量表达式 3：语句序列 1;[break]
    …
    case 常量表达式 n：语句序列 n;[break]
    default：语句序列 n+1;
}
```

2. 执行过程

switch 语句的执行过程为先计算 switch 表达式的值，然后自上而下与 case 后的常量表达式的值进行比较，如果相等，则执行其后的语句序列。例如 switch 表达式的值与常量表达式 2 的值相同，那么执行语句序列 2，当语句序列 2 执行完毕后，若有 break 语句，则中断 switch 语句的执行；否则继续执行语句序列 3、语句序列 4，一直到语句序列 n。如果没有与表达式的值相匹配的常量表达式，则执行 default 后的语句。switch 语句执行流程如图 3-30 所示。

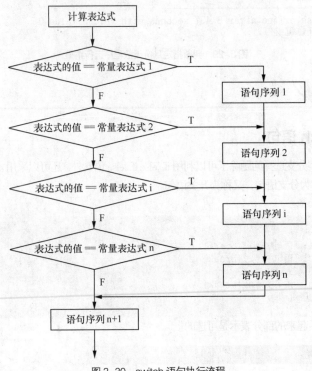

图 3-30　switch 语句执行流程

3. 应用场合

switch 语句用于解决多分支判断时选择其中一个或多个分支执行的实际问题。

3.5.2　break 语句

1. 格式

```
break;
```

2. 功能

break 语句用于使程序流程跳出 switch 选择结构或跳出循环体结束循环。

在 switch 语句的 case 语句组的结尾通常应加 break 语句，用以跳出 switch 选择结构；否则将进入下一个 case，执行下一个 case 的语句组，这样可能造成执行的结果与预想的不一致。因此，除非问题需要，否则应在 case 语句后加 break 语句。

【例 3-8】根据输入的数据判断是星期几。

分析：这个问题其实就是根据输入数据的值（1~7），输出相应的星期几（Monday~Sunday），算法流程如图 3-31 所示。

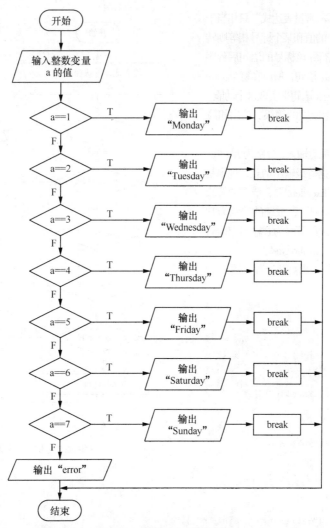

图 3-31 【例 3-8】算法流程

```
#include<stdio.h>
int main()
{
    int a;
    printf("input integer number:");
    scanf("%d",&a);
    switch (a)
    {
      case 1:printf("Monday\n");break;
      case 2:printf("Tuesday\n"); break;
      case 3:printf("Wednesday\n");break;
      case 4:printf("Thursday\n");break;
      case 5:printf("Friday\n"); break;
      case 6:printf("Saturday\n"); break;
      case 7:printf("Sunday\n"); break;
      default:printf("error\n");
    }
    return 0;
}
```

程序运行结果:

```
Input integer number: 1↙
Monday
```

在本实例中，"case 常量表达式"只相当于一个语句标号，变量 a 的值和某个标号相等则转向该标号执行，但在执行完该标号的语句后程序不能自动跳出整个 switch 语句，所以在每个 case 分支后面都要加一个 break 语句来实现这个功能。

【例 3-9】根据学生成绩的等级，输出相应消息。

要求：成绩等级由键盘输入，分别为'A'、'B'、'C'、'D'、'E'、其他；根据等级输出消息，规则是成绩的等级为'A'输出"Excellent!"，成绩的等级为'B'或'C'输出"Well done!"，成绩的等级为'D'输出"You passed!"，成绩的等级为'E'输出"Better try again!"，否则输出"Invalid grade!"。

根据题目要求，分析得出算法流程如图 3-32 所示。

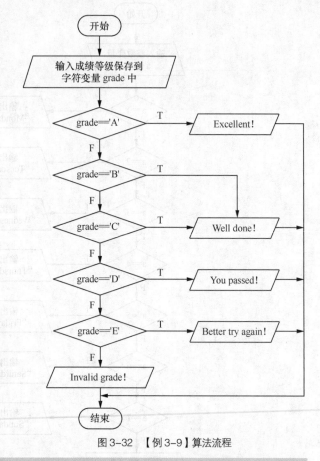

图 3-32 【例 3-9】算法流程

```c
#include<stdio.h>
int main()
{
    char grade;
    scanf("%c", &grade);
    switch(grade) {
      case 'A' :
          printf("Excellent! \n" );
          break;
      case 'B' :
      case 'C' :
          printf("Well done! \n" );
          break;
      case 'D' :
          printf("You passed! \n" );
          break;
      case 'E' :
          printf("Better try again! \n" );
          break;
      default :
          printf("Invalid grade! \n" );
    }
    return 0;
}
```

程序运行结果：

```
B✓
Well done!
```

本例中"case 'B':"和"case 'C':"语句共用一组执行语句。

任务实施

1. 实施步骤

（1）获取输入的年份和月份值。

（2）根据输入的年份和月份的不同进行判断，不同月份进行不同的运算。

（3）根据不同的计算得出结果。

2. 流程图

判断指定月份天数程序流程如图 3-33 所示。

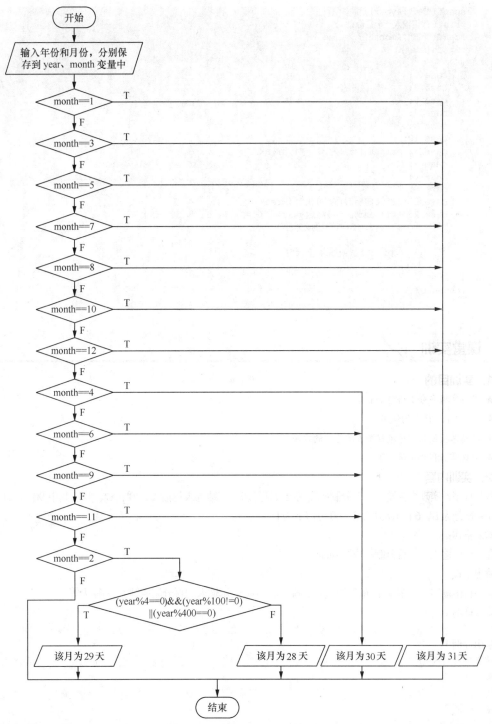

图 3-33　判断指定月份天数程序流程

3. 程序代码

```
#include<stdio.h>
int main()
{
    int year,month;
    printf("请输入一个年份:");
```

```
    scanf("%d",&year);
    printf("请输入一个月份:");
    scanf("%d",&month);
    switch(month)
    {
        case 1:
        case 3:
        case 5:
        case 7:
        case 8:
        case 10:
        case 12:printf("该月为31天");break;
        case 4:
        case 6:
        case 9:
        case 11:printf("该月为30天");break;
        case 2: if((year%4==0)&&(year%100!=0)||(year%400==0))
                    printf("该月为29天");
                else
                    printf("该月为28天");
                break;
    }
    return 0;
}
```

课堂实训

1. 实训目的

★ 熟练掌握多分支语句 switch

★ 掌握 break 语句的使用

★ 熟练掌握使用程序流程图表示算法的方法

★ 熟练掌握程序调试方法

2. 实训内容

编写程序，实现根据输入的百分制成绩输出成绩等级。成绩等级包括'A'、'B'、'C'、'D'。其中 90 分及以上为 A，70~89 分为 B，60~69 分为 C，60 分以下为 D。

输入格式：

在一行中输入一个百分制的成绩 score。

输出格式：

在一行中输出"成绩 score 的等级是：grade"，score 表示输入的百分制成绩，grade 为等级。

输入样例 1：

92

输出样例 1：

成绩 92 的等级是：A

输入样例 2：

75

输出样例 2：

成绩 75 的等级是：B

单元小结

本单元介绍了结构化程序设计的基本结构之一——选择结构，另外还介绍了关系运算和逻辑运算的相关内容。选择结构包括 if 语句、if...else 语句、if 嵌套语句和 switch 语句等不同形式，它们的共同特点是：先进行条件判断，再根据判断结果决定下一步做什么。

if 语句的合理嵌套可以实现多分支选择，并且通用性比 switch 更好，但使用时需注意 else 语句的配对。另外，过多的 if...else 嵌套会造成程序代码过长，从而降低了程序的可读性。

switch 语句也是一种多分支选择语句，其可读性比 if 语句要强。但在使用 switch 语句的过程中要注意正确地使用 break 语句，以便程序从 switch 分支中跳出，避免发生逻辑错误。同时，还要注意设置 default 语句，其用于确定如果 switch 语句中表达式的值不在所有 case 标号的范围内时所执行的语句。

单元习题

一、选择题

1. 已有定义语句：int x=3,y=4,z=5;，则值为 0 的表达式是（   ）。

    A. x>y++   B. x<=++y   C. x !=y+z>y–z   D. y%z>=y–z

2. 已有定义语句：int x=3,y=0,z=0;，则值为 0 的表达式是（   ）。

    A. x&&y   B. x‖z   C. x‖z+2&&y–z   D. !((x<y)&& !z‖y)

3. 已有定义语句：int x=6,y=4,z=5;，执行语句 if(x<y)z=x;x=y;y=z;后，能正确表示 x、y、z 值的选项是（   ）。

    A. x=4,y=5,z=6   B. x=4,y=6,z=6   C. x=4,y=5,z=5   D. x=5,y=6,z=4

4. 若变量 a、b、c 都为整数类型，且 a=1;b=15;c=0;，则表达式 a==b>c 的值是（   ）。

    A. 0   B. 非零   C. "真"   D. 1

5. 以下程序段的输出结果是（   ）。

```
int main()
{
    int a=5,b=4,c=6,d;
    printf( "%d\n",d=a>b?(a>c?a:c):(b));
    return 0;
}
```

    A. 5   B. 4   C. 6   D. 不确定

二、填空题

1. 若 x 为 int 类型，请以最简单的形式写出与!x 等价的 C 语言表达式＿＿＿＿。

2. 写出程序的输出结果：＿＿＿＿＿＿＿＿＿。

```
int i,j,k;
i = 3;j = 2;k = 1;
printf("%d", i<j == j<k);
```

3. 若 i 为整型变量，且有程序段如下，则输出结果为：＿＿＿＿＿＿＿＿。

```
i = 322;
if(i%2 == 0)
{
    printf("#####");
}
else
{
    printf("*****");
}
```

4. 输入一个字符，如果它是一个大写字母，则把它变成小写字母；如果它是一个小写字母，则把它变成大写字母；其他字符不变，请填空。

```
char ch;
ch = getchar();
if(_____)
{
ch = ch + 32;
}
else if(ch>='a'&&ch<='z')
{
_____;
```

```
    }
    printf("%c",ch);
```

5. 以下程序的运行结果是_____。

```
int main()
{
    int a = 0,b = 0,c;
    if(a>b)  c = 1;
    else if(a == b)  c = 0;
    else c = -1;
    printf("%d\n",c);
    return 0;
}
```

6. 以下程序段运行后的输出结果是_____。

```
int a = 2,b = 1,c = 2;
if(a)
{
    if(b < 0){
        c = 0;
    }
    else{
        c++;
    }
}
printf("%d\n",c);
```

7. 以下程序的运行结果是_____。

```
int main()
{
    int a = 0,b = 4,c = 5;
    switch(a == 0)
    {
        case 1: switch(b < 0)
        {
            case 1: printf("@"); break;
            case 0: printf("!"); break;
        }
        case 0: switch(c == 5)
        {
            case 0: printf("*"); break;
            case 1: printf("#"); break;
            default: printf("%");
        } break;
        default: printf("&");
    }
    return 0;
}
```

三、编程题

1. 雷达测速。

模拟交通警察的雷达测速仪的功能。输入汽车的速度，如果速度超出 60km/h，则显示"您已超速"，否则显示"速度正常"。

输入格式：

在一行中输入 1 个不超过 300 的非负整数，即雷达所测到的车速。

输出格式：

在一行中输出测速仪显示结果，格式为"速度为：V-S"，其中 V 为车速，S 为"您已超速"或者"速度正常"。

输入样例 1：

```
40
```

输出样例 1：

```
速度为：40 -速度正常
```

输入样例2：

```
120
```

输出样例2：

```
速度为：120 -您已超速
```

2. 判定是否是会员。

客户购物结算时，销售员总是会问：请问你有会员吗？本题目销售员根据客户的回复——是或者否，输入'y'或'n'字符，程序根据输入的字符判定客户是否是会员，如果输入'y'，输出"欢迎您，您是尊贵的会员"，否则输出"期待您尽快入会"。

输入格式：

在一行中输入一个字符'y'或'n'，即是会员还是非会员。

输出格式：

在一行中输出相应的提示信息。

输入样例1：

```
y
```

输出样例1：

```
欢迎您，您是尊贵的会员
```

输入样例2：

```
n
```

输出样例2：

```
期待您尽快入会
```

3. 3 个整数排序。

对 3 个整数 x、y、z 进行排序，排序后按从小到大的顺序输出。

输入格式：

在一行中输入 3 个整数。

输出格式：

在一行中输出 3 个整数，格式为"x y z"。

输入样例：

```
20 12 50
```

输出样例：

```
12 20 50
```

4. 分段函数。

计算并输出下列分段函数的值。

$$\begin{cases} y=0, & x<60 \\ y=1, & 60 \leq x<70 \\ y=2, & 70 \leq x<80 \\ y=3, & 80 \leq x<90 \\ y=4, & x \geq 90 \end{cases}$$

输入格式：

在一行中输入 1 个整数。

输出格式：

在一行中输出计算结果，格式为"y=v"，v 为结果。

输入样例：

```
65
```

输出样例：

```
y=1
```

5. 快递运费计算器。

快递运费根据货物质量进行分段计价。例如，货物质量为 12 公斤，则快递费是：$5 \times 3+5 \times 3.50+2 \times 4=40.50$ 元。快递公司运费计价标准如下：

货物质量≤5 公斤，快递费收 3 元/公斤；

5 公斤<货物质量≤10 公斤，快递费 3.50 元/公斤；

10 公斤<货物质量≤20 公斤，快递费 4 元/公斤；

20 公斤<货物质量≤30 公斤，快递费 4.50 元/公斤；

30 公斤<货物质量≤50 公斤，快递费 5 元/公斤；

货物质量>50 公斤，拒收

提示：用 switch 语句。

输入格式：

在一行中输入 1 个不超过 100 的非负整数，即快递货物的质量。

输出格式：

在一行中输出快递费用，格式为"快递费用：m 元"，m 为快递费用。

输入样例：

```
12
```

输出样例：

```
快递费用：40.50 元
```

单元 4

循环结构程序设计

从前有座山，山里有座庙，庙里有个老和尚给小和尚讲故事，讲的什么呢？从前有座山，山里有座庙，庙里有个老和尚给小和尚讲故事，讲的什么呢？……类似这样的操作，我们称之为循环。计算机可以一次又一次地做一件事情而不会感到疲惫，并且不会出错，这是计算机普及的原因之一。本单元通过购物计算器、猜数游戏设计与实现、数的阶乘计算、判断素数、凑硬币这 5 个任务来介绍循环结构程序设计。

教学导航

教学目标	知识目标： 理解循环、掌握 while 循环语句 了解随机数、掌握 do...while 循环语句 掌握 for 循环语句 掌握 break、continue 语句 掌握循环嵌套 了解 goto 语句 能力目标： 具备运用循环语句解决实际问题的能力 具备用程序流程图表示算法的能力 具备运用调试解决错误的方法和能力 素养目标： 养成积极主动思考问题的习惯、养成规范化编程习惯、具备团队合作意识 思政目标： 培养学生与时俱进的精神品质
教学重点	while 循环语句 do...while 循环语句 for 循环语句 break、continue 语句 循环嵌套
教学难点	循环嵌套 循环语句的应用
课时建议	10 课时

任务 4-1　购物计算器

任务目标

★ 理解循环的概念

★ 掌握 while 循环的应用

★ 掌握用程序流程图表示算法的方法

★ 了解程序调试方法

任务陈述

1. 任务描述

编写程序，根据输入的购买商品的种类数，以及每种商品的单价和数量统计本次购物的商品总数量和总金额。

2. 运行结果

购物计算器程序的运行结果如图 4-1 所示。

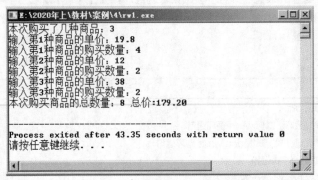

图 4-1　购物计算器程序的运行结果

知识准备

4.1.1　循环概述

循环是指事物周而复始地运动或变化。在实际生活中人们经常会将同一件事情重复很多次，例如走路会重复使用左右脚、打乒乓球会重复挥拍等。在 C 语言中，同样也经常需要重复执行同一代码块，以让计算机重复执行相同的任务，这时就需要使用循环语句。循环语句分为 while 循环语句、do...while 循环语句和 for 循环语句 3 种。

4.1.2　while 循环语句

循环结构是程序中一种很重要的结构。其特点是，当给定条件成立时，反复执行某程序段，直到条件不成立为止。给定的条件称为循环条件，反复执行的程序段称为循环体。循环结构一般用来解决程序中需要重复执行操作的问题。例如，要输出如下图形：

* * * * *

* * * * *

使用顺序结构解决上述问题的代码如下：

```
int main()
{
printf("* * * * *");
printf("* * * * *");
return 0;
}
```

但是，如果要输出 100 行以上的图形呢？如果用顺序结构实现就需要写 100 条输出语句，这显然不是一种有效的解决方法。此时，若使用循环结构来实现，就会简单很多。

C 语言提供了多种循环语句，可以组成各种不同形式的循环结构。

1. 格式

```
while(表达式)
{
  语句序列
}
```

其中，表达式是循环条件，语句序列为循环体。若循环体中包含两条或两条以上语句，一定要用花括号括起来。为便于初学者理解，可以读作"当（循环）条件成立时，执行循环体"，也就是当表达式的值为真时执行语句序列。

2. while 语句的执行过程

（1）计算 while 后面的表达式，如果表达式的值非 0，则转向（2），否则转向（3）。

（2）执行循环体，循环体执行完毕，转向（1）。

（3）退出循环结构，去执行该结构的后续语句。

while 循环语句的流程如图 4-2 所示。

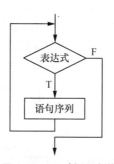

图 4-2 while 循环语句的流程

说明

（1）while 语句是先计算表达式的值，然后根据表达式的值决定是否执行循环体中的语句。因此，如果表达式的值一开始就为 0，那么循环体一次也不执行。

（2）当语句序列只有一条语句时，花括号可以省略不写（不推荐使用）。

（3）在循环体或表达式中应有修改表达式值的操作，以避免出现"无限循环"。

3. while 语句的应用场合

while 语句可用于解决任何需要重复操作的实际问题，特别是无法确定循环次数的实际问题。

【例 4-1】用 while 语句计算从 1 加到 100 的值。

分析：本题的数学表达式为 1+2+3+…+100，设 sum 为该表达式的和、i 为循环变量，当 i 从 1 增加到 100 时，循环计算表达式 sum=sum+i 就可以得到计算结果。算法流程如图 4-3 所示。

根据图 4-3 所示的流程图编写程序，具体如下：

```
#include <stdio.h>
int main(){
    int i,sum=0;
    i=1;
    while(i<=100){
```

```
        sum=sum+i;
        i++;
    }
    printf("%d\n",sum);
    return 0;
}
```

程序运行结果：

```
5050
```

在本例中，因为循环体包含一条以上的语句，故使用花括号将这些语句括起来，让其以代码块的形式出现。在循环体中应当修改 while 关键字后面括号中参与运算的变量的值，使循环趋向于结束，以避免程序陷入死循环，即本例中的 i 在循环体每次执行时，执行 i++。另外，循环变量使用前要赋初值。

【例 4-2】统计从键盘输入的一行字符的个数。

分析：定义计数变量 n，初值为 0，输入字符并判断该字符是否为'\n'，如果不是'\n'，计数变量 n=n+1，否则退出循环，并输出 n 的值。算法流程如图 4-4 所示。

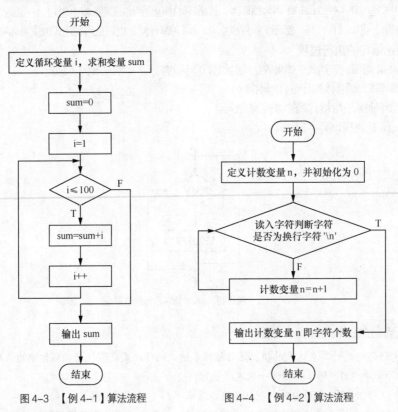

图 4-3 【例 4-1】算法流程   图 4-4 【例 4-2】算法流程

根据图 4-4 所示的流程图编写程序，具体如下：

```
#include <stdio.h>
int main(){
    int n=0;
    printf("input a string:\n");
    while(getchar()!='\n') n++;
    printf("%d\n",n);
    return 0;
}
```

程序运行结果：

```
input a string:
Hello↙
5
```

在本例中，程序的循环条件为 getchar()!='\n'，其意义是只要从键盘输入的字符不是换行符，就执行循环体。

┃┃┃ 说明

循环体 n++; 语句用于完成对输入字符个数的计数，从而实现了统计输入的一行字符个数的功能。

（1）while 语句中的表达式一般是关系表达式或逻辑表达式，只要表达式的值为真（非 0），就可以继续循环。例如：

```
#include <stdio.h>
int main(){
    int a = 0,n;
    printf("\n input n:    ");
    scanf("%d",&n);
    while (n--) printf("%d ",a++*2);    //执行 n 次，每执行一次 n 减 1
    return 0;
}
```

（2）循环体若包括一个以上的语句，则必须用{}括起来，组成复合语句。

（3）应注意循环条件的选择，以避免出现死循环，例如：

```
#include <stdio.h>
int main(){
    int a,n = 0;
    while(a = 5)
        printf("%d",n++);
    return 0;
}
```

本例中 while 语句的循环条件为赋值表达式 a = 5，该表达式的值永远为真，而循环体中又没有其他终止循环的语句，因此该循环将无休止地进行下去，形成死循环。

❀∴∴∴∴ 任务实施 ❀

1. 实施步骤

（1）定义用于存储本次购物商品总数量和总金额的变量 sum、money，并分别赋初值 0。

（2）定义用于存储本次购物商品种类数及当前结算的商品种类序号的变量 grade、k，输入的种类数量存储到 grade 中，k 初始值为 1 代表第 1 种商品。

（3）进入循环，判断 grade 是否大于 0，如果大于 0，读入第 k 种商品的数量 num、单价 price；计算购物总数量 sum，sum=sum+num；计算总价格 money，money=money+price*num。读入一种商品后 k 加 1，需要继续读入的商品种类 grade 减 1。继续执行（3），如 grade 不大于 0，退出循环。

（4）输出购物总数量和总金额。

2. 流程图

购物计算器任务实现流程如图 4-5 所示。

3. 程序代码

```
#include <stdio.h>
int main()
{
    int grade,k=1;
    int sum=0;
    float money=0.0;
    printf("本次购买了几种商品：");
    scanf("%d",&grade);
    while(grade>0)
    {
        float price;
        int num;
        printf("输入第%d 种商品的单价：",k);
```

```
        scanf("%f",&price);
        printf("输入第%d 种商品的购买数量: ",k);
        scanf("%d",&num);
        sum+=num;
        money+=price*num;
        grade--;
        k++;
    }
    printf("本次购买商品的总数量: %d\t 总价:%.2f\n",sum,money);
    return 0;
}
```

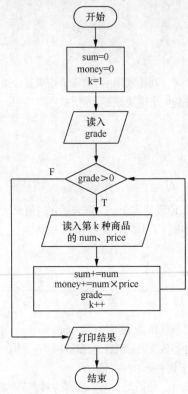

图 4-5　购物计算器任务实现流程

课堂实训

1. 实训目的

★ 熟练掌握循环编程的基本思想

★ 熟练掌握 while 循环语句结构

★ 熟练使用 while 循环语句解决实际问题

★ 熟练掌握使用程序流程图表示算法的方法

2. 实训内容

画程序流程图并编写程序，计算并输出 1 到 150 之间能同时被 3 和 7 整除的所有自然数，并求这些自然数的倒数之和。

输入格式：

无输入。

输出格式：

在一行中按从小到大的顺序输出能被 3 和 7 整除的自然数，用空格隔开。

在另一行中输出这些自然的倒数和。

输出样例：

```
21 42 63 84 105 126 147
s = 0.12347
```

任务 4-2　猜数游戏设计与实现

任务目标

★ 了解随机数、随机函数

★ 掌握 do…while 循环的应用

任务陈述

1. 任务描述

该任务是让计算机随机产生一个数（这个数在 1 到 100 之间），然后用户来猜，用户每输入一个数，计算机就告诉用户是大了还是小了，直到用户猜中为止，最后还要统计用户猜了多少次。

2. 运行结果

猜数游戏程序运行结果如图 4-6 所示。

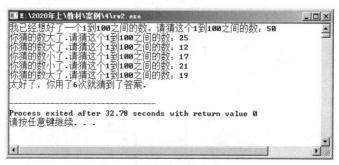

图 4-6　猜数游戏程序运行结果

知识准备

4.2.1　C 语言随机数

1. 使用 rand() 函数生成随机数

在 C 语言中，一般使用 <stdlib.h> 头文件中的 rand() 函数来生成随机数，它的用法如下：

```
int rand (void);
```

void 表示不需要传递参数。

rand() 函数会随机生成一个 0~RAND_MAX 的整数。RAND_MAX 是一个很大的整数。

【例 4-3】生成一个伪随机数并输出。

程序如下：

```
#include <stdio.h>
#include <stdlib.h>
int main(){
    int a = rand();
```

```
    printf("%d\n",a);
    return 0;
}
```

程序运行结果：

```
41
```

2. 随机数的本质

多次运行例 4-3 的代码会发现每次产生的随机数都一样，为何随机数并不随机呢？实际上，rand()函数产生的随机数是伪随机数，是根据一个数值按照某个公式推算出来的，这个数值我们称为"种子"。种子和随机数之间呈正态分布关系，如图 4-7 所示。

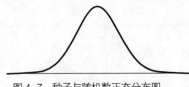

图 4-7　种子与随机数正态分布图

种子在每次启动计算机时是随机的，但是计算机启动以后它就不再变化了；也就是说，每次启动计算机以后，种子就是定值了，所以根据公式推算出来的结果（也就是生成的随机数）就是固定的。

3. 重新播种函数 srand()

可以通过 srand()函数来重新"播种"，这样种子就会发生改变。srand()的用法如下：

```
void srand (unsigned int seed);
```

它需要一个 unsigned int 类型的参数。在实际开发中，我们可以用时间作为参数，只要每次播种的时间不同，那么生成的种子就不同，最终生成的随机数也就不同。

使用<time.h>头文件中的 time()函数即可得到当前的时间（精确到秒），将它与 srand()函数结合的方法如下：

```
srand((unsigned)time(NULL));
```

【例 4-4】生成一个随机数并输出。

分析：生成随机数之前先进行播种。

程序如下：

```
#include <stdio.h>
#include <stdlib.h>
#include <time.h>
int main() {
    int a;
    srand((unsigned)time(NULL));
    a = rand();
    printf("%d\n", a);
    return 0;
}
```

程序运行结果：

```
10524
```

多次运行程序，发现每次生成的随机数都不一样了。但是，这些随机数会呈现逐渐增大或者逐渐减小的趋势，这是因为我们以时间为种子，时间值是逐渐增大的，结合图 4-7 所示的正态分布图，很容易推断出随机数也会逐渐增大或者减小。

4. 生成一定范围内的随机数

在实际开发中，我们往往需要得到一定范围内的随机数，此时可以利用取模的方法，具体如下：

```
int a = rand() % 10;    //产生 0~9 的随机数，注意 10 会被整除
```

如果要规定上下限，则具体方法如下：

```
int a = rand() % 51 + 13;    //产生 13~63 的随机数
```

4.2.2　do...while 循环语句

1. do...while 循环语句的一般形式

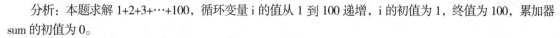

```
do{
    语句序列
}while(表达式);
```

2. do...while 循环语句的执行过程

（1）执行语句序列（循环体）。

（2）计算 while 后面的表达式，如果其值非 0，则转向（1），否则转向（3）。

（3）退出循环结构，去执行该结构的后续语句。

do...while 循环语句的流程如图 4-8 所示。

3. do...while 循环语句的应用场合

do...while 循环语句可用于解决任何涉及需要重复操作且至少要操作一次的实际问题。

【例 4-5】用 do...while 语句计算从 1 加到 100 的值。

分析：本题求解 1+2+3+…+100，循环变量 i 的值从 1 到 100 递增，i 的初值为 1，终值为 100，累加器 sum 的初值为 0。

程序的算法流程如图 4-9 所示。

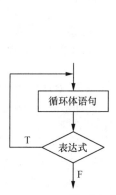

图 4-8　do...while 循环语句的流程

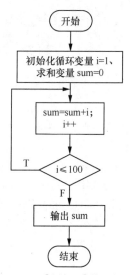

图 4-9　【例 4-5】算法流程

根据图 4-9 所示的流程图编写程序，具体如下：

```
#include <stdio.h>
int main(){
    int i,sum = 0;
    i = 1;
    do{
        sum = sum + i;
        i++;
    }while(i <= 100);
    printf("%d\n",sum);
    return 0;
}
```

程序运行结果：

```
5050
```

【例 4-6】while 和 do...while 循环比较。

（1）while 循环语句

```c
#include <stdio.h>
int main(){
    int sum = 0,i;
    scanf("%d",&i);
    while(i <= 10){
        sum = sum+i;
        i++;
    }
    printf("sum=%d\n",sum);
    return 0;
}
```

输入 11 时的运行结果：

```
11
sum=0
```

（2）do...while 循环语句

```c
#include <stdio.h>
int main(){
    int sum = 0,i;
    scanf("%d",&i);
    do{
        sum = sum+i;
        i++;
    }while(i <= 10);
    printf("sum=%d\n",sum);
    return 0;
}
```

输入 11 时的运行结果：

```
11
sum=11
```

在本例中，当 i=11 时，while 循环先判断条件 "i<=10" 不成立，循环体一次也没有执行，所以输出 sum=0；而 do...while 循环是先执行循环体 "sum=sum+i; i++;"，这时 sum 等于 11、i 等于 12，再判断条件 "i<=10" 是否成立，决定是否进入下一次循环。

do...while 循环语句和 while 循环语句的区别在于 do...while 循环语句是先执行后判断，因此，do...while 循环语句至少要执行一次循环体语句；而 while 循环语句是先判断后执行，如果条件不满足，则循环体语句一次也不执行。一般能用 while 语句的程序也可以用 do...while 语句来编写。

任务实施

1. 实施步骤

（1）使用生成随机数的函数让程序生成一个随机数，记录在变量 number 中。

（2）定义一个负责记录猜数次数的变量 count，初始值为 0。

（3）让用户猜一个数字并保存到变量 a 中。

（4）猜数次数 count 增加 1，即 count = count + 1 或 count++。

（5）判断 a 和 number 的大小关系，如果 a 大，就输出 "你猜的数大了"，否则输出 "你猜的数小了"。

（6）如果 a 和 number 不相等，程序转回到第（3）步。

（7）否则，程序输出猜中和猜数次数。

2. 流程图

猜数游戏程序流程如图 4-10 所示。

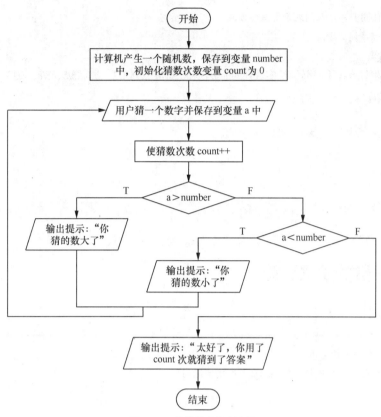

图 4-10 猜数游戏程序流程

3. 程序代码

```c
#include<stdio.h>
#include<stdlib.h>
#include<time.h>
int main(){
    srand(time(0));
    int number = rand()%100 + 1;
    int count = 0;
    int a = 0;
    printf("我已经想好了一个1到100之间的数。");
    do{
        printf("请猜这个1到100之间的数：");
        scanf("%d",&a);
        count++;
        if(a>number){
            printf("你猜的数大了.");
        } else if(a<number){
            printf("你猜的数小了.");
        }
    }while(a!=number);
    printf("太好了，你用了%d次就猜到了答案.\n",count);
    return 0;
}
```

课堂实训

1. 实训目的

★ 熟练掌握 do...while 循环语句

★ 熟练掌握使用程序流程图表示算法的方法

★ 熟练掌握程序调试方法

2. 实训内容

画出程序流程图并编写程序计算给定数列的前 n 项和。计算数列 1/2，2/3，3/5，5/8，8/13，…的前 n 项和，n 由用户通过键盘输入。

输入格式：

在一行中输入一个整数，表示所求数列的项数。

输出格式：

在一行中输出和。

输入样例：

4

输出样例：

sum=2.3917

任务 4-3　数的阶乘计算

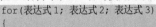 任务目标

★ 掌握 for 循环语句的运用

★ 能根据实际情况正确选择 3 种循环语句解决实际问题

任务陈述

1. 任务描述

本任务要求实现数的阶乘计算，例如 $n!=1 \times 2 \times 3 \times 4 \times \cdots \times n$。编写程序，让用户输入 n，然后计算并输出 $n!$。

2. 运行结果

数的阶乘计算程序的运行结果如图 4-11 所示。

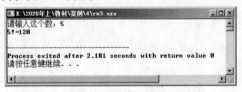

图 4-11　数的阶乘计算程序的运行结果

知识准备

4.3.1　for 循环的一般形式

在 C 语言中，for 语句使用最为灵活，它完全可以取代 while 语句。它的一般形式为：

```
for(表达式1; 表达式2; 表达式3)
{
    循环体;
}
```

（1）表达式 1 通常用来给循环变量赋初值，一般是赋值表达式。也允许在 for 语句之外给循环变量赋初值，此时可省略该表达式。

（2）表达式 2 是循环条件，一般为关系表达式或逻辑表达式，也可以是其他表达式。

（3）表达式3通常用来修改循环变量的值。

3个表达式都是可选项，都可以省略。但特别需要注意的是，表达式1和表达式2后面的分号不能省略。例如，输出100行的图形"＊＊＊＊＊"，代码如下：

```
int main()
{
    for(int i=0;i<100;i++)
        printf("* * * * *");
    return 0;
}
```

在这个程序中，i 的初值为0，由于其小于100，执行 printf()语句，然后 i 加1，继续检验 i 的值，如果小于100，继续循环。这个过程一直进行到 i 等于100为止，并终止循环。在这个例子中，i 是循环控制变量。每次循环时，i 的值都改变并进行检验。

4.3.2 for 循环语句的执行过程

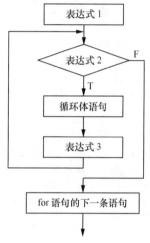

图 4-12 for 循环语句流程

for 循环语句的执行过程如下。

（1）执行表达式1。

（2）执行表达式2，若其值为真（非0），则执行循环体语句，然后执行第（3）步；若其值为假（0），则结束循环，转到第（4）步。

（3）执行表达式3，转回到第（2）步继续执行。

（4）循环结束，执行 for 语句的下一条语句。

for 循环语句的流程如图4-12所示。

for 语句最简单、最容易理解的形式如下：

```
for(循环变量赋初值；循环条件；循环变量增量)  语句
```

循环变量赋初值是一个赋值语句；循环条件是一个关系表达式，它决定什么时候退出循环；循环变量增量用于定义循环控制变量每循环一次后按什么方式变化。这3个部分之间用分号（；）分开。例如：

```
for(i=1; i<=100; i++)
    sum=sum+i;
```

上述代码表示先给 i 赋初值1，判断 i 是否小于或等于100，若是则执行语句，之后 i 值增加1。然后重新判断，直到条件为假，即 i>100 时，结束循环。相当于：

```
int i=1;
while(i<=100){
    sum=sum+i;
    i++;
}
```

for 循环语句的一般形式可等同于如下的 while 循环形式：

```
表达式1;
while(表达式2){
    语句;
    表达式3;
}
```

【例4-7】用 for 循环语句计算从1加到100的值，代码如下。

```
#include <stdio.h>
int main(){
    int i,sum = 0;
    for(i = 1; i <= 100 ;i++)
        sum = sum+i;
    printf("%d\n",sum);
    return 0;
}
```

程序运行结果：

```
5050
```

上述代码说明如下。

（1）for循环中的表达式1（循环变量赋初值）、表达式2（循环条件）和表达式3（循环变量增量）都是可选项，即可以省略，但分号（；）不能省略。

（2）省略了表达式1（循环变量赋初值）表示不对循环控制变量赋初值。

（3）若省略了表达式2（循环条件）且不做其他处理循环便会成为死循环。例如：

```
for(i = 1;;i++)
    sum = sum+i;
```

相当于：

```
i = 1;
while(1){
    sum = sum+i;
    i++;
}
```

（4）省略了表达式3（循环变量增量）表示不对循环控制变量进行操作，这时可在循环体的语句中加入修改控制循环变量的语句。例如：

```
for(i = 1;i <= 100;){
    sum = sum+i;
    i++;
}
```

（5）省略了表达式1（循环变量赋初值）和表达式3（循环变量增量），表示不对循环控制变量赋初值和进行操作，但可在循环前或循环体中进行控制。例如：

```
i = 1
for(;i <= 100;){
    sum = sum+i;
    i++;
}
```

相当于：

```
i = 1
while(i <= 100){
    sum = sum+i;
    i++;
}
```

（6）3个表达式都可以省略。例如：

```
for(;;) 语句
```

相当于：

```
while(1) 语句
```

（7）表达式1（循环变量赋初值）可以是设置循环变量的初值的赋值表达式，也可以是其他表达式。例如：

```
i = 1
for(sum = 0;i <= 100;i++)
    sum = sum+i;
```

（8）表达式1（循环变量赋初值）和表达式3（循环变量增量）可以是一个简单表达式，也可以是逗号表达式：

```
for(sum = 0,i = 1;i <= 100;i++)
    sum = sum+i;
```

或：

```
for(i = 0,j = 100;i <= 100;i++,j--)
    k = i+j;
```

（9）表达式2（循环条件）一般是关系表达式或逻辑表达式，但也可以是数值表达式或字符表达式，只要其值非0，就执行循环体。例如：

```
for(i = 0;(c = getchar()) != '\n';i += c);  //输入的字符为换行时结束循环
for(k=1;k-4;k++) s=s+k;    //仅当k的值等于4时终止循环。这里的k-4是数值表达式
```

又如：

```
for(; getchar();)
    printf("%c",c);
```

4.3.3　for 循环语句的应用场景

for 循环语句可用于解决任何涉及需要重复操作的实际问题，特别是指定范围或能确定循环次数的实际问题。

4.3.4　3 种循环的选择

while、do...while、for 循环都可以相互转换，在实际应用中，如果循环次数是固定的，那么首选 for 循环；如果循环体必须要执行一次，那么首选 do...while 循环；其他情况选用 while 循环。

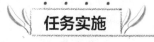

任务实施

1. 实施步骤

（1）保存用户的输入需要一个 int 类型的变量 n。

（2）计算结果需要用一个变量保存，可以是 int 类型的变量 factor。

（3）在计算过程中需要一个变量不断地从 1 递增到 n，可以是 int 类型的 i。

（4）计算数的阶乘并输出结果。

2. 流程图

数的阶乘计算程序流程图如图 4-13 所示。

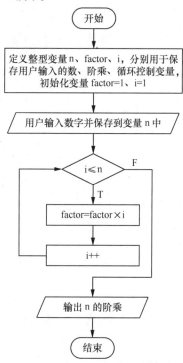

图 4-13　数的阶乘计算程序流程图

3. 程序代码

```
#include<stdio.h>
int main(){
    int n,i,factor = 1;
    printf("请输入这个数: ");
    scanf("%d",&n);
    for(i = 1;i <= n;i++){
        factor = factor * i;
```

```
    }
    printf("%d!=%d\n",n,factor);
    return 0;
}
```

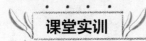

课堂实训

1. 实训目的
★ 熟练掌握 for 循环语句的结构
★ 能运用 for 循环语句解决实际问题
★ 熟练掌握使用程序流程图表示算法的方法
★ 熟练掌握程序调试方法

2. 实训内容
画程序流程图并编写程序，计算并求出所有的水仙花数。水仙花数是这样的一个3位数，各位数字的立方和等于这个数本身。

输入格式：

无输入。

输出格式：

在一行中输出"水仙花数：%d"。

输入样例：

无

输出样例：

水仙花数: 153 370 371 407

任务 4-4　判断素数

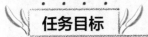

任务目标

★ 掌握 break 语句的使用
★ 掌握 continue 语句的使用

任务陈述

1. 任务描述
判断用户从键盘输入的正整数 n 是不是素数。若正整数 n 是素数则输出 n 是素数，否则输出 n 不是素数。说明：素数是指只能被1和自己本身整除的数，1既不是素数也不是合数。

2. 运行结果
判断素数程序运行结果如图 4-14 所示。

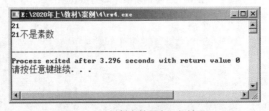

图 4-14　判断素数程序运行结果

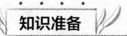

4.4.1 break 语句

break 语句为中断语句。

1. 格式

```
break;
```

2. 功能

break 语句可强制中断当前的循环结构，直接结束循环。

break 语句通常用在循环语句和 switch 语句中。

当 break 语句用于 switch 语句中时，可使程序跳出 switch 语句去执行其后的语句；如果没有 break 语句，则继续执行下一个 case 分支中的语句序列。

当 break 语句用于 while、do...while、for 循环语句中时，可使程序终止循环去执行循环后面的语句。通常 break 语句总是与 if 语句关联在一起使用，即满足条件时跳出循环。

【例 4-8】计算半径 r=1 到 r=10 时的圆面积，直到面积 area 大于 100 为止。

分析：计算圆面积的公式为 $PI*r^2$，依次取半径 1、2、3…，循环计算圆的面积 area，当 area>100 时结束，算法流程如图 4-15 所示。

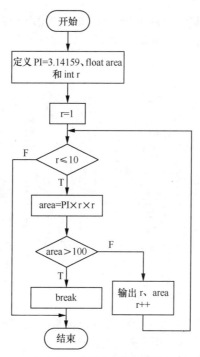

图 4-15 【例 4-8】算法流程

```
#include <stdio.h>
#define PI 3.14159
int main(){
    float area;
    int r;
    for(r = 1;r <= 10;r++){
        area = PI *r *r;
        if(area > 100)
            break;
```

```
        printf("r=%d,area=%f\n",r,area);
    }
    return 0;
}
```

程序运行结果：

```
r=1,area=3.141590
r=2,area=12.566360
r=3,area=28.274309
r=4,area=50.265442
r=5,area=78.539749
```

本例中的程序用于计算 r=1 到 r=10 时的圆面积，直到面积 area 大于 100 为止。从上面的 for 循环可以看到：当 area>100 时，执行 break 语句，提前结束循环，即不再继续执行其余的几次循环。

说明

（1）break 语句对 if...else 条件语句不起作用。

（2）在多层循环中，一个 break 语句只向外跳一层。

4.4.2 continue 语句

1. 格式

```
continue;
```

2. 功能

continue 语句可提前结束本次循环，再根据循环条件的值决定是否进行下一次循环。

continue 语句只用在 while、do...while 和 for 等循环体中，常与 if 条件语句一起使用，用来加速循环。

break 语句和 continue 语句的对比如下。

break 语句的用法：

```
while(表达式1){
    ......
    if(表达式2)  break;
    ......
}
```

continue 语句的用法：

```
while(表达式1){
    ......
    if(表达式2)  continue;
    ......
}
```

上述 2 种跳转语句的区别在于，continue 语句只结束本次循环，即不执行循环体中该语句之后的语句，而不终止整个循环；break 语句是终止整个循环，跳出循环体，去执行循环结构之后的语句，不再进行循环条件的判断；continue 语句只能用于循环结构，而 break 语句不仅能用于循环结构，还能用于 switch 结构。

【例 4-9】输出 100~200 不能被 3 整除的数。

分析：输出不能被 3 整除的数，也就意味着，如果某数除以 3 的余数不等于 0，则输出该数，如果余数等于 0，则不输出。这个问题的算法流程如图 4-16 所示。

根据图 4-16 所示的流程图编写程序，具体如下：

```
#include <stdio.h>
int main(){
    int n;
    for (n = 100;n <= 200;n++){
        if (n%3 == 0)
            continue;
        printf("%d ",n);
    }
    return 0;
}
```

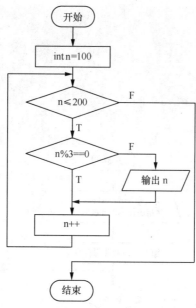

图 4-16　【例 4-9】算法流程

程序运行结果：

```
100 101 103 104 106 107 109 110 112
115 116 118 119 121 122 124 125 127
130 131 133 134 136 137 139 140 142
145 146 148 149 151 152 154 155 157
160 161 163 164 166 167 169 170 172
175 176 178 179 181 182 184 185 187
190 191 193 194 196 197 199 200
```

本例中，当 n 能被 3 整除时，执行 continue 语句，结束本次循环（即跳过 printf()函数），只有 n 不能被 3 整除时才执行 printf()函数。

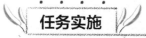

任务实施

1. 实施步骤

（1）定义一个整型变量 n，并从键盘输入一个正整数保存到 n。

（2）定义一个标识变量 isPrime，初始化 isPrime 为 1，表示为素数。

（3）判断 n 是否为素数。根据素数的判定条件，通过循环用 n 除以循环计数变量 i，只要 n 能被 i 整除说明 n 不是素数，即 isPrime=0，并使用 break 跳出循环。

（4）根据标识变量 isPrime 的值输出素数的判别结果。

2. 流程图

判断素数程序流程如图 4-17 所示。

3. 程序代码

```c
#include<stdio.h>
int main(){
    int n;
    scanf("%d",&n);
    int i;
    int isPrime = 1;//设置标识,表示n是素数
    //证伪,只要在指定范围内有i能被n整除,说明n不是素数,即isPrime = 0;
    for(i = 2;i < n;i++){
        if(n % i == 0){
```

```
                isPrime = 0;
                break;
            }
    }
    if(isPrime == 1){
        printf("%d 是素数\n",n);
    }else{
        printf("%d 不是素数\n",n);
    }
    return 0;
}
```

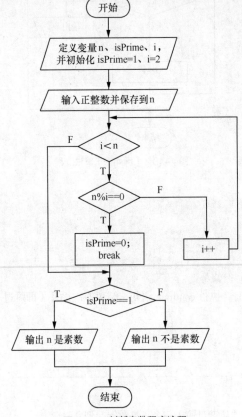

图 4-17 判断素数程序流程

课堂实训

1. 实训目的
★ 熟练掌握 break 与 continue 语句
★ 熟练掌握使用程序流程图表示算法的方法
★ 熟练掌握程序调试方法

2. 实训内容
画程序流程图并编写是打鱼还是晒网的程序。中国有句俗话叫"三天打鱼两天晒网"。某人从 1990 年 1 月 1 日起开始"三天打鱼两天晒网"，问这个人在某年某月某日这一天是在"打鱼"，还是在"晒网"？

输入格式：

在一行中输入年月日，用空格隔开年、月、日这 3 个整数值。

输出格式：

在一行中输出"某年某月某日在打鱼或晒网"。

输入样例：

1994　3　1

输出样例：

1994 年 3 月 1 日在打鱼

任务 4-5　凑硬币

任务目标

★ 掌握循环的嵌套使用

★ 学会运用枚举法解决实际问题

★ 掌握接力 break 语句的使用

★ 掌握 goto 语句的使用

任务陈述

1. 任务描述

输入 10 元以下的金额，程序使用 1 角、2 角和 5 角 3 种硬币（3 种硬币都需要用到）凑出给定金额。请编写程序实现以下内容。

（1）将所有可能的情况全部列出来。

（2）只需要凑出一种情况即可。

2. 运行结果

凑硬币程序运行结果如图 4-18 所示。

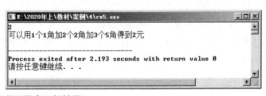

图 4-18　凑硬币程序运行结果

知识准备

4.5.1　循环嵌套

在一个循环结构的循环体内又包含另一个完整的循环结构，这称为循环嵌套或多重循环。外面的循环语句称为"外层循环"，循环体包含着的循环语句称为"内层循环"。

循环嵌套在执行过程中，外层循环执行一次，内层循环执行一遍。

C 语言中 3 种循环结构 while、do...while、for 可以相互嵌套，自由组合。外层循环体中可以包含一个或多个循环结构，但必须完整包含，不能出现交叉现象，因此每一层循环体都应该用一对花括号括起来。

利用循环嵌套可以解决一些需要重复操作的实际问题，但循环嵌套将大大降低程序的执行效率。因此，能不用循环嵌套就尽量不用，以提高程序执行效率。

【例 4-10】编写程序，在屏幕上输出阶梯形式的乘法口诀。

分析：乘法口诀可以用 9 行 9 列来表示，其中第 i 行有 i 列。利用循环嵌套，其算法流程如图 4-19 所示。

根据图 4-19 所示的流程图编写程序，具体如下：

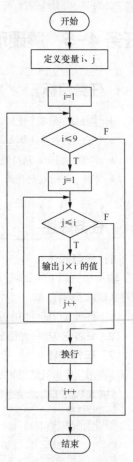

```
#include <stdio.h>
int main(){
    int i, j;
    for(i=1; i<=9; i++)
    {
        for(j=1; j<=i; j++)
        {
            printf("%d*%d=%d\t",j,i,i*j);
        }
        printf("\n");
    }
    return 0;
}
```

程序运行结果：

```
1*1=1
1*2=2    2*2=4
1*3=3    2*3=6    3*3=9
1*4=4    2*4=8    3*4=12   4*4=16
1*5=5    2*5=10   3*5=15   4*5=20   5*5=25
1*6=6    2*6=12   3*6=18   4*6=24   5*6=30   6*6=36
1*7=7    2*7=14   3*7=21   4*7=28   5*7=35   6*7=42
7*7=49
1*8=8    2*8=16   3*8=24   4*8=32   5*8=40   6*8=48
7*8=56   8*8=64
1*9=9    2*9=18   3*9=27   4*9=36   5*9=45   6*9=54
7*9=63   8*9=72   9*9=81
```

4.5.2　枚举法

计算机擅长的就是反复做同一件事情，例如使用计算机解方程是将数值反复带入计算，最终计算出结果，即枚举。枚举法是程序设计中最常用的方法。其基本适用范围是：在有限数据组成的集合中，有些数据满足特定的条件；通过循环——列举出集合状态，在循环的过程中对满足条件的所有数据进行测试，满足即输出结果。

图 4-19　【例 4-10】算法流程

【例 4-11】百鸡百钱，中国古代数学家张丘建在他的《张丘建算经》中提出了一个著名的"百鸡百钱问题"：一只公鸡值五钱，一只母鸡值三钱，三只小鸡值一钱，现在要用百钱买百鸡，请问公鸡、母鸡、小鸡各多少只？

分析：如果用一百钱只买一种鸡，那么，公鸡最多 20 只，母鸡最多 33 只，小鸡最多 300 只。但题目要求买 100 只，所以小鸡的数量在 0～100 之间，公鸡数量在 0～20 之间，母鸡数量在 0～33 之间。我们把公鸡、母鸡和小鸡的数量分别设为 cock、hen、chicken，通过上述分析可知：

（1）0≤cock≤20。

（2）0≤hen≤33。

（3）0≤chicken≤100。

（4）cock+hen+chicken=100。

（5）5×cock+3×hen+chicken÷3=100。

公鸡、母鸡和小鸡的数量相互制约，可以使用 3 层循环嵌套来解决此问题。根据分析得出，算法流程如图 4-20 所示。

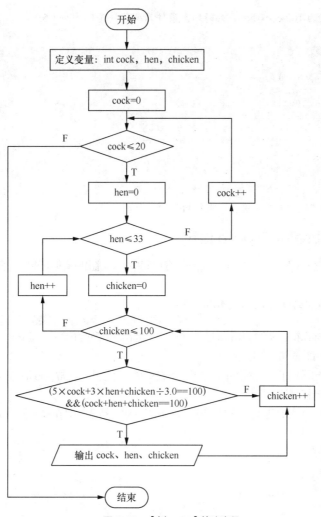

图 4-20 【例 4-11】算法流程

根据图 4-20 所示的流程图编写程序，具体如下：

```
#include<stdio.h>
int main(){
    int cock,hen,chicken;
    for(cock = 0;cock <= 20;cock++){
        for(hen = 0;hen <= 33;hen++){
            for(chicken = 0;chicken <= 100;chicken++){
                if((5*cock+3*hen+chicken/3.0==100)&&(cock+hen+chicken==100))
                    printf("cock=%2d,hen=%2d,chicken=%2d\n",cock,hen,chicken);
            }
        }
    }
    return 0;
}
```

程序运行结果：

```
cock=0,hen=25,chicken=75
cock=4,hen=18,chicken=78
cock=8,hen=11,chicken=81
cock=12,hen=4,chicken=84
```

说明

上述算法需要尝试 21×34×101=72114 次，为了提高效率，可以对算法进行优化。当公鸡和母鸡的数量确定后，小鸡的量固定为 100-cock-hen，此时约束条件只剩条件（1）（2）（5）。

改进后的代码如下：

```
#include<stdio.h>
int main(){
    int cock,hen,chicken;
    for(cock = 0;cock <= 20;cock++){
        for(hen = 0;hen <= 33;hen++){
            chicken = 100 - cock - hen;
            if(5*cock+3*hen+chicken/3.0==100)
                printf("cock=%2d,hen=%2d,chicken=%2d\n",cock,hen,chicken);
        }
    }
    return 0;
}
```

此算法只需要尝试 21×34=714 次，大大缩短了运算时间。

4.5.3　接力 break 与 goto 语句

break 语句用于终止当前那一层循环，当在循环嵌套语句中需要跳出所有循环时，适合使用接力 break 语句一层层跳出循环。

goto 语句是一种无条件转移语句，其使用格式为：

```
goto　语句标号;
```

标号是一个有效的标识符，这个标识符加上一个 ":" 一起出现在程序内某处，执行 goto 语句后，程序将跳转到相应标号处并执行其后的语句。

标号必须与 goto 语句同处于一个函数中，但可以不在一个循环层中。通常 goto 语句与 if 条件语句连用，当满足某一条件时，程序跳到标号处运行。

goto 语句通常不用，主要是因为它会使程序层次不清，且不易读，但在嵌套循环退出时，用 goto 语句则比较合理。

. . . . .

任务实施

1. 实施步骤

（1）定义 3 个整型变量，分别用来存储 1 角、2 角和 5 角的数量。

（2）定义一个整型变量存储要凑的金额，从键盘输入金额。

（3）第一层 for 循环控制 1 角的数量，第二层 for 循环控制 2 角的数量，第三层 for 循环控制 5 角的数量。

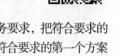

（4）根据这 3 层循环可以得到很多种方案，但是其中有很多是不符合条件的，根据任务要求，把符合要求的所有方案都筛选出来，即把满足 "one + two × 2 + five × 5 = x × 10" 的方案输出，或者是把符合要求的第一个方案筛选出来并输出。

2. 流程图

凑硬币程序流程图如图 4-21 和图 4-22 所示。

3. 程序代码

筛选出符合要求的所有方案，代码如下：

```
#include<stdio.h>
int main()
{
    int x;
    int one, two , five;
    scanf("%d",&x);
    for( one = 1; one < x*10; one++){
        for(two = 1 ; two <x*10/2; two++){
```

```
        for(five = 1; five < x*10/5; five++){
            if( one + two*2 + five*5 == x*10){
                printf("可以用%d个1角加%d个2角加%d个5角得到%d元\n",
                one, two,five,x);
            }
        }
    }
    return 0;
}
```

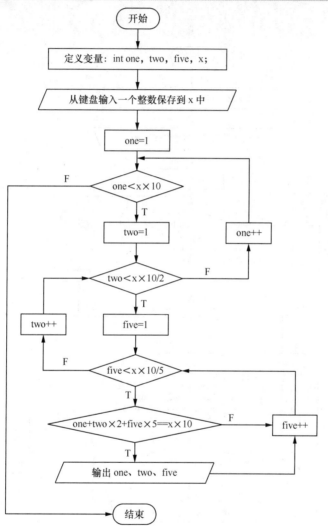

图 4-21 凑硬币（所有情况）程序流程图

筛选出第一个符合要求的方案（接力 break），代码如下：

```
#include<stdio.h>
int main()
{
    int x;
    int one, two , five;
    int exit = 0;
    scanf("%d",&x);
    for( one = 1; one < x*10; one++){
        for(two = 1 ; two <x*10/2; two++){
            for(five = 1; five < x*10/5; five++){
```

```
                    if( one + two*2 + five*5 == x*10){
                        printf("可以用%d 个 1 角加%d 个 2 角加%d 个 5 角得到%d 元\n",
                        one, two,five,x);
                        exit = 1;
                        break;
                    }
                }
                if(exit == 1) break;
            }
            if(exit == 1) break;
        }
        return 0;
    }
```

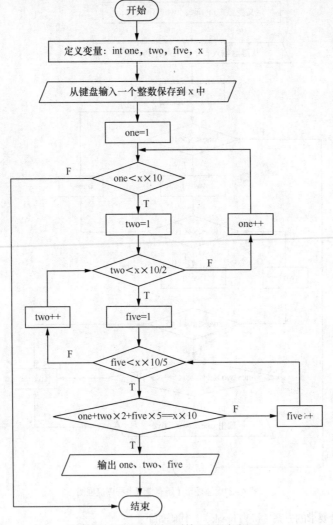

图 4-22　凑硬币（第一种情况）程序流程图

筛选出第一个符合要求的方案（goto 语句），代码如下：

```
#include<stdio.h>
int main()
{
    int x;
    int one, two , five;
    scanf("%d",&x);
    for( one = 1; one < x*10; one++){
```

```
        for(two = 1 ; two <x*10/2; two++){
            for(five = 1; five < x*10/5; five++){
                if( one + two*2 + five*5 == x*10){
                    printf("可以用%d个1角加%d个2角加%d个5角得到%d元\n",
                    one, two,five,x);
                    goto out;
                }
            }
        }
    out:
        return 0;
}
```

· · · · ·
课堂实训

1. 实训目的
★ 熟练掌握循环嵌套的应用
★ 掌握 break 语句的使用
★ 学会使用枚举法解决实际问题
★ 熟练掌握使用程序流程图表示算法的方法
★ 熟练掌握程序调试方法

2. 实训内容
编写程序，计算所有两位整数和 3 位整数的回文素数。回文素数是指该整数是素数，并且该整数从左向右读与从右向左读是相同的。

输入格式：

无输入。

输出格式：

在一行中输出，输出格式为一些用空格分隔的整数。

输出样例：

```
11 101 131 151 181 191 313 353 373 383 727 757 787 797 919 929
```

单元小结

C 语言中实现循环的 3 种语句为：while 语句、do...while 语句、for 语句。

while 与 do...while 语句都用于条件判断，当条件满足时（非 0）执行循环体，否则退出循环。while 与 do...while 语句的区别在于：while 语句是先判断条件，后执行循环体；而 do...while 语句是先执行循环体，后判断条件。通常，循环次数和控制条件要在循环过程中才能确定的循环可使用 while 或 do...while 语句。

for 语句是常用的循环语句，用于循环初始值、循环次数、步长都事先确定的循环结构中。

3 种循环语句可以相互嵌套组成嵌套循环。循环之间可以并列但不能交叉。也可以使用语句 break、continue、goto、return 等让程序流程跳出循环体。在循环程序中应避免出现死循环，即应保证循环变量的值在运行过程中可以得到修改，并使循环条件逐步变为假，从而结束循环。

单元习题

一、选择题
1. 以下程序的输出结果是（　　　）。
```
int main(){
```

```
int n = 4;
while(n--)
printf("%d",--n);
return 0;
}
```

  A. 20   B. 31   C. 321   D. 210

2. 当执行以下程序段时，（   ）。

```
int x = -1;
do
{x = x * x;}while( ! x )
```

  A. 循环体将执行一次   B. 循环体将执行两次
  C. 循环体将执行无数次   D. 系统将提示有语法错误

3. 下列程序段执行后，变量 x 的值是（   ）。

```
for(x = 2;x < 10;x += 3);
```

  A. 2   B. 9   C. 10   D. 11

4. 设 i、j 均为 int 类型的变量，则以下程序段执行完成后，输出的 "OK" 数是（   ）。

```
for (i = 5;i > 0;--i){
for(j = 0;j < 4;j++){
printf("%s","OK");} }
```

  A. 20   B. 24   C. 25   D. 30

5. 若有 "int i;"，下列与 "for(i = 0;i < 10;i ++)　printf("%d",i);" 的输出结果相同的循环语句是（   ）（多项选择）。

  A. for(i = 0;i < 10;i ++,printf("%d",i));   B. for(i = 0;i < 10;printf("%d",i ++));
  C. for(i = 0;i < 10; printf("%d",i),i ++);   D. for(i = 0;i < 10; printf("%d",++ i));
  E. for(i = 0;i < 10; ++ i)printf("%d",i);

二、填空题

1. 设有定义 "int n = 1, s = 0;"，则执行语句 "while(s = s + n,n ++,n <= 10);" 后，变量 s 的值为_____。
2. 以下程序段执行结束后，变量 i 的值是_____。

```
int i=10;
while (i>0) {
    i/=2;
}
```

3. 有以下程序段：

```
int k=0;
while(k=1)
k ++;
```

while 循环将执行的次数是_____。

4. 以下程序段的输出结果是_____。

```
int i=0,sum=i;
do{
    sum+=i++;
}while(i<6);
printf("%d\n",sum);
```

5. 以下程序段执行结束后，变量 i 的值是_____。

```
int i=1;
do {
    i+=5;
} while (i<17);
```

6. 下列程序的运行结果是_____。

```
int main(){
    int n,i,j;
    n=6;
    for(i=1;i<=n;i++ ){
        for(j=1;j<=20-j;j++)
```

```
        printf(" ");
    for(j=1;j<=2*i-1;j++)
      if((j==1)||(j==2*j-1)||(i==4))
          printf("*");
        else printf(" ");
      printf("\n");
    }
  return 0;
}
```

7. 以下程序的运行结果为＿＿＿＿＿。

```
int main() {
  int i;
  for(i=1;i<=5;i++){
    if(i%2)
      printf("*");
    else
      continue;
    printf("#");
    }
  printf("$\n");
  return 0;
}
```

三、编程题

1. 求奇偶数个数。

程序中读入一系列正整数数据，输入–1 表示输入结束，–1 本身不是输入的数据。程序输出读入数据中的奇数和偶数的个数。

输入格式：

在一行中输入一系列正整数，整数的范围是（0,100000）。输入–1 则表示输入结束。

输出格式：

输出两个整数，第一个整数表示读入数据中奇数的个数，第二个整数表示读入数据中偶数的个数；两个整数之间以空格分隔。

输入样例：

```
9 3 4 2 5 7 -1
```

输出样例：

```
4 2
```

2. 计算公式的结果。

编写程序，计算公式 $t=1-1/2 \times 2-1/3 \times 3-\cdots-1/m \times m$ 的值。例如，若 m 的值为 5，则应输出 0.536389。

输入格式：

在一行中输入一个正整数 m，m 表示计算公式的项数。

输出格式：

在一行中输出"t=公式的值"。

输入样例：

```
m = 5
```

输出样例：

```
t = 0.536389
```

3. 黑洞陷阱。

编写程序，得到黑洞数。495 是一个很神奇的数，被称为黑洞数或者陷阱数。给定任何一个小于 1000 的正整数，经前位补 0 后可以得到一个 3 位数（两位数前面补 1 个 0，一位数前面补 2 个 0）。

如果这个 3 位数的 3 个数字不全相等，那么经有限次"重排求差"操作，总会得到 495。"重排求差"操作即用组成数的数字重排后的最大数减去重排后的最小数。

例如，对整数 80，前位补 0 后得到 080，重排后可以得到 800、008。此时可以得到的最大数为 800，最小数为 008（即 8）。那么经过 4 次重排求差即可得到 495：

```
800-8=792
972-279=693
963-369=594
954-459=495
```

输入格式：

在一行中输入一个小于 1000 的正整数。

输出格式：

在多行中输出"重排求差"，每一行的格式为"i:最大数–最小数=差"，i 表示行号。

输入样例 1：

```
123
```

输出样例 1：

```
1:321-123=198
2:981-189=792
3:972-279=693
4:963-369=594
5:954-459=495
```

输入样例 2：

```
18
```

输出样例 2：

```
1:810-18=792
2:972-279=693
3:963-369=594
4:954-459=495
```

4. 编写程序，计算级数和 $S=1+x+x^2/2! +x^3/3!+\cdots+x^n/n!$，例如，当 $n=10$、$x=0.3$ 时，值为 1.349859。

输入格式：

在一行中输入两个数 n 和 x，n 是一个正整数，表示项数，x 是一个实数。

输出格式：

在一行中输出"S = 级数和"。

输入样例：

```
10 0.3
```

输出样例：

```
S = 1.349859
```

5. 编写程序，求整数的各位数字和位数。从键盘输入一个正整数，逆序输出各位数字，并输出该整数的位数。

输入格式：

在一行中输入一个正整数。

输出格式：

在两行中输出，第一行按逆序输出各位数字，数字之间用空格隔开，第二行输出这个整数的位数。

输入样例：

```
65
```

输出样例：

```
5 6
2
```

6. 百马百担问题。

有 100 匹马、100 担货，大马可驮 3 担货，中马可驮 2 担货，2 匹小马可驮 1 担货。问：有大、中、小马各多少？共有多少种方案？

输入格式：

无输入。

输出格式：

在多行中输出大、中、小马的数量。

第一行至倒数第二行的格式为："大马：m   中马：n   小马：l"，m、n、l 都是正整数，其中，m 是大马的匹数，n 是中马的匹数，l 是小马的匹数。

最后一行的格式为："共有 x 种方案"，x 是一个正整数，表示百马百担所有的方案数量。

输出样例：

```
大马：2    中马：30    小马：68
大马：5    中马：25    小马：70
大马：8    中马：20    小马：72
大马：11   中马：15    小马：74
大马：14   中马：10    小马：76
大马：17   中马：5     小马：78
共有 6 种方案
```

单元 5

数组程序设计

在人生的路途中会遇到形形色色的人，有些人成了过客，有些人一直交往至今。常言道"物以类聚，人以群分"，数组也是如此。它把相同属性的元素集合到了一起。本单元通过成绩统计、成绩排序、井字棋游戏、用户登录验证这 4 个任务来介绍数组。

教学导航

教学目标	知识目标： 理解数组的概念 掌握一维数组、二维数组的定义和初始化方法 掌握数组元素的引用方式 掌握一维数组、二维数组的遍历与搜索 掌握常用数组排序方法 掌握字符数组的定义、初始化方法 掌握字符数组的输入输出方式 掌握字符串函数的运用 能力目标： 具备运用一维数组、二维数组解决实际问题的能力 具备利用数组编程的能力 具备文档阅读的能力 素养目标： 培养学生的学习兴趣、自主解决问题的能力、创新精神 思政目标： 培养具有爱国热忱和民族自豪感、树立坚定信念、思想政治可靠、专业技术优秀的人才
教学重点	一维数组、二维数组的定义和初始化方法 数组元素的引用方式 一维数组、二维数组的遍历与搜索 字符数组的定义、初始化方法 字符数组的输入输出方式

教学难点	常用数组排序方法 字符串函数的运用
课时建议	10 课时

任务 5-1　成绩统计

任务目标

★ 了解数组的概念

★ 掌握一维数组的定义

★ 掌握一维数组的初始化

★ 掌握一维数组的遍历和搜索

任务陈述

1. 任务描述

有 10 名学生参加了 C 语言程序设计课程的考试，考完后需要编写程序从键盘输入 10 名学生的 C 语言程序设计课程的成绩，并实现如下功能。

（1）统计 10 名学生 C 语言程序设计课程的成绩。

（2）统计所有高于 C 语言程序设计课程平均成绩的学生人数，最后输出平均成绩及高于平均成绩的学生人数。

2. 运行结果

成绩统计程序的运行结果如图 5-1 所示。

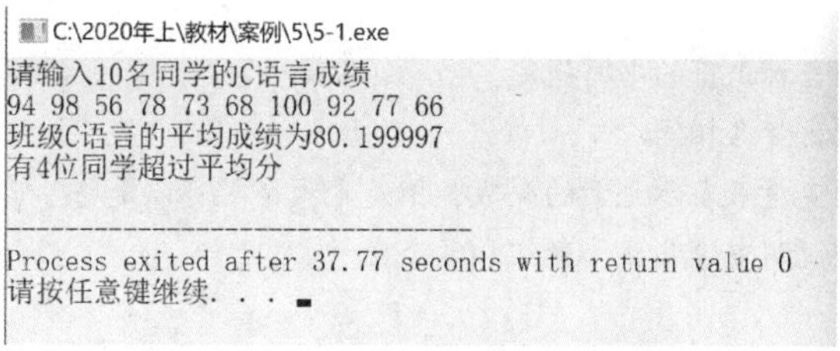

图 5-1　成绩统计程序的运行结果

知识准备

5.1.1　数组的概念

在 C 语言中我们可以定义 int、char、float 等多种类型的变量，但是这样的变量只能存放一个数据，当我们需要存储大量数据时用上述类型的变量就会比较麻烦。如果我们要存储全校 1200 名学生的成绩，用这种方法就得定义 1200 个变量，这显然是不妥的。

C 语言为我们提供了"数组"，当需要保存大量数据时就可以利用数组来处理。数组可以存储一组具有相同数据类型的值，使它们形成一个小组，可以把它们作为一个整体来处理，同时又可以区分小组内的每一个数值。例如，一个班 50 名同学的数学成绩就可以保存在一个数组中，数组中的每一个成员存放一名同学的数学成绩，而这 50 名同学的性别又可以保存在另外一个数组中。

同一数组中的所有数据必须是数据类型相同且含义相同的值。这也就意味着同一个班 50 名同学的数学成绩（浮点数类型）和这 50 名同学的性别（字符类型）不能存储在同一个数组中，因为它们的数据类型不一样。而 50 名同学的数学成绩（浮点数类型）和体重（浮点数类型）的数据类型虽然相同，但也不能存储在同一个数组中，因为它们所表示的含义不同。

数组实际上是把多个具有相同数据类型的变量按顺序排列在一起形成的一个组合。如果我们把变量想象成单间小房子，那么数组就可以想象成拥有许多相同小房子的一幢楼。

数组是相同数据类型的变量的排列，因而数组本身也有数据类型，它的数据类型与组成它的单个变量的数据类型是一样的。为了区分不同的数组，需要给每个数组取一个唯一的名字，名字的命名规则与变量的命名规则是一样的。

数组按照数组元素的类型不同，可以分为数值型数组、字符型数组、指针型数组、结构体类型数组等；若按照数组元素的下标个数不同，又可以分为一维数组、二维数组、多维数组等。本单元主要介绍一维数组、二维数组和字符数组。

5.1.2　一维数组的定义

1. 一维数组的定义

在 C 语言中，要想使用数组必须先进行定义。一维数组的定义方式如下：

```
类型说明符 数组名[常量表达式];
```

其中，类型说明符是任意一种基本数据类型或构造数据类型。数组名是用户定义的数组标识符。方括号中的常量表达式表示数据元素的个数，也称为数组的长度。例如：

```
int a[10]; /* 定义整数类型数组 a，其中 a 表示数组的名称，方括号中的 10 表示数组一共有 10 个元素，类型名 int 限定数组 a 中的每个元素只能存放整数类型的数据 */
float b[10],c[20]; /*说明数组 b 有 10 个浮点型的数据元素，数组 c 有 20 个浮点型的数据元素 */
char ch[20]; /*说明数组 ch 有 20 个字符类型的数据元素 */
```

说明

（1）数组的类型实际上是指数组元素的取值类型。对于同一个数组，其所有元素的数据类型都是相同的。

（2）数组名的书写应符合标识符的书写规定。

（3）数组名不能与其他变量名相同。

（4）不能在方括号中用变量来表示元素的个数，但是元素个数可以是符号常量或常量表达式。

（5）允许在同一个类型说明中说明多个数组和多个变量。

例如：

```
int a;
float a[10];/*数组名与变量名不能相同*/
float b[0];/*数组大小为 0 没有意义*/
int n = 5;
int a[n];/*不能用变量说明数组大小*/
int b(2);/*不能使用圆括号*/
```

以上都是错误的数组定义。合法的数组定义如下：

```
#define N 5
// ...
int a[1+4],b[N];
```

2. 一维数组元素的引用

数组元素是组成数组的基本单元。数组元素也是一种变量，其表示方法是数组名后接一个下标。下标表示了元素在数组中的顺序号。数组元素的一般形式如下：

```
数组名[下标]
```

其中，下标只能为整数类型的数据、表达式。

（1）下标表示数组中元素和最开头元素之间的相对位置，最小值为 0，最大值为数组中的元素个数减去 1。

（2）下标可以是常量，也可以是在取值范围之间的有固定值的变量。如果为小数，C 语言编译器将自动取整。例如：

```
a[i]
a[i+j]
a[i++]
```

上述都是合法的数组元素。

5.1.3　一维数组的初始化

数组初始化是指在数组定义时给数组元素赋初值。数组初始化是在编译阶段进行的，这样能减少运行时间，提高效率。

一维数组初始化的一般形式：

```
数组类型 数组名[常量表达式] = {值,值,...,值 };
```

其中，在{}中的各数据值即各元素的初值，各值之间用逗号分隔，示例如下：

```
int a[5] = {1,2,3,4,5};
```

这样，数组 a 中的元素 a[0] = 1、a[1] = 2、a[2] = 3、a[3] = 4、a[4] = 5，5 个元素被全部赋予了初值，在数组说明中，可以不给出数组元素的个数，可写成如下形式：

```
int a[] = {1,2,3,4,5};
```

（1）可以只给部分元素赋初值。当{}中值的个数少于元素个数时，只给前面部分元素赋值。

（2）只能给元素逐个赋值，不能给数组整体赋值。

例如：

```
 int a[5] = {1,2,3};
```

这表示只给 a[0]~a[2] 3 个元素赋值，而后 2 个元素自动赋值为 0。

除了可以在定义数组时进行初始化外，还可以在程序执行过程中对数组元素进行动态赋值。这时可用循环语句配合 scanf()函数对数组元素逐个赋值。

例如：

```
int i,a[5];
for(i = 0;i < 5;i++)
    scanf("%d",&a[i]);
```

5.1.4　一维数组的遍历与搜索

必须先定义数组，才能使用元素。在 C 语言中只能逐个地使用数组元素，而不能一次性引用整个数组。访问一维数组全部元素的过程叫一维数组的遍历。例如，输出数组 a[10]的所有元素值：

```
for(i=0;i<10;i++)
  printf("%d",a[i]);
```

不能用一个语句输出整个数组，因此，下面的写法是错误的：

```
printf("%d",a);
```

【例 5-1】输入 10 个数字，求出最大值及其下标。

程序的算法流程如图 5-2 所示。

根据图 5-2 所示的流程图编写程序，具体如下：

```
#include<stdio.h>
int main()
{
    int i,max,a[10],p=0;
```

```
    printf("input 10 numbers:\n");
    for(i = 0;i < 10;i++)
        scanf("%d",&a[i]);            /*往数组 a 中输入元素*/
    max = a[0];                       /*为最大值元素赋初值*/
    for(i = 1;i < 10;i++)
    {
        if(a[i]>max)                  /*访问的第 i 个元素是否大于当前最大值*/
        {
            max = a[i];
            p = i;
        }
    }
    printf("maxnum = %d,index = %d\n",max,p);
    return 0;
}
```

程序运行结果:

```
input 10 numbers:
23 45 -2 0 9 13 4 65 10 3✓
maxnum = 65,index = 7
```

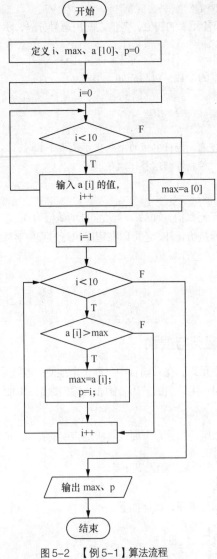

图 5-2 【例 5-1】算法流程

![任务实施]

1. 实施步骤

（1）获取用户从命令行输入的 10 名学生的 C 语言程序设计课程的成绩。

（2）循环累加这 10 名同学的成绩。

（3）使用成绩总和除以人数得到平均成绩。

（4）遍历数组中每个同学的成绩，比较数组元素与平均成绩的大小，若大于平均成绩，计数器加 1；反之，进入下一轮的比较，直到遍历结束。

2. 流程图

成绩统计程序流程如图 5-3 所示。

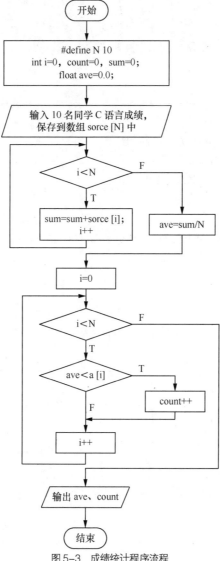

图 5-3 成绩统计程序流程

3. 程序代码

```
#include<stdio.h>
#define N 10
int main() {
```

```
        int score[N];
        int i,sum = 0,count = 0;
        float ave = 0.0;
        printf("请输入 10 名同学的 C 语言成绩\n");
        for(i = 0;i < N;i++){
            scanf("%d",&score[i]);
        }
         for(i = 0;i < N;i++){
            sum += score[i];
        }
        ave = sum * 1.0 / N;
        for(i = 0;i<10;i++){
            if(score[i] >ave){
                count ++;
            }
        }
        printf("班级 C 语言的平均成绩为%f\n",ave);
        printf("有%d 位同学超过平均分\n",count);
        return 0;
    }
```

课堂实训

1. 实训目的

★ 熟练掌握上机操作的步骤和程序开发的全过程

★ 熟练掌握一维数组的引用与遍历

★ 熟练掌握使用程序流程图表示算法的方法

2. 实训内容

画出程序流程图并编写程序，计算兔子对数。一对兔子从出生后第 3 个月起每个月都生一对小兔子。小兔子长到第 3 个月后每个月又生一对小兔子。假如兔子都不死，请问从一对兔子开始，以后每个月会有多少对兔子？兔子总数保存在数组中。

输入格式：

在一行中输入月份。

输出格式：

多行输出每个月有几对兔子，控制每行输出 5 个月的兔子总数。

输入样例 1：

```
10
```

输出样例 1：

```
1  1   2    3    5
8  13  21   34   55
```

输入样例 2：

```
15
```

输出样例 2：

```
1   1    2    3    5
8   13   21   34   55
89  144  233  377  610
```

任务 5-2　成绩排序

任务目标

★ 掌握常见数组排序方法

★ 掌握二分法的原理、运用二分法进行编程

任务陈述

1. 任务描述

输入 5 名同学的 C 语言成绩，并按照成绩从高到低的顺序进行排序。

2. 运行结果

成绩排序程序的运行结果如图 5-4 所示。

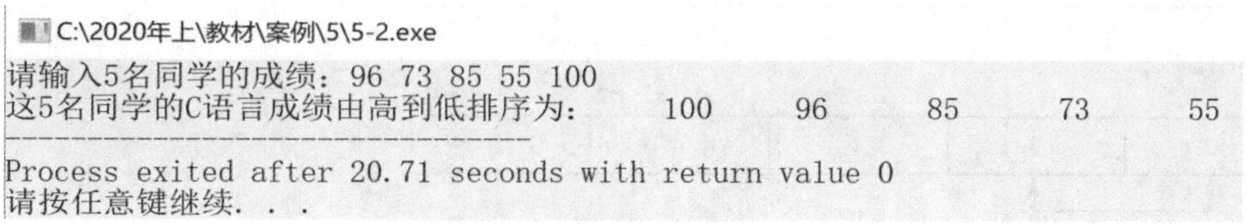

```
C:\2020年上\教材\案例\5\5-2.exe
请输入5名同学的成绩：96 73 85 55 100
这5名同学的C语言成绩由高到低排序为：        100      96      85      73      55
------------------------------------------------
Process exited after 20.71 seconds with return value 0
请按任意键继续. . .
```

图 5-4　成绩排序程序的运行结果

知识准备

5.2.1　排序

1. 冒泡排序法

冒泡排序（Bubble Sort）是一种计算机科学领域中常用的排序算法。它的过程为依次比较两个相邻的元素，如果顺序（如从大到小、首字母从 Z 到 A）错误就把这两元素进行交换，直到没有相邻元素进行交换为止，即排序完成，通过这种方法，越小（或越大）的元素会经由交换慢慢"浮"到数列的顶端（降序或升序排列），就如同碳酸饮料中二氧化碳的气泡最终会上浮到顶端一样，故名"冒泡排序"。

2. 冒泡排序原理

（1）比较相邻的元素，如果第一个比第二个大，就交换它们。

（2）对每一对相邻元素做同样的工作，即最后的元素会是最大的数。

（3）针对所有的元素重复以上的步骤，除了最后一个。

（4）持续对越来越少的元素重复上面的步骤，直到没有任何一对数字需要比较。

以 5 个数据为例来描述冒泡排序的过程。

第一轮比较：

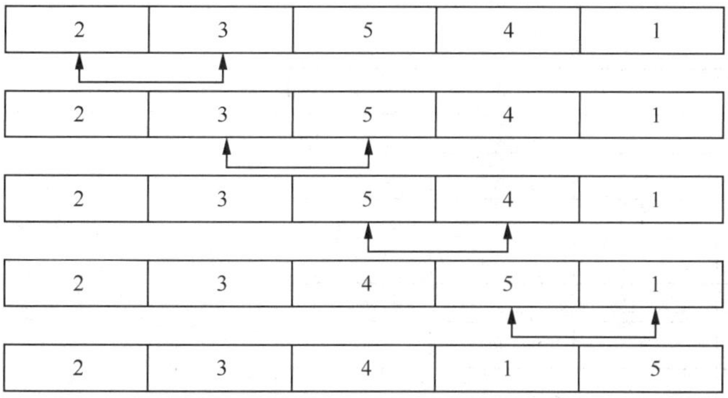

2	3	5	4	1
2	3	5	4	1
2	3	5	4	1
2	3	4	5	1
2	3	4	1	5

第二轮比较：

2	3	4	1	5

2	3	4	1	5

2	3	4	1	5

2	3	1	4	5

第三轮比较：

2	3	1	4	5

2	3	1	4	5

2	1	3	4	5

第四轮比较：

2	1	3	4	5

1	2	3	4	5

3. 选择排序法

选择排序法是一种不稳定的排序算法。它的过程为每一次从待排序的数据元素中选出最小（或最大）的一个元素，存放在序列的起始位置，然后，再从剩余未排序元素中继续寻找最小（或最大）的元素，将其放到已排序序列的末尾。以此类推，直到全部待排序的数据元素排完。

选择排序的思路如下。

（1）将待排序的数据序列中的第一个数据元素与后面的每一个数据元素进行比较。

（2）比较时若后者小于（或大于）前者，则进行交换。

（3）与序列中的所有元素比较完毕后，第一个数据元素是待排序序列中最小的（或最大的）数据元素。

（4）剩下未排列的数据序列重复第（1）步～第（3）步，直到所有数据元素都比较完毕。

以 5 个数据为例来描述选择排序的过程。

第一轮比较：

2	3	5	4	1

2	3	5	4	1

2	3	5	4	1

2	3	5	4	1

1	3	5	4	2

第二轮比较:

| 1 | 3 | 5 | 4 | 2 |

| 1 | 3 | 5 | 4 | 2 |

| 1 | 3 | 5 | 4 | 2 |

| 1 | 2 | 5 | 4 | 3 |

第三轮比较:

| 1 | 2 | 5 | 4 | 3 |

| 1 | 2 | 4 | 5 | 3 |

| 1 | 2 | 3 | 5 | 4 |

第四轮比较:

| 1 | 2 | 3 | 5 | 4 |

| 1 | 2 | 3 | 4 | 5 |

【例 5-2】输入 10 个数字，然后用选择排序法将这 10 个数字按从大到小的顺序排列并输出。
程序的算法流程如图 5-5 所示。

根据图 5-5 所示的流程图编写程序，具体如下:

```
#include<stdio.h>
int main()
{
    int i,j,p,s,a[10];
    printf("input 10 numbers:\n");
    for(i=0;i<10;i++)
        scanf("%d",&a[i]);        /* 往数组 a 中输入元素 */
    printf("Inverted sequence is:\n");
    for(i=0;i < 10;i++)           /* 采用逐个比较的方法进行排序 */
    {
        p = i;                    /* 在 i 次循环时，把第一个元素的下标 i 赋予 p */
        for(j=i+1;j < 10;j++)     /* 将从 a[i + 1]起逐个与 a[i]进行比较 */
            if(a[p] < a[j])       /* 有比 a[i]大者则将其下标赋值给 p */
                p = j;
        if(i != p)     /* i ≠ p，p 值不是进入第二层循环之前所赋之值，则交换 a[i]和 a[p]的值 */
        {
            s=a[i];
            a[i]=a[p];
            a[p]=s;
        }
    }
    for(i=0;i < 10;i++)
        printf("%5d",a[i]);
    printf("\n");
    return 0;
}
```

程序运行结果:

```
input 10 numbers:
```

```
23 90 -45 0 5 124 -3 34 87 100↙
Inverted sequence is:
124 100 90 87 34 23  5  0 -3  -45
```

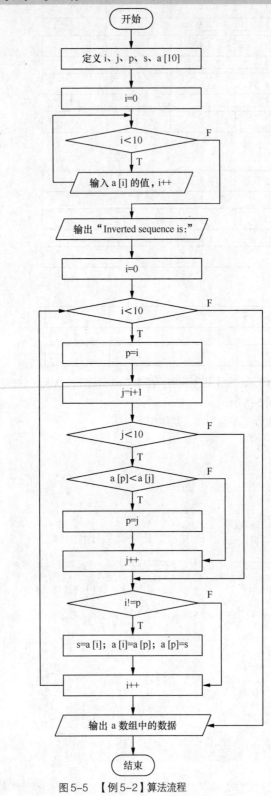

图 5-5　【例 5-2】算法流程

5.2.2　二分查找

二分查找也称折半查找（Binary Search），它是一种效率较高的查找方法。二分查找
要求待查找的数据序列按大小顺序排列。

1. 实现方式

二分查找算法首先选取数据序列中间位置的数据，将其中间数据与查找的数据 key 进行比较，若相等，
则查找成功；否则利用中间数据将数据序列分成前、后两部分，若 key 值比中间数据大，则在后一部分数据
序列中进一步查找，否则在前一部分数据序列中进一步查找。重复以上过程，直到找到满足条件的数据，即
查找成功，或直到发现序列中不存在匹配数据为止，此时查找不成功。

以查找 7 为例。

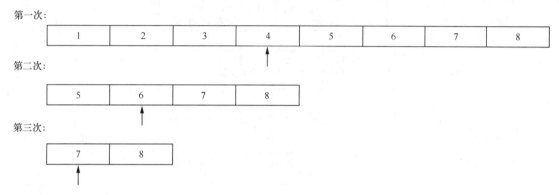

2. 应用场合

【例 5-3】输入一个有序的一维数组，查找是否存在 key 值，若查找成功，则输出查找次数和位置，否
则输出查找失败。

程序的算法流程如图 5-6 所示。根据图 5-6 所示的流程图编写程序，具体如下：

```c
#include <stdio.h>
int main()
{
    int i,n,a[100],key;
    printf("请输入数组的长度:\n ");
    scanf("%d",&n);
    printf("常输入数组元素:\n ");
    for(i = 0;i < n;i++)
    scanf("%d",&a[i]);    // 输入有序数列到数组 a 中
    printf("请输入你想要查找的 key 值:\n ");
    scanf("%d",&key);
    int low = 0,high = n-1,mid,count = 0,count1 = 0;
    while(low < high){
        count++;  //count 记录查找次数
        mid = (low + high) / 2; // 求中间位置
        if(key < a[mid])    // key 小于中间值时
            high = mid - 1;    // 确定左子表范围
        else if(key > a[mid])    // key 大于中间值时
            low = mid + 1;   // 确定右子表范围
        else {
            count1++;    // count1 记录查找成功次数
            break;
        }
    }
    if(count1 == 0)    //判断是否查找失败
        printf("查找失败!");
    else
        printf("查找成功!\n 查找 %d 次!a[%d]=%d",count,mid,key);
```

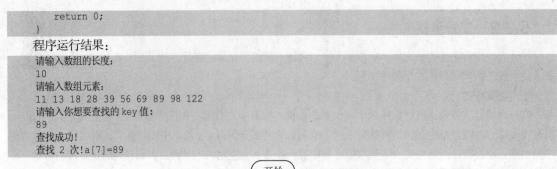

```
        return 0;
}
```

程序运行结果：

请输入数组的长度：
10
请输入数组元素：
11 13 18 28 39 56 69 89 98 122
请输入你想要查找的 key 值：
89
查找成功！
查找 2 次！a[7]=89

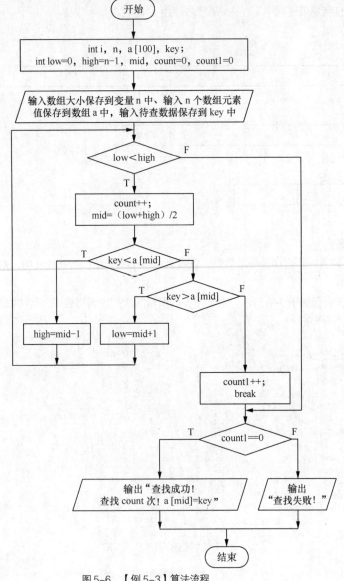

图 5-6　【例 5-3】算法流程

. . . .

任务实施

1. 实施步骤

（1）输入 5 名同学的 C 语言程序设计课程的成绩。

（2）取相邻的两个元素进行比较，若第一个数小于第二个数，则交换这两个数。

（3）对每一对相邻元素做同样的工作，确定最小的数。

（4）针对所有的元素重复第（2）步、第（3）步，直到没有数可以进行比较为止。

2. 流程图

成绩排序程序流程如图 5-7 所示。

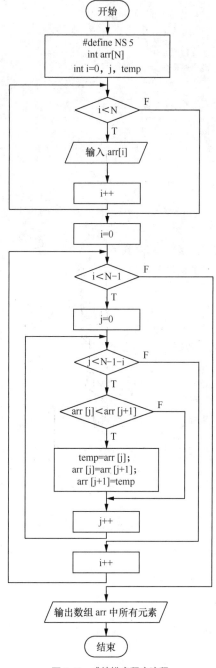

图 5-7　成绩排序程序流程

3. 程序代码

```
#include<stdio.h>
```

```
#define N 5
int main(){
    int arr[N];
    int temp, i, j;
    printf("请输入5名同学的成绩: ");
    for(i = 0;i < N;i++){
        scanf("%d",&arr[i]);
    }
    for (i = 0; i < N-1; i++)
        for (j = 0;j < N-1-i;j++) {  /* 每轮比较的次数 */
            if(arr[j] < arr[j+1]){/* 第一个数小于第二个数则交换两值*/
                temp = arr[j];
                arr[j] = arr[j+1];
                arr[j+1] = temp;
            }
        }
    printf("这5名同学的C语言成绩由高到低排序为: \t");
    for(i = 0;i < N;i++)
    printf ("%d\t",arr[i]);
    return 0;
}
```

课堂实训

1. 实训目的

★ 熟练掌握冒泡排序法、选择排序法和二分查找法

★ 熟练掌握使用程序流程图表示算法的方法

2. 实训内容

画出程序流程图并编写程序：输入具有重复值的一维数组进行排序，删除重复的数据后按顺序输出。

输入格式：

在一行中输入一组具有重复数的数据。

输出格式：

在一行中输出排序后的无重复值的数组。

输入样例 1：

1 3 2 3 5 4

输出样例 1：

1 2 3 4 5

输入样例 2：

2 8 6 10 78 34 6 8 10

输出样例 2：

2 6 8 10 34 78

任务 5-3　井字棋游戏

任务目标

★ 掌握二维数组的定义与初始化

★ 掌握二维数组的遍历

★ 学会利用二维数组解决实际问题

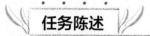

任务陈述

1. 任务描述

"井字棋"也称"三子棋"，需要一个 3×3 的棋盘。假设分为黑、白两方，各执黑棋、白棋，双方各下一次，下棋位置必须在棋盘内并且不能占用已有棋子的位置，若横 3、竖 3、斜 3 任意一种情况都是黑棋或白棋，那么黑方或白方胜利。如果棋盘已满还不能分出胜负，那么就是平局。请编写 C 语言程序来模拟井字棋游戏。

2. 运行结果

井字棋游戏程序运行结果如图 5-8～图 5-10 所示。

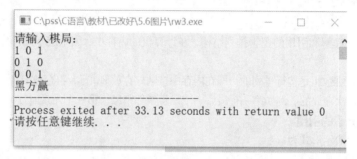

图 5-8　井字棋游戏程序运行结果（1）

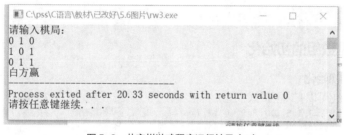

图 5-9　井字棋游戏程序运行结果（2）

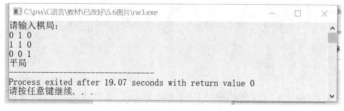

图 5-10　井字棋游戏程序运行结果（3）

知识准备

5.3.1　二维数组

一维数组是若干个同一类型有序变量的集合，用一个数组名来描述。但在实际问题中有很多数据是二维的或多维的（如二维表格等），因此 C 语言允许构造二维数组和多维数组。二维数组元素有两个下标，多维数组元素有多个下标，以表示它在数组中的位置，所以也称为多下标变量。与一维数组不同，虽然一维数组能表示所有的数据，但不能表示出数据之间的分组关系，而二维数组和多维数组可以表示数据间的二维和多维的位置关系。

1. 二维数组的定义

二维数组通常用于存放矩阵形式的数据，例如二维表格等数据。

二维数组的定义方式如下：

```
类型说明符 数组名[常量表达式1][常量表达式2]
```

其中，常量表达式 1 表示第一维下标的长度，常量表达式 2 表示第二维下标的长度。

例如：

```
int a[3][4];   /*3×4 的矩阵，共12 个元素*/
float f[5][10];
```

二维数组与一维数组相似，只不过这些变量有行和列的排列。

例如 int a[3][4]的排列如下：

```
a[0][0]   a[0][1]  a[0][2]  a[0][3]
a[1][0]   a[1][1]  a[1][2]  a[1][3]
a[2][0]   a[2][1]  a[2][2]  a[2][3]
```

以上是便于用户理解和引用的逻辑排列结构，在计算机的内存中，因系统不同，其物理存储结构也会不同。

在 C 语言中，二维数组是按行排列的。即在内存中按顺序存放 a[0]行，再存放 a[1]行，最后存放 a[2]行。每行中的元素也是依次存放的。例如第一行最后一个元素紧邻第二行第一个元素 a[1][0]。

2. 二维数组元素的引用

二维数组的元素表示形式为：

```
数组名[行下标][列下标]
```

例如：

```
a[3][4]   //表示第4 行第5 列元素值
b[0][1]   //表示第1 行第2 列元素值
```

5.3.2　二维数组的初始化

1. 二维数组的初始化

二维数组的初始化可以有以下形式：

```
int a[3][4] = {1,2,3,4,5,6,7,8,9,10,11,12};        /*完全初始化*/
int a[ ][4] = {1,2,3,4,5,6,7,8,9,10,11,12};        /*省略行的完全初始化*/
int a[3][4] = {{1,2,3,4},{5,6,7,8},{9,10,11,12}};
/*分行完全初始化,可读性较好*/
int a[3][4] = {{1},{2},{3}};
/*部分初始化,可以只对部分元素赋初值,未赋初值的元素自动取0 值,数组a 中各元素的值为:*/
1 0 0 0
2 0 0 0
3 0 0 0
```

2. 应用场合

【例 5-4】假设有 5 名学生 3 门课程的成绩如表 5-1 所示，求这 5 名学生的所有课程的平均成绩及各门课的平均成绩。

表 5-1　学生成绩

学生	英语	数学	C 语言
Stu1	80	77	76
Stu2	61	35	67
Stu3	56	75	70
Stu4	89	90	85
Stu5	85	67	73

分析：定义 5 行 3 列的数组 a 用来存放学生的成绩，定义长度为 3 的一维数组 v 来存放每门课的平均成绩。

程序的算法流程如图 5-11 所示。

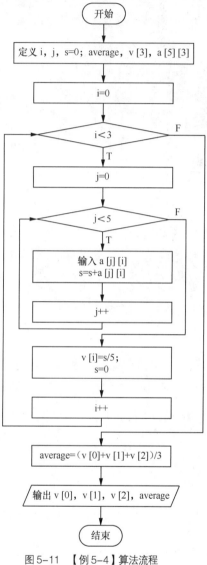

图 5-11　【例 5-4】算法流程

根据图 5-11 所示的流程图编写程序，具体如下：

```c
#include <stdio.h>
int main()
{
    int i,j,s = 0,average,v[3],a[5][3];
    printf("input score:\n");
    for(i = 0;i < 3;i++)
    {
        for(j = 0;j < 5;j++)
        {
            scanf("%d",&a[j][i]);    /*输入学生的成绩*/
            s = s + a[j][i];          /*累加求出每一列上的所有元素之和*/
        }
        v[i] = s/5;                   /*每门课的平均成绩*/
```

```
        s = 0;
    }
    average = (v[0] + v[1] + v[2]) / 3; /* 将数组 v 中所有元素的平均值赋给 average*/
    printf("English:%d\nMath:%d\nC language:%d\n",v[0],v[1],v[2]);
    printf("average:%d\n", average );
    return 0;
}
```

程序运行结果：

```
input score:
80 61 56 89 85
77 35 75 90 67
76 67 70 85 73
English language:74
Math:68
c language:74
average:72
```

5.3.3　二维数组的遍历

1. 二维数组的遍历

在 C 语言中只能逐个使用下标变量，而不能一次引用整个数组。访问二维数组全部元素的过程叫作二维数组的遍历。例如，输出二维数组 a[3][4]的所有元素：

```
for (i = 0; i < 3; i ++) {
    for (j = 0; j < 4; j ++) {
        printf("%d,",a[i][j]);
    }
}
```

2. 应用场合

【例 5-5】输出杨辉三角。

存储并输出杨辉三角的前 10 行。杨辉三角的具体形式（部分）为：

```
1
1   1
1   2   1
1   3   3   1
1   4   6   4   1
```

分析：杨辉三角的特点如下。

（1）第 0 列和对角线上的元素都为 1。

（2）除第 0 列和对角线上的元素以外，其他元素的值均为上一行的同列元素和上一行的前一列元素之和。

程序的算法流程如图 5-12 所示。根据图 5-12 所示的流程图编写程序，具体如下：

```
#include<stdio.h>
int main()
{
    int s[10][10];
    int i,j,k;
    for(i = 0;i < 10;i++)/*为数组中的对角线和第 0 列元素赋值*/
    {
        s[i][i] = 1;
        s[i][0] = 1;
    }
    for(i = 2;i < 10;i++)/*为其他元素赋值*/
        for(j = 1;j < i;j++)
            s[i][j] = s[i-1][j] + s[i-1][j-1];
    for(i = 0;i < 10;i++)
    {
        for(j = 0;j <= i;j++)
            printf("%4d",s[i][j]);
        printf("\n");
    }
}
```

```
    return 0;
}
```
程序运行结果：
```
1
1   1
1   2   1
1   3   3   1
1   4   6   4   1
1   5   10  10  5   1
1   6   15  20  15  6   1
1   7   21  35  35  21  7   1
1   8   28  56  70  56  28  8   1
1   9   36  84  126 126 84  36  9   1
```

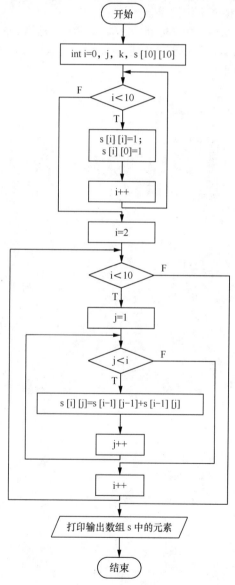

图 5-12   【例 5-5】算法流程

任务实施

1. 实施步骤

（1）获取由 0、1 构造的 3×3 棋盘。

（2）检查每一行，分别计算黑棋和白棋的数量。若黑棋总数等于 3，则表示结果的变量 result 为 1；若白棋总数等于 3，则变量 result 为 0，最后判断 result 的值。result 为 1，则黑方赢，为 0，则白方赢，否则进行列判断。为平局则继续，否则结束。

（3）检查每一列，分别计算黑棋和白棋的数量。若黑棋总数等于 3，则表示结果的变量 result 为 1；若白棋总数等于 3，则变量 result 为 0，最后判断 result 的值。result 为 1，则黑方赢，为 0，则白方赢，否则进行对角线判断。为平局则继续，否则结束。

（4）检查对角线，分别计算黑棋和白棋的数量。若黑棋总数等于 3，则表示结果的变量 result 为 1；若白棋总数等于 3，则变量 result 为 0，最后判断 result 的值。result 为 1，则黑方赢，为 0，则白方赢，否则是平局。为平局则继续，否则结束。

2. 流程图

井字棋游戏程序流程如图 5-13 所示。

3. 程序代码

```c
#include<stdio.h>
int main(){
//读入矩阵
    const int SIZE = 3;
    int board[SIZE][SIZE];
    int i,j;
    int numofx;
    int numofo;
    int result = -1;//-1: 平局,   1: 黑方赢,   0:白方赢
    printf("请输入棋局: \n");
    for(i = 0;i < SIZE;i++){
        for(j = 0;j < SIZE;j++){
            scanf("%d",&board[i][j]);
        }
    }
    //检查行
    for(i = 0;i < SIZE && result == -1;i++){
        numofo = numofx = 0;
        for(j = 0;j < SIZE;j++){
            if(board[i][j] == 1)
                numofx++;
            else
                numofo++;
        }
    }
    if(numofo == SIZE)
        result = 0;//如果 0 已经在某一行成 3 个了,则白方赢
    else if(numofx == SIZE)
        result = 1;//如果 1 已经在某一行成 3 个了,则黑方赢
    //检查列
    if(result == -1){
        for(j = 0;j < SIZE && result == -1;j++){
            numofo = numofx = 0;
            for(i = 0;i < SIZE;i++){
                if(board[i][j] == 1)
                    numofx++;
                else
                    numofo++;
            }
            if(numofo == SIZE)
```

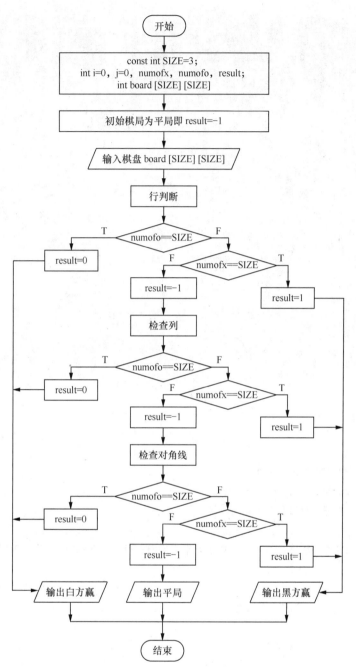

图 5-13   井字棋游戏程序流程

```
                    result = 0;//如果 0 已经在某一列成 3 个了，则白方赢
            else if(numofx == SIZE)
                    result = 1;//如果 1 已经在某一列成 3 个了，则黑方赢
        }
    }
//检查正对角线
    if(result == -1){
        numofo = numofx = 0;
        for(i = 0;i < SIZE;i++){
            if(board[i][i] == 1)
                numofx++;
            else
```

```
                numofo++;
        }
        if(numofo == SIZE)
            result = 0;//如果 0 已经在正对角线成 3 个了，则白方赢
        else if(numofx == SIZE)
            result = 1;//如果 1 已经在正对角线成 3 个了，则黑方赢
}
//检查反对角线
if(result == -1){
    numofo = numofx = 0;
    for(i = 0;i < SIZE;i++){
        if(board[i][SIZE -i-1] == 1)
            numofx++;
        else
            numofo++;
    }
    if(numofo == SIZE)
        result = 0;//如果 0 已经在反对角线成 3 个了，则白方赢
    else if(numofx == SIZE)
        result = 1;//如果 1 已经在反对角线成 3 个了，则黑方赢
}
if(result == 1)
    printf("黑方赢");
else if(result == 0)
    printf("白方赢");
else
    printf("平局");
return 0;
}
```

课堂实训

1. 实训目的

★ 熟练掌握二维数组的引用与遍历

★ 熟练掌握二维数组行、列、对角线的关系

★ 熟练掌握使用程序流程图表示算法的方法

2. 实训内容

画出程序流程图并编写程序，找出二维数组元素的最值。有一个 3×3 的矩阵，求出每行的最大值及每列的最大值。

输入格式：

输入 3 行，输入一个 3×3 的二维数组。

输出格式：

输出 6 行，输出每行/列的最大值。

输入样例 1：

```
1 3 2
5 3 1
4 4 8
```

输出样例 1：

```
第 1 行的最大值是 3
第 2 行的最大值是 5
第 3 行的最大值是 8
第 1 列的最大值是 5
第 2 列的最大值是 4
第 3 列的最大值是 8
```

输入样例 2：

```
4 25 200
```

```
7 18 169
2 30 101
```

输出样例2：

```
第 1 行的最大值是 200
第 2 行的最大值是 169
第 3 行的最大值是 101
第 1 列的最大值是 7
第 2 列的最大值是 30
第 3 列的最大值是 200
```

任务 5-4　用户登录验证

任务目标

★ 掌握字符数组与字符串的初始化
★ 掌握常用的字符串函数
★ 掌握字符串与字符数组的实际应用

任务陈述

1. 任务描述

设计并编写程序：在系统登录阶段，如果输入正确的账户和密码，输出提示"验证正确"；否则输出提示"验证失败"，重新输入正确的账户与密码，直到成功登录为止。

2. 运行结果

用户登录验证程序的运行结果如图 5-14 所示。

图 5-14　用户登录验证程序的运行结果

知识准备

5.4.1　字符数组与字符串

1. 字符串的定义

字符串是由一对双引号引起来的字符序列。例如，"CHINA""C program""$12.5"等都是合法的字符串。

字符串与前面讲过的字符型数据有所不同，它们之间主要有以下区别。

（1）字符型数据由单引号引起来，字符串由双引号引起来。

（2）字符型数据只能是单个字符，字符串则可以含一个或多个字符。

（3）可以把一个字符型数据赋值给一个字符变量，但不能把一个字符串赋值给一个字符变量，字符串应该赋值给一个字符数组。

（4）字符型数据占一个字节的内存空间。字符串占的内存字节数等于字符串中的字符个数加1。增加的一个字节用来存放字符'\0'（ASCII 值为0），这是字符串结束的标志。例如，字符串 "C program" 在内存中的存储情况为：

字符'a'和字符串 "a" 虽然都只有一个字符，但在内存中的情况是不同的。

'a'在内存中占一个字节，可表示为：

a

"a" 在内存中占两个字节，可表示为：

2. 字符数组的定义和初始化

字符数组的定义与一般的数组一样，例如：

```
char s[10];
char s[3][10];
```

字符数组初始化的方法如下：

```
char s[10] = {'H','e','l','l','o','','C','+','+','!'};/*定义时完全初始化*/
char s[] = {'H','e','l','l','o','','C','+','+','!'};/*定义时省略长度的完全初始化*/
char s[10] = {'H','e','l','l','o'};; /*不完全初始化，未赋值的元素系统自动赋予空值*/
char s[11] = {"Hello C++!"};    /*字符串形式的初始化*/
char s[11] = "Hello C++!";      /*省略花括号的字符串形式的初始化*/
```

用双引号进行的字符串形式初始化与普通字符数组的初始化的不同之处是：字符串的尾部会自动添加一个结束符'\0'，其 ASCII 值为0。上述第 4 个和第 5 个示例的数组长度为 11，如果为 10，'\0'将不能存储，字符串将不能正确初始化，其结果将只是一个普通的字符数组。

以下形式也可以初始化一个字符串：

```
char s[11] = {'H','e','l','l','o','','C','+','+','!','\0'};
```

有了结束符'\0'，在编译处理和操作字符串的时候，会以此作为字符串结束的标志，定义字符串的时候需要足够的空间去存储最后一个结束符，例如以下定义是错误的：

```
char s[10] = "Hello C++!";
```

字符串的长度指不包含'\0'在内的有效字符个数，如果字符串包含多个'\0'，以最前面的为有效结束符。例如，假设有字符串：

```
char s[11] = {'H','e','l','l','','o','\0','C','+','+','!','\0'};
```

则该字符串的有效长度为 5，字符数组的长度仍然为 11。

因此，可以用字符串形式初始化数组，'\0'是由 C 语言编译系统自动加上的。由于采用了'\0'标志，所以在用字符串赋初值时一般无须指定数组的长度，而由系统自行处理。

例如：

```
char s[] = "Hello C++!";
```

字符数组与普通数组一样，也是通过下标引用的。

5.4.2 字符数组与字符串的输入和输出

1. 逐个字符地输入和输出

字符数组的元素与其他类型的数组类似，可以逐个字符地输入和输出。

【例 5-6】通过键盘输入一个字符串，以【Enter】键结束，并将字符串在屏幕上输出。

分析：字符数组与其他数组一样，可以利用循环逐个输入元素，利用 getchar()函数从键盘读入字符，保存到数组元素中，然后逐个输出元素。

程序的算法流程如图 5-15 所示。

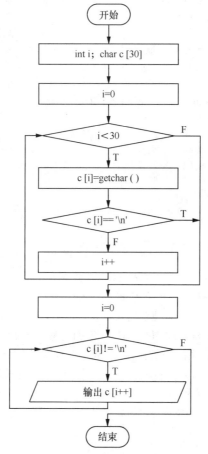

图 5-15 【例 5-6】算法流程

根据图 5-15 所示的流程图编写程序，具体如下：

```
#include <stdio.h>
int main()
{
    int i;
    char c[30];
    for(i = 0;i < 30;i++)
    {
        c[i] = getchar();      /*逐个给数组元素赋值*/
        if(c[i] == '\n')        /*如输入【Enter】键则终止循环*/
            break;
    }
    i = 0;
```

```
    while(c[i] != '\n')             /*逐个输出字符数组的各个元素*/
        printf("%c",c[i++]);
    printf("\n");
    return 0;
}
```

程序运行结果：
```
Hello world!✓
Hello world!
```

2. 整体输入和输出

在学习了字符串后，字符数组的输入和输出将变得简单方便。除了上述用字符串赋初值的方法外，还可用 printf()函数和 scanf()函数的格式符 s%或者利用整体输入函数 gets()和整体输出函数 puts()一次性输入和输出字符数组中的字符串，而不必使用循环语句逐个地输入和输出每个字符。

字符串输出函数 puts()的格式为：
```
puts(字符数组名);
```
上述函数用于把字符数组中的字符串输出到显示器，即在屏幕上显示该字符串。

字符串输入函数 gets()的格式为：
```
gets(字符数组名);
```
上述函数用于从标准输入设备（键盘）输入一个字符串后将得到一个函数值，即该字符数组的首地址。

例如，有如下的字符数组定义：
```
char s1[50],s2[50];
```
向 s1 和 s2 中输入字符串的两种格式为：
```
scanf("%s%s",s1,s2);
gets(s1);gets(s2);
```
输出 s1 和 s2 的两种格式为：
```
printf("s1:%s, s2:%s\n",s1,s2);
puts(s1);puts(s2);
```

说明

使用 scanf()或者 printf()函数可以一次输入或输出多个不含空格字符的字符串；而使用 gets()或者 puts()函数一次只能输入或输出一个字符串，但是字符串中可以包含空格字符。

【例 5-7】不同字符的统计：用户从键盘输入一个字符串，当输入【Enter】键时认为输入结束，统计输入字符串中的小写英文字母、大写英文字母、数字字符和其他字符的个数。

分析：可以声明字符数组 s，用于存放输入的字符串；可以设 4 个变量或设置一个含 4 个元素的整型数组，用于存放输入字符串中的小写英文字母、大写英文字母、数字字符和其他字符的个数。

程序的算法流程如图 5-16 所示。

根据图 5-16 所示的流程图编写程序，具体如下：
```
#include<stdio.h>
int main()
{
    int i,count[4] = {0,0,0,0};
    char c[100];
    printf("input a string:\n");
    gets(c);/*字符串整体输入*/
    puts(c);
    for(i = 0;c[i] != '\0';i++)              /*逐个访问字符串中的元素*/
    {
        if(c[i] >= 'a' && c[i] <= 'z')
            count[0]++;                      /*判断小写英文字母*/
        else if(c[i] >= 'A' && c[i] <= 'Z')
            count[1]++;                      /*判断大写英文字母*/
        else if(c[i] >= '0' && c[i] <= '9')
            count[2]++;                      /*判断数字字符*/
        else
            count[3]++;                      /*判断其他字符*/
```

```
    }
    printf("a~z:%d\nA~Z:%d\n0~9:%d\nothers:%d\n",count[0],count[1],count[2],count[3]);
    return 0;
}
```

程序运行结果：

```
input a string:
this is a Program.Hello World! 123.✓
this is a Program.Hello World! 123.
a~z:21
A~Z:3
0~9:3
others:8
```

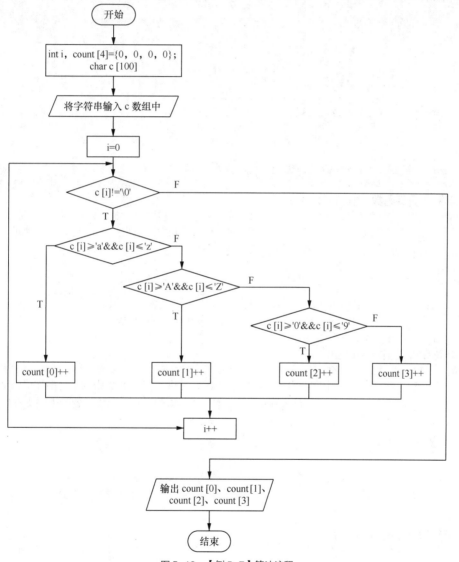

图 5-16　【例 5-7】算法流程

5.4.3　字符串函数

为了便于处理字符串，C 语言提供了丰富的字符串处理函数，大致可分为字符串的输入、输出、合并、修改、比较、转换、复制和搜索几类。使用这些函数可大大减轻编程的负担。前面用于处理输入输出字符串的函数 gets( )/puts( )在使用前应引用头文件<stdio.h>，使用其他字符串函数则应引用头文件<string.h>。形式如下：

```
#include<string.h>
```

下面具体介绍常用的函数，常用的 C 语言库函数见附录 C。

1. 字符串长度函数 strlen()

```
strlen(字符数组名);
```

【例 5-8】计算字符串的实际长度（不含字符串结束标志'\0'）即计算字符串中第一个结束符'\0'前的字符个数。

```
#include<stdio.h>
#include<string.h>
int main()
{
    int k,l;
    char st[] = "C language";
    char t[100] = "12345\0yex\0";
    k = strlen(st);
    l = strlen(t);
    printf("The lenth of the string st is %d\n",k);
    printf("The lenth of the string t is %d\n",l);
    return 0;
}
```

程序运行结果：

```
The lenth of the string st is 10
The lenth of the string t is 5
```

2. 字符串复制函数 strcpy()

```
strcpy(字符数组名1,字符数组名2);
```

该函数用于将字符数组 2 中的字符串复制给字符数组 1，并返回字符数组 1 的首地址。很显然，字符数组 1 必须有足够的空间来存储从字符数组 2 复制过来的字符串。例如：

```
char s1[20];
char s2[] = "Good luck";
strcpy(s1, s2);
puts(s1);   /*输出 Good luck*/
```

strcpy()函数可以将结束符一起复制过去，以上复制操作也可以直接写成：

```
strcpy(s1, "Good luck");
```

3. 字符串连接函数 strcat()

```
strcat(字符数组名1,字符数组名2);
```

该函数用于删去字符数组 1 中字符串的结束标志 "\0"，并将字符数组 2 中的字符串连接到字符数组 1 中的字符串后面，最后返回字符数组 1 的首地址。很显然，字符数组 1 也必须有足够的空间来存储由原来的字符数组 1 中的字符串和字符数组 2 中的字符串构成的新字符串。例如：

```
char s1[20] = "Good luck";
char s2[] = "to you!";
strcpy(s1,s2);
puts(s1);/*输出 Good luck to you!*/
```

上述示例连接后的字符数组 s1 的有效字符长度为 17（包括结束符在内），故 s1 至少需要 18 个字符长度，否则连接是错误的。

4. 字符串比较函数 strcmp()

```
strcmp(字符数组名1,字符数组名2);
```

该函数用于按照 ASCII 值比较两个数组中的字符串，并由函数返回值返回比较结果。

（1）字符串 1 = 字符串 2，返回值 = 0。

（2）字符串 1 > 字符串 2，返回值 > 0，返回一个正整数。

（3）字符串 1 < 字符串 2，返回值 < 0，返回一个负整数。

strcmp()函数也可用于比较两个字符串常量，或比较字符数组和字符串常量。

字符串比较规则：对 2 个字符串自左向右逐个字符比较它们的 ASCII 值大小，直至出现不同字符或者遇到结束符为止。例如：

```
strcmp("ABC","abc")        /*返回负整数，前面字符串小*/
strcmp("ABC","ABC\0abc")   /*返回 0，二者相等，'\0'后面不是有效字符*/
strcmp("ABC","AB")         /*返回正整数，前面的大，第三次字符比较可以理解成'C'比'\0'大*/
strcmp("AB","ABC")         /*返回负整数，前面的小，第三次字符比较可以理解成'\0'比'C'小*/
```

‖‖‖ 说明

可利用字符串比较函数的比较结果来进行字符串排序。

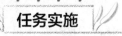
任务实施

1. 实施步骤

（1）输入账户和密码。

（2）与正确账户密码进行比较，如果一致，则输出验证成功；否则执行第（3）步。

（3）比对次数，次数大于 0，则输出验证失败，返回执行第（1）步。

2. 流程图

用户登录验证程序流程如图 5-17 所示。

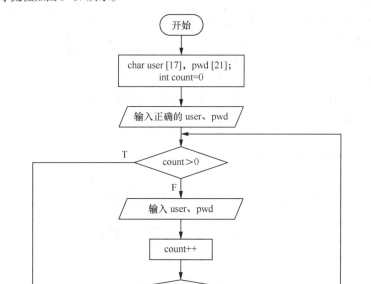

图 5-17　用户登录验证程序流程

3. 程序代码

```
#include <stdio.h>
#include <string.h>
#define USER "username"
```

```
#define PWD "password"
int main ()
{
    char user[17];
    char pwd[21];
    int count = 0;
    do
    {
        if(count > 0)
            puts("验证失败");
        printf("username = ");
        gets(user) ;
        printf("password = ");
        gets(pwd);
        count++;
    }while ( ( strcmp(user,USER) ) || ( strcmp(pwd,PWD) ) );/*调用 strcmp()函数,比较输入的用户名
和密码是否正确,如果均正确则返回结果为0, 退出循环, 若密码或用户名不正确, 则继续循环*/
    puts("验证正确");
    return 0;
}
```

课堂实训

1. 实训目的

★ 熟练掌握字符数组和字符串的输入与输出

★ 学会利用字符串常用函数解决实际问题

★ 熟练掌握使用程序流程图表示算法的方法

2. 实训内容

画出程序流程图并编写程序，实现输入图书名称（图书名称为英文名），对其按字母先后顺序进行排序后输出。

输入格式：

输入一行，每本图书的名称中间用空格隔开。

输出格式：

输出多行，每一行为一种图书的名称。

输入样例 1：

```
HTML CSS
```

输出样例 1：

```
CSS
HTML
```

输入样例 2：

```
Sqlserver Asp.net C#
```

输出样例 2：

```
C#
Asp.net
Sqlserver
```

单元小结

本单元介绍了数组的概念，数组的定义、初始化、遍历的方法，以及数组的应用。

数组是相同类型数据的有序集合，属于构造数据类型，由连续存储的数组元素组成。数组名代表整个数组的首地址。数组的定义包括数据类型、数组名和数组的长度。数组不能动态定义长度，数组元素用数组名和下标引用，下标从 0 开始，上限是数组长度减 1。数组的初始化是指在数组定义时给数组元素赋予初值。

接着介绍了 C 语言中字符数组与字符串的用法。

数组元素是字符类型的数组称为字符数组。字符数组中的一个元素存放一个字符。

字符串在内存中也是以字符数组的方式存放的，字符串的输入输出不同于一般的字符数组，既可逐个输入输出字符串中的字符，也允许对字符串进行整体的输入输出操作。C 语言标准库中有专门的字符串处理函数，其中包括字符串长度函数、字符串连接函数、字符串比较函数和字符串复制函数等。使用这些函数可以大大减少编程的工作量。字符串是一种特殊的字符数组，它以'\0'作为字符串的结束标志。存放字符串的字符数组的长度至少需要比字符串中字符的个数多 1。程序依靠检测'\0'来判定字符串是否结束。

单元习题

一、选择题

1. 已知 char s[] = "12345";，则数组 s 占用的字节数是（　　）。

    A. 5　　　　　　　　　B. 6　　　　　　　　　C. 7　　　　　　　　　D. 不固定

2. 以下程序的输出结果是（　　）。

```c
#include<stdio.h>
int main()
{
    int i,a[10];
    int s = 0;
    for(i = 0;i < 10;i++)
      a[i] = 2 * i + 1;
    for(i = 0;i < 10;i++)
      s = s + a[i];
    printf("%d\n",s);
    return 0;
}
```

    A. 20　　　　　　　　　B. 21　　　　　　　　　C. 100　　　　　　　　　D. 101

3. 执行下面的程序段后，变量 k 中的值为（　　）。

```c
int k = 3,s[2];  s[0] = k;  k = s[1] * 10;
```

    A. 不定值　　　　　　　B. 0　　　　　　　　　C. 30　　　　　　　　　D. 10

4. 下述对 C 语言字符数组的描述中，错误的是（　　）。

    A. 字符数组可以存放字符串

    B. 字符数组中的字符串可以整体输入、输出

    C. 可以在赋值语句中通过赋值运算符"＝"对字符数组进行整体赋值

    D. 不可以用关系运算符对字符数组中的字符串进行比较

5. 下列关于数组维数的描述中，错误的是（　　）。

    A. 定义数组时必须明确指出每一维的大小

    B. 二维数组是指该数组的维数是 2

    C. 数组的维数可以使用常量表达式表示

    D. 数组元素的个数等于该数组的各维大小的乘积

6. 在 C 语言中，引用数组元素时，其数组下标的数据类型允许是（　　）。

    A. 整型常量　　　　　　　　　　　　B. 整型表达式

    C. 整型常量或整型表达式　　　　　　D. 任何类型的表达式

7. 以下程序的输出结果是（　　）。

```c
#include<stdio.h>
int main()
{
  int a[3][3],i,j;
  for(i = 0;i < 3;i++)
```

```
      for(j = 0;j < 3;j++)  a[i][j] = i + j;
   for(i = 0;i < 3;i ++)
      for(j = 0;j < 3;j++)  a[i][j] = a[j][i] + i + j;
   printf("%d\n",a[2][2]);
   return 0;
}
```

    A．4　　　　　　　　　　B．6　　　　　　　　　C．8　　　　　　　　D．值不确定

8. 下列程序执行后的输出结果是（　　　）。

```
#include<stdio.h>
#include<string.h>
int main()
{
   char s[100];
   strcpy(s, "I love");
   strcat(s, "this program.");
   s[6] = '\0';
   puts(s);
   return 0;
}
```

    A．I love this program.　　　　　　　　B．I love this

    C．I love　　　　　　　　　　　　　　　D．I lov

9. 以下给字符数组 str 的定义和赋值正确的是（　　　）。

    A．char str[10];str = {"China!"};　　　　B．char str[ ] = {"China!"};

    C．char str[10];strcpy(str, "abcdefghijkl");　D．char str[10] = {"abcdefghijkl"};

10. 有以下程序：

```
#include <stdio.h>
int main()
{
    int m[][3] = {1,4,7,2,5,8,3,6,9};
    int i,j,k = 2;
    for(i = 0;i < 3;i++)
        printf("%d ",m[k][i]);
    return 0;
}
```

执行后输出结果是（　　　）。

    A．258　　　　　　　　B．369　　　　　　　C．456　　　　　　　D．789

二、填空题

1. 若定义 int a[10];，则表示此数组有_____个元素，其下标从_____开始，最大为_____。

2. 以下程序执行后的结果是_____。

```
#include <stdio.h>
int main()
{
   char s[] = "6789";
   s[1] = '\0';
   printf("%s\n",s);
   return 0;
}
```

3. 请补全以下程序，实现可读入 10 个整数，统计正整数个数并求和。

```
#include<stdio.h>
int main()
{
   int i,a[10],s,count;
   s = count = 0;
   for(i = 0;i < 10;i++)
   {
      printf("请输入第%d 个数:\n", i + 1);
      _____;
   }
```

```
      for(i = 0;i < 10;i++)
      {
         if(a[i] <= 0)
         _____;
         s = s + a[i];
         count ++;
      }
      printf("s = %d\tcount = %d\n",s,count);
      return 0;
}
```

4. 若有二维数组：int a[3][4] = {{1,2},{0},{4,6,8,10}};，则初始化后，a[1][2]得到的初值是_____，a[2][1]得到的初值是_____。

5. 若有定义语句：char s[100],d[100];int j = 0,i = 0;，且 s 中已有字符串，请填空将字符串 s 复制到 d 中（注：不得使用逗号表达式）。

```
while(s[i])
{
   d[j]=_____;
   j++;
}
d[j]=0;
```

三、编程题

1. 编写一个程序：学生输入 5 门功课的成绩，计算出该学生本学期 5 门功课的平均成绩，结果保留两位小数（注：使用数组完成）。

输入格式：

在一行中分别输入 5 个不大于 100 的正整数。

输出格式：

在一行中输出"本学期 5 门功课平均成绩为：X 分"，其中 X 为平均分。

输入样例：

```
75 85 80 78 90
```

输出样例：

```
本学期 5 门功课平均成绩为：81.60 分
```

2. 输出斐波那契数列。

斐波那契数列是指这样的一个数列：1, 1, 2, 3, 5, 8, 13, 21, 34, 55, 89, 144, …，这个数列从第三项开始，每一项都等于前两项之和。

输入格式：

在一行中输入斐波那契数列所求的项数。

输出格式：

输出多行，每一行中输出 5 个数字。

输入样例：

```
20
```

输出样例：

```
1     1     2     3     5
8     13    21    34    55
89    144   233   377   610
987   1597  2584  4181  6765
```

3. 用户从键盘输入一组正整数，以−1 为结束符，请计算并输出该组数据中最小的那个数。

输入格式：

在一行中输入一组正整数，以−1 结束。

输出格式：

在一行中输出一个数，为输入数据中最小的那个数。

输入样例：

```
1 2 3 4 5 6 -1
```

输出样例：

```
1
```

4．编写程序实现简单的字符串加密。加密规则如下：将字符串中的英文字母替换成 ASCII 表中它后面的第 2 个字符，其他字符不处理。

输入格式：

在一行中输入一行英文字母字符串。

输出格式：

在一行中输出一行英文字母字符串，为加密后的字符串。

输入样例 1：

```
Hello
```

输出样例 1：

```
Jgnnq
```

输入样例 2：

```
xyz
```

输出样例 2：

```
zab
```

5．编写程序，定义 $N \times N$ 的二维数组，输出将数组左下半角元素中的值全部置 0 的新数组。

输入格式：

在 N 行中输入 $N \times N$ 的二维数组。

输出格式：

在 N 行中输出左下半角置 0 的新数组。

输入样例：

```
1 9 7
2 3 8
4 5 6
```

输出样例：

```
0 9 7
0 0 8
0 0 0
```

6．求 $N \times N$ 整型数组的正对角线和反对角线元素的和。

输入格式：

在 N 行中输入 $N \times N$ 的二维数组。

输出格式：

一行中分别输出正对角线和反对角线元素的和。

输入样例：

```
1 9 7
2 3 8
4 5 6
```

输出样例：

```
正对角线的和是 10，反对角线的和是 14。
```

7．新草分布在 R 行 C 列的牧场里。用户想计算一下牧场中的草丛数量。

在牧场地图中，每个草丛要么是单个"#"，要么是有公共边的相邻两个"#"。给定牧场地图，计算其中有多少个草丛。

例如，考虑如下 5 行 6 列的牧场地图：

```
●#●●●●
●●#●●●
●#●●#
●●●##●
●#●●●●
```

这个牧场有 5 个草丛：一个在第一行，一个在第二列横跨了第二、三行，一个在第三行，一个在第四行横跨了第四、五列，最后一个在第五行。

输入格式：

输入 1+R 行，第一行包含两个整数 R 和 C，中间用单个空格隔开；接下来是 R 行，每行 C 个字符，用于描述牧场地图；字符只有"#"或"●"两种。(1≤R,C≤100。)

输出格式：

在一行中输出一个整数，表示草丛数。

输入样例：

```
5 6
```

```
●#●●●●
●●#●●●
●#●●#
●●●##●
●#●●●●
```

输出样例：

```
5
```

8. 给定一个字符串，在字符串中找到第一个连续出现至少 k 次的字符。

输入格式：

输入两行，第一行输入一个正整数 k，表示至少需要连续出现的次数，1≤k≤1000；第二行输入需要查找的字符串，字符串长度在 1～1000 之间，且不包含任何空白符。

输出格式：

输出一行，若存在连续出现至少 k 次的字符，输出该字符；否则输出 No。

输入样例：

```
3
abcccaaab
```

输出样例：

```
c
```

单元 6

模块化程序设计

　　汽车生产商在制造汽车时通过各种各样的零件组装出精美、实用的汽车，小朋友搭积木时也是通过各种类型的积木搭建出各种造型的玩具。程序设计类似于搭积木，功能复杂的程序是通过将多个组件组装起来形成的，组件就是 C 语言中的函数。采用模块化设计的思想是指事先将各个功能代码拆分成独立的程序模块，即独立的函数，在需要时再对这些函数进行"组装"。本单元通过制作图书超市收银系统菜单、素数判断、计算并输出大于平均分的学生成绩、计算斐波那契数列第 N 项值这 4 个任务来介绍模块化程序设计。

教学导航

教学目标	知识目标： 理解函数的概念 理解函数的定义、声明和调用方法 掌握函数的参数传递 掌握变量的作用域和存储类型 掌握内部函数和外部函数的定义方法 掌握递归函数的设计和调用方法 能力目标： 具备运用函数解决实际问题的能力 具备使用函数进行程序模块化设计的能力 素养目标： 培养学生的团结协作、创新意识 思政目标： 培养学生的家国情怀、民族自豪感、敬业精神
教学重点	函数的定义、声明和调用方法 函数的参数传递 内部函数和外部函数的定义方法 递归函数的设计和调用方法
教学难点	函数的参数传递 递归函数的设计和调用方法
课时建议	8 课时

任务 6-1　制作图书超市收银系统菜单

任务目标

★ 了解函数的概念
★ 掌握函数的定义、声明方法
★ 掌握函数的调用方法

任务陈述

1. 任务描述

图书超市收银系统菜单包括图书基本信息管理、购书结算处理、售书历史记录、退出系统等多个主菜单，主菜单下包含相关子菜单，在使用系统时操作相应主菜单，将自动跳转到其对应的子菜单。请利用 C 语言中的函数，对各主菜单的功能进行封装。

2. 运行结果

图书超市收银系统菜单程序的运行结果如图 6-1 所示。

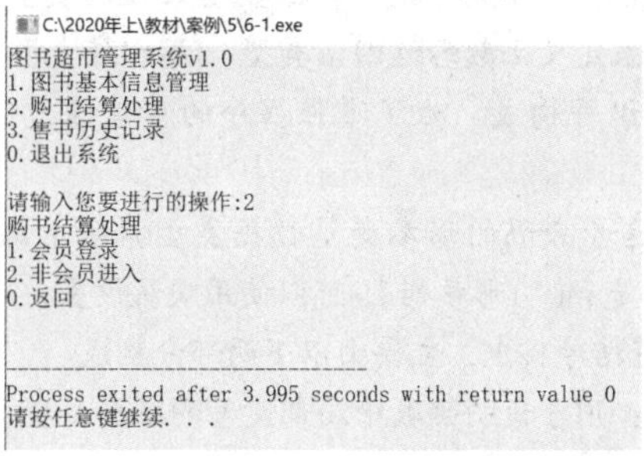

图 6-1　图书超市收银系统菜单程序的运行结果

知识准备

6.1.1　函数的概念

在前面几个单元中，我们将所有的程序都写在了一个函数（main()函数）中。当程序功能比较复杂、规模比较大时，主函数会变得庞大、冗长，难以阅读、维护，并且功能代码不能重复使用。为了解决这些问题，C 语言引入了模块化程序设计的思想，事先将各个功能代码拆分为独立的函数，在需要时直接在 main()函数中调用这些函数。

实际开发中，无论将一个程序划分为多少个函数，main()函数都只能有一个，程序总是从 main()函数开始执行的。在程序运行过程中，由 main()函数调用其他函数，其他函数也可以互相调用。程序中的各项操作基本上都是由函数来实现的，因此，函数是 C 语言中最为重要的部分。

在 C 语言中，函数可以分为以下两类。

一类是由系统定义的标准函数，又称为库函数。其函数声明一般是放在系统的 include 目录下以.h 为后缀的头文件中。如果在程序中要用到某个库函数，必须在调用该函数之前用#include<头文件名>命令将库函数信息包含到程序中，程序员无须关心函数内部实现。例如，printf()、getchar()等函数就是库函数。常用的 C 语言库函数见附录 C。

另一类函数是用户自定义函数。这类函数是根据问题的特殊要求而设计的，用户自定义的函数为程序的模块化设计提供了有效的技术支持，有利于程序的维护和补充。程序员需要了解函数内部实现。本单元主要介绍用户自定义函数。

函数由函数名、函数参数、函数体、函数返回值等组成，根据函数有无参数和返回值，可以将函数分为无参数无返回值函数、有参数无返回值函数、无参数有返回值函数、有参数有返回值函数这 4 类。

6.1.2　函数的定义

将代码封装成函数的过程叫作函数定义。

C 语言中的自定义函数就是程序设计人员自己定义的函数。自定义函数的形式如下：

```
[存储类型符] [返回值类型符]函数名([形参列表])
{
    函数体语句
    返回语句
}
```

▌▌▌■ 说明

（1）[存储类型符]是指函数的作用范围，它只有两种形式：static 和 extern。static 说明函数只能作用于其所在的源文件，用 static 说明的函数又称为内部函数；extern 说明函数可被其他源文件中的函数调用，用 extern 说明的函数又称为外部函数。[存储类型符]默认为 extern。

（2）[返回值类型符]是指函数体语句执行完后，函数返回值的类型，例如 int、float 和 char 等，若函数无返回值，则用空类型 void 来定义函数的返回值类型。[返回值类型符]默认为 int。

（3）函数名由任何合法的标识符构成。为了增强程序的可读性，建议将函数名的命名与函数功能联系起来，养成良好的编程习惯。

（4）[形参列表]是一系列用逗号分隔的形参变量数据类型声明。例如 int a,int b,int c 表示形参变量有 3 个：a、b、c，它们的类型都是 int。[形参列表]可以使用默认设置，默认情况下表示函数无参数。

（5）函数体语句放置在一对花括号{}中，主要由以下两部分构成。

① 局部数据类型的声明部分：用于说明函数中局部变量的数据类型。

② 功能实现部分：可由顺序语句、选择语句、循环语句、函数调用语句和函数返回语句等构成，是函数的主体部分。

（6）返回语句的形式有以下两种。

① 函数有返回值类型则函数的返回语句形式为：return (表达式的值);或 return 表达式的值;。

② 函数返回值为 void 类型时（即函数无返回值），函数的返回语句形式为：return;。这种情况也可以不写 return 语句。

例如，定义无参数无返回值函数的示例如下：

```
void hello()//函数名为hello,函数无返回值为void型,函数无参数, 但函数名后的括号不能省略
{    //左花括号
    printf("hello world\n");//函数体语句
}    //右花括号
```

定义有参数有返回值函数的示例如下：

```
int abs_sum(int m,int n)//函数名为abs_sum, 函数返回值为int类型, 函数有两个整型参数m、n
{
    int sum = 0;
    if(m < 0){
        m = -m;
    }
    if(n < 0){
        n = -m;
    }
    sum = m + n;
    //以上都是函数体语句
```

```
        return sum;      //函数返回语句，返回 sum 表达式的值
}
```

6.1.3 函数的调用

函数定义完成后，如果没有得到调用，是不会发挥任何作用的，函数调用是通过函数调用语句来实现的，主要有以下两种形式。

（1）无返回值函数的调用—— 一般情况下函数调用语句作为独立的语句使用：

```
函数名([实参表]);
```

（2）有返回值函数的调用—— 一般情况下函数调用语句作为表达式的一部分参与运算：

```
变量名 = 函数名([实参表]);
```

需要注意的是，采用这种形式时变量的数据类型必须与函数的返回值类型相同。

不论是哪种情况，函数调用时都会去执行函数中的语句内容，函数执行完毕，回到函数的调用处，继续执行程序中函数调用后面的语句。

例如：

```
…
int m = 7,n = -12;
int p;
…
p = abs_sum(m,n);
…
```

上述程序段调用了前面定义的函数 abs_sum( )，程序执行到这个函数时转到函数体内进行相关操作，最后把函数返回结果赋值给 p 变量，函数执行完后，继续执行 p=abs_sum(m,n);后的下一条语句。

6.1.4 函数的声明

所谓函数声明，是指在函数尚未定义的情况下，事先将函数的有关信息通知给编译系统，使编译系统能正常识别这个函数，并理解这个函数的相关信息。

函数声明语句的一般形式为：

```
[存储类型符] [返回值类型符]函数名([形参列表]);
```

例如：

```
int abs_sum(int a,int b);
```

上述语句是在告诉编译器这是一个函数，函数名是 abs_sum，函数返回值是 int 类型的，函数有两个整型参数。

自定义函数在程序中的使用有以下两种形式。

（1）函数定义放在 main( )函数的后面

在调用函数之前，必须要先进行函数声明。也就是说，函数声明语句应放在函数调用语句之前，具体位置与编译环境有关。

（2）函数定义放在 main( )函数的前面

在调用函数之前，函数声明可有可无。

【例 6-1】以无参数无返回值函数为例，定义函数 hello( )，通过主函数 main( )调用 hello( )函数，实现向控制台输出 hello world。

```
#include<stdio.h>
void hello();//声明函数
//定义函数
void hello(){
    printf("hello world\n");
}
int main()
{
    hello(); //调用函数
    return 0;
```

```
}
```
程序运行结果：
```
hello world
```
void 是 C 语言中的一个关键字，表示"空类型"或"无类型"，绝大部分情况下也就意味着没有 return 语句。此例中，声明函数的语句可有可无，因为函数定义在函数调用之前。

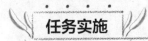

1. 实施步骤
（1）分析图书超市收银系统界面各模块功能。
（2）将各模块功能代码用函数进行封装，即定义各模块对应的函数。
（3）在主函数中调用各函数，实现对各模块的操作。
（4）运行测试程序。

2. 流程图
图书超市收银系统菜单程序实现流程如图6-2所示。

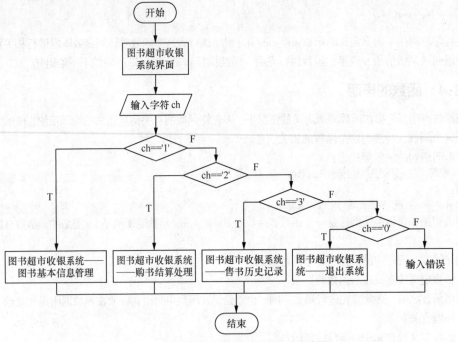

图6-2　图书超市收银系统菜单程序实现流程

3. 程序代码
```c
#include<stdio.h>
#include<stdlib.h>
void function1(){
    system("cls");
    printf("图书基本信息管理\n");
    printf("1.增加图书\n");
    printf("2.删除图书\n");
    printf("3.修改图书\n");
    printf("4.查找图书\n");
    printf("5.一览图书\n");
    printf("0.返回首页\n");
}
```

```
void function2(){
    system("cls");
    printf("购书结算处理\n");
    printf("1.会员登录\n");
    printf("2.非会员进入\n");
    printf("0.返回\n");
}
void function3(){
    system("cls");
    printf("售书历史记录\n");
}
void function4(){
    system("cls");
    printf("感谢您使用本软件，该软件为教学版本功能尚不完善。\n");
}
void function0(){
    printf("图书超市管理系统 v1.0\n");
    printf("1.图书基本信息管理\n");
    printf("2.购书结算处理\n");
    printf("3.售书历史记录\n");
    printf("0.退出系统\n");
}
int main()
{
    function0();
    char ch;
    scanf("%c",&ch);
    switch(ch){
        case '1':
            function1();
            printf("\n");
            break;
        case '2':
            function2();
            printf("\n");
            break;
        case '3':
            function3();
            break;
        case '0':
            function4();
            break;
        default:
            printf("输入错误");
    }
    system("color f0");
    return 0;
}
```

课堂实训

1. 实训目的

★ 熟练掌握上机操作的步骤和程序开发的全过程

★ 熟练掌握无参数无返回值函数的定义与调用

★ 熟练掌握使用程序流程图表示算法的方法

2. 实训内容

画出程序流程图并编写程序。用函数（无参数无返回值函数）来实现简单计算器，把加、减、乘、除、求余运算分别写成一个函数，然后再在 main()函数中调用它们，从而实现对两个整数的加、减、乘、除、求余运算，最后输出对应结果。

输入格式：

在一行中输入两个整数，用空格隔开，即 num1 和 num2。

输出格式：

在一行中以 "num1+num2=sum" 的格式输出两个数的运算结果。

输入样例 1：

```
10 20
```

输出样例 1：

```
10+20=30
```

输入样例 2：

```
5 20
```

输出样例 2：

```
5*20=100
```

任务 6-2　素数判断

任务目标

★ 掌握函数参数的值传递方式

★ 掌握函数返回值的相关知识

★ 掌握函数参数的意义与用法

任务陈述

1. 任务描述

编写程序计算并输出 100 以内的素数。提示：素数判断用函数实现，即如果是素数，则函数返回值为 1，否则函数返回值为 0；循环调用这个函数判断 100 以内的所有数是否是素数，是素数就输出。

2. 运行结果

素数判断程序的运行结果如图 6-3 所示。

```
■ D:\电脑2020年前资料\2020年上\教材\案例\6\6-2.exe
2        3        5        7        11
13       17       19       23       29
31       37       41       43       47
53       59       61       67       71
73       79       83       89       97
─────────────────────────────────────
Process exited after 0.2353 seconds with return value 0
请按任意键继续. . .
```

图 6-3　素数判断程序的运行结果

知识准备

6.2.1　函数参数

函数的参数分为两类：形式参数和实际参数。

1. 形式参数

形式参数是指在定义函数或声明函数时，函数名后面圆括号中的变量名称，简称形参。例如下面的函数声明语句：

```
void abs_sum(int a,int b);
```

上述函数声明中，变量 a 和变量 b 就是形参，这样的参数并不占用实际内存，仅用于标识当前函数的参数和类型，以及标明参数个数。关于形参应注意以下几点。

（1）参数表中不能出现同名的参数。

（2）函数内定义的变量不能与函数参数变量名相同。

2. 实际参数

当函数被调用时，函数名后圆括号内的参数称为实际参数，简称实参。实参可以是常量、变量或者表达式。例如下面的函数调用语句：

```
abs_sum(3,-5);
```

上述代码就是对 abs_sum()函数的调用，圆括号内的数据 3、-5 为实参，且实参为常量。

说明

（1）定义函数时指定的形参在未出现函数调用时并不占用内存中的存储空间，因此被称为形参或虚拟参数，表示它们并不是实际存在的数据。只有当发生函数调用时，函数的形参才会被分配内存单元，以便接收从实参传来的数据。在函数调用结束后，形参所占的内存单元也会被释放。

（2）实参可以是常量、变量和表达式，但如果是表达式则要求有确定的值。

（3）在定义函数时，必须在函数首部指定形参的类型。

（4）实参与形参在数量、类型和顺序方面应严格保持一致。

（5）实参的值传递给形参的时候是单向传递的，即只能由实参传递给形参，而不能回传。需要注意的是，在被调用函数中，形参值的改变并不会影响到实参的值。

6.2.2 参数值传递

1. 变量作为函数参数

在调用函数时，如果函数是有参数的，则将每一个实参的值对应地传递给每一个形参变量，形参变量在接收到实参传过来的值时，会在内存中临时开辟新的空间，用来保存形参变量的值（由实参复制而来），当函数执行完毕后，这些临时开辟的内存空间会被释放，并且形参的值在函数中无论是否发生变化，都不会影响到实参变量的值，这种函数的调用方法称为"传值"调用。因此，传值的特点是参数"单向传递"。

【例 6-2】以有参数无返回值函数为例，定义函数 void abs_sum(int a,int b)，实现求两个整数 a、b 绝对值之和，并输出结果。

```
#include<stdio.h>
void abs_sum(int a,int b){
    if(a < 0)
        a = -a;
    if(b < 0)
        b = -b;
    printf("%d\n", a + b);
}
int main()
{
    abs_sum(3,4);
    return 0;
}
```

运行结果：

```
7
```

本程序定义了一个函数abs_sum()，功能是将参数a、b求绝对值后再求和输出。在主函数中调用abs_sum(3,4)函数，其中 3、4 作为实参在调用时传递给函数 abs_sum()的形参 a、b，然后计算 a+b，结果为 7，最后将结果输出。

根据上述函数的定义，分析以下函数调用语句的语法是否正确，如果正确，则计算出结果。

```
abs_sum("hello","world");          //错误，参数类型不匹配
abs_sum(985);                      //错误，参数个数不匹配
abs_sum(3.14, 1.55);               //正确，double 类型常量可以被转换为 int 类型
abs_sum(5,4+7);                    //正确
```

第一个调用是不合法的，因为字符串类型无法自动转换为整数类型；第二个调用也是不合法的，因为实参的数量必须与形参数量一致；第三个调用是合法的，当发生调用时，3.14 将被转换为 int 类型，并将值 3 传递给 a，1.55 将被转换为 int 类型，并将值 1 传递给 b，结果为 4；第四个调用也是合法的，实参可以是表达式，结果为 16。

【例 6-3】函数的参数传递实例如下。

```
#include<stdio.h>
/*交换两个整数*/
void swap(int x,int y);           //swap()函数的声明
int main()
{
    int a = 100,b = 200;
    swap(a,b);                    //函数调用语句，将 a，b 两数交换
    printf("%d,%d\n",a,b);
    return 0;
}
void swap(int x,int y)            //定义函数 swap()
{
    int temp = x;
    x = y;
    y = temp;
    printf("%d,%d",x,y);
}
```

程序运行结果：

```
200,100
100,200
```

调用函数 swap()的时候，会给形参变量 x、y 开辟临时存储空间，将实参数据 100、200 复制，分别保存在这两个临时开辟的存储单元中。当函数调用结束，这个临时开辟的内存空间就会被释放掉。调用函数期间对 x、y 所做的任何操作都不会影响到实参 a、b。

2. 数组元素作为函数参数

数组是一种数据类型，故数组元素同样也可以作为函数的参数。当数组元素作为函数的参数时，数组元素其实就等同于简单变量，因此，如果将数组元素作为函数的实参，那么函数的形参必须是同类型的简单变量。函数的调用过程也属于传值调用方式，即将实参的值单向传递给形参。使用简单变量作为函数参数时，只能将实参变量的值传递给形参变量，在调用函数过程中如果改变了形参的值，对实参没有影响，即实参的值不因形参的值改变而改变。下面通过【例 6-4】来理解数组元素作为实参的作用。

【例 6-4】阅读以下程序，理解数组元素作为实参的作用。

```
#include<stdio.h>
void fun(int a,int b,int c);       //函数声明
int main(){
    int s[3] = {500,300,200};
    printf("函数调用前数组元素的值：\n");
    printf("s[0]=%d\ns[1]=%d\ns[2]=%d\n",s[0],s[1],s[2]);
    fun(s[0],s[1],s[2]);           //函数调用
    printf("函数调用后数组元素的值：\n");
    printf("s[0]=%d\ns[1]=%d\ns[2]=%d\n",s[0],s[1],s[2]);
    return 0;
}
void fun(int a,int b,int c)         //函数定义
{
    a = a/10;
    b = b/10;
    c = c/10;
    printf("函数调用中形参的值：\n");
    printf("a=%d\nb=%d\nc=%d\n",a,b,c);
```

```
}
```
程序运行结果：

```
函数调用前数组元素的值：
s[0]=500
s[1]=300
s[2]=200
函数调用中形参的值：
a=50
b=30
c=20
函数调用后数组元素的值：
s[0]=500
s[1]=300
s[2]=200
```

6.2.3　函数返回值

函数的返回值是指函数被调用之后，函数体中的代码执行后所得到的结果，这个结果通过 return 语句返回。return 语句的一般形式为：

```
return 表达式;
```
或者：
```
return (表达式);
```
有没有括号都是正确的，示例如下。但为了简明，通常不写括号。
```
return max;
return a+b;
return (100 + 200);
```
以求形参变量 a、b 的和为例，使用函数 sum(int a,int b)实现，具体代码如下：
```
int sum(int a,int b)
{
    return (a + b);    //不推荐
}
int sum(int a,int b)
{
    return a + b;      //推荐使用
}
```
对 C 语言返回值的说明如下。

（1）没有返回值的函数为空类型，函数的返回值类型用 void 表示。例如：
```
void func(){
    printf("hello world!\n");
}
```
一旦函数的返回值类型被定义为 void，就不能再获取它的值了。例如，下面的语句是错误的：
```
int a = func();
```
为了使程序有良好的可读性并减少出错，凡不要求返回值的函数都应定义为 void 类型，函数体内一般不加 return 语句，如果加了 return 语句，则 return 后面什么都不加。

（2）return 语句可以有多个，可以出现在函数体的任意位置，但是每次调用函数时只能有一个 return 语句被执行，所以只有一个返回值。例如：
```
//返回两个整数中较大的一个
int get_max(int a, int b){
    if(a > b){
        return a;
    }
    else{
        return b;
    }
}
```
如果 a>b 成立，就执行 return a;，return b;不会执行；如果 a>b 不成立，就执行 return b;，return a;不会执行。
上述程序推荐写法如下：

```
//返回两个整数中较大的一个
int get_max(int a, int b){
    int max;
    if(a > b){
        max = a;
    }
    else{
        max = b;
    }
    return max;
}
```

（3）函数一旦遇到 return 语句就立即返回，return 语句后面的所有语句都不会被执行。从这个角度看，return 语句还有强制结束函数执行的作用。例如：

```
//返回两个整数中较大的一个
int max(int a, int b){
    return(a > b) ? a : b;
    printf("Function is performed\n");
}
```

printf("Function is performed\n");这行代码就是多余的，永远没有执行的机会。

使用 return 语句是提前结束函数的唯一办法。return 后面可以跟一份数据，表示将这份数据返回到函数外面；return 后面也可以不跟任何数据，表示什么也不返回，仅用来结束函数。

【例 6-5】以有参数有返回值函数为例，编写程序，通过调用函数 abs_sum(int a,int b)，求任意两个整数的绝对值之和并输出结果。

分析：两个整数的绝对值之和仍然是整数类型的数据，函数调用时需要定义一个整数类型的变量来接收函数的返回值。

程序如下：

```
#include<stdio.h>
int abs_sum(int a,int b);//声明函数
int main()
{
    int x,y,z;
    scanf("%d%d",&x,&y);
    z= abs_sum(x,y);//调用函数
    printf("|%d|+|%d|=%d\n",x,y,z);
    return 0;
}
int abs_sum(int a,int b)    //定义函数
{
    if(a < 0)
        a = -a;
    if(b < 0)
        b = -b;
    return a + b;
}
```

程序运行结果：

```
7 -12✓
|7|+|-12|=19
```

在调用函数时，实参也可以是函数调用语句。

【例 6-6】编写程序，通过调用函数 abs_sum(int a,int b)，求任意 3 个整数的绝对值之和并输出结果。

分析：3 个整数的绝对值之和还是整数，在这个过程中可以将函数的调用作为函数的参数。

程序如下：

```
#include<stdio.h>
int abs_sum(int a,int b);
int main()
{
    int x,y,z,sum;
    scanf("%d%d%d",&x,&y,&z);
    sum = abs_sum(abs_sum(x,y),z);
```

```
        printf("|%d|+|%d|+|%d|=%d\n",x,y,z,sum);
}
int abs_sum(int a,int b)
{
    if(a < 0)
        a = -a;
    if(b < 0)
        b = -b;
        return a + b;
}
```

程序运行结果：
```
    -4 9 -5✓
    |-4|+|9|+|-5|=18
```

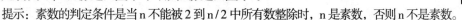

任务实施

1. 实施步骤

（1）编写一个函数，判断一个整数是否是素数，函数接收一个整数类型的参数 n，如果这个整数是素数，那么函数返回值为1，否则函数返回值为0。

提示：素数的判定条件是当 n 不能被2到 n/2 中所有数整除时，n 是素数，否则 n 不是素数。

（2）依次判断从2到100的整数，若某个数是素数，则将其输出，否则判断下一个数。

提示：从2开始是因为根据素数的定义，1不是素数，所以直接将其排除。

2. 流程图

素数判断程序的主流程和子流程如图6-4和图6-5所示。

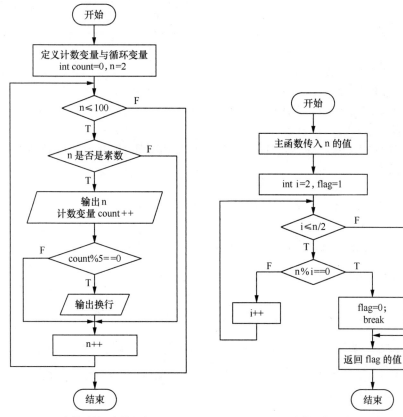

图6-4　素数判断程序的主流程　　　　图6-5　素数判断程序的子流程

3. 程序代码

```
#include<stdio.h>
int prime(int n);
int main(){
    int n,count = 0;
    for(n = 2;n <= 100;n++){
        if(prime(n)){
            printf("%d\t",n);
            count++;
        }
        else
            continue;
        if(count % 5 == 0)
            printf("\n");
    }
    return 0;
}
int prime(int n){
    int flag = 1,i;
    for(i = 2;i <= n/2;i++)
    {
        if(n % i == 0)
        {
            flag = 0;
            break;
        }
    }
    return flag;
}
```

课堂实训

1. 实训目的

★ 熟练掌握函数返回值的使用方法

★ 熟练掌握函数传值的过程

★ 熟练掌握使用程序流程图表示算法的方法

2. 实训内容

画出程序流程图并编写程序。设计函数 fun( )，该函数的功能是计算并输出 n（包括 n）以内所有能被 5 或 9 整除的自然数的倒数和。

输入格式：

在一行中输入一个不大于 100 的数字 n。

输出格式：

在一行中输出 n 以内能被 5 或 9 整除的数字的倒数和。

输入样例 1：

```
20
```

输出样例 1：

```
0.583333
```

输入样例 2：

```
10
```

输出样例 2：

```
0.411111
```

任务 6-3　计算并输出大于平均分的学生成绩

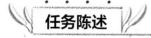

- ★ 掌握函数参数传址过程
- ★ 掌握变量的作用域
- ★ 学会利用函数和数组解决实际问题

任务陈述

1. 任务描述

编写程序，利用随机函数生成班级中50名学生某门课程的成绩，计算该门课程的平均成绩并输出，同时输出班级中大于平均成绩的所有学生成绩，利用函数实现此功能。

2. 运行结果

计算并输出大于平均分的学生成绩程序的运行结果如图 6-6 所示。

```
C:\2020年上\教材\案例\6\6-3.exe
班级学生成绩为
91.000000    55.000000    60.000000    81.000000    94.000000
66.000000    53.000000    83.000000    84.000000    85.000000
94.000000    94.000000    75.000000    98.000000    66.000000
82.000000    87.000000    58.000000    83.000000    80.000000
56.000000    68.000000    76.000000    50.000000    87.000000
90.000000    80.000000   100.000000    82.000000    55.000000
91.000000    50.000000    82.000000    62.000000    83.000000
72.000000    64.000000    84.000000    51.000000    50.000000
91.000000    95.000000    58.000000    89.000000    77.000000
73.000000    95.000000    60.000000   100.000000    84.000000

班级平均分为76.480003

大于平均分的有
91.000000    81.000000    94.000000    83.000000    84.000000
85.000000    94.000000    94.000000    98.000000    82.000000
87.000000    83.000000    80.000000    87.000000    90.000000
80.000000   100.000000    82.000000    91.000000    82.000000
83.000000    84.000000    91.000000    95.000000    89.000000
77.000000    95.000000   100.000000    84.000000
──────────────────────────────────────────
Process exited after 0.1075 seconds with return value 0
请按任意键继续. . .
```

图 6-6　计算并输出大于平均分的学生成绩程序的运行结果

知识准备

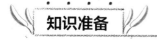

6.3.1　地址

地址是指内存地址。计算机内存中的各个存储单元都是有序的，按字节编码。因此地址就是一片内存中每个字节的编号，在计算机中内存地址是用二进制进行编码的，图 6-7 为 32 位系统内存示意图。

为了方便阅读，内存地址编号用十六进制表示，从 0x00000000 开始到 0xFFFFFFFF，总计 2^{32} 个地址。每一个地址包含 8 个由 1 或 0 组成的二进制位，第 0x0804FFB0 号字节里面存放了一串数据：11110000。而紧挨着它的第 0x0804FFB1 号字节里面存放了另一串数据：10101010。

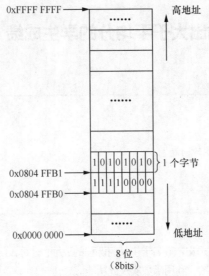

图 6-7　32 位系统内存示意图

6.3.2　参数地址传递

数组作为一种数据类型，同样也可以作为函数的参数。这种方式使用数组名作为函数参数，传递的是数组的首地址，而形参接收到的是地址，即实参的存储单元，形参和实参占用相同的存储单元，这种传递方式称为"参数的地址传递"。

地址传递的特点是形参并不占用存储空间，编译系统不为形参数组分配内存。数组名就是一组连续空间的首地址。因此在数组名作为函数参数时，所进行的传递只是地址传递，形参在取得该首地址之后与实参共同拥有一段内存空间，形参的变化也就是实参的变化。

【例 6-7】阅读以下程序，理解数组作为实参的作用。

```c
#include <stdio.h>
void fun(int a[]);
int main(){
    int s[3] = {500,300,200};
    printf("函数调用前数组元素的值：\n");
    printf("s[0]=%d\ns[1]=%d\ns[2]=%d\n",s[0],s[1],s[2]);
    fun(s);
    printf("函数调用后数组元素的值：\n");
    printf("s[0]=%d\ns[1]=%d\ns[2]=%d\n",s[0],s[1],s[2]);
    return 0;
}
void fun(int a[])
{
    a[0] = a[0]/10;
    a[1] = a[1]/10;
    a[2] = a[2]/10;
    printf("函数调用中修改数组元素的值：\n");
    printf("a[0]=%d\na[1]=%d\na[2]=%d\n",a[0],a[1],a[2]);
}
```

程序运行结果：

```
函数调用前数组元素的值：
s[0]=500
s[1]=300
s[2]=200
函数调用中修改数组元素的值：
a[0]=50
a[1]=30
a[2]=20
```

```
函数调用后数组元素的值:
s[0]=50
s[1]=30
s[2]=20
```

显然，实参数组的元素值在函数调用后发生了改变。在调用 fun( )函数时，把实参数组 s 的起始地址传送给形参数组 a，这样形参数组和实参数组共同占用一段内存单元，如图 6-8 所示。

因为实参数组和形参数组中的元素共同占用一个内存单元，所以当形参的值发生变化时，实参的值也随之发生改变。

另外，声明形参数组并不意味着真正建立一个包含若干元素的数组，在调用函数时也不为它分配存储单元，只是用 a[ ]这样的形式表示，a 是一维数组名，用于接收实参传来的地址。因此，a[ ]中方括号内的数值并无实际作用，编译系统对一维数组方括号内的内容不予处理。所以形参数组的声明中可以写元素个数，也可以不写。用数组名作为函数实参时，改变形参数组元素的值将同时改变实参数组元素的值。

实参		形参
s [0]	500	a [0]
s [1]	300	a [1]
s [2]	200	a [2]

图 6-8　形参和实参共用内存单元

6.3.3　变量作用域

变量的作用域就是变量的有效范围，表明变量可以在哪个范围内使用。例如，有些变量可以在所有代码文件中使用，有些变量只能在当前的文件中使用，有些变量只能在函数内部使用，有些变量只能在 for 循环内部使用。

变量的作用域由变量的定义位置决定，在不同位置定义的变量，它的作用域是不一样的。在 C 语言程序中，根据变量不同，作用域可以分为 3 种：局部变量、全局变量、块级变量。局部变量是只能在函数内部使用的变量，全局变量是可以在所有代码文件中使用的变量，块级变量是只能在代码块内部使用的变量。

1. 局部变量

定义在函数内部的变量称为局部变量，它的作用域为函数内部，离开函数后就无效了，再使用系统就会报错。函数的形参也是局部变量，只能在函数内部使用。

例如：

```
int f1(int a){
    int b,c;  //a,b,c仅在函数f1()内有效
    return a + b + c;
}
int main(){
    int m,n;  //m,n仅在函数main()内有效
    return 0;
}
```

说明

（1）在 main( )函数中定义的变量也是局部变量，只能在 main( )函数中使用。同时，main( )函数中也不能使用在其他函数中定义的变量。main( )函数也是一个函数，与其他函数地位平等。

（2）形参变量、在函数体内定义的变量都是局部变量。实参给形参传值的过程也就是给局部变量赋值的过程。

（3）可以在不同的函数中使用相同的变量名，它们表示不同的数据，分配不同的内存，互不干扰，也不会发生混淆。

（4）在语句块中也可定义变量，它的作用域为当前语句块。

2. 全局变量

在所有函数外部定义的变量称为全局变量，它的作用域默认是整个程序，也就是所有的源文件，包括.c 和.h 文件。全局变量具有的这种特性可以增强程序中各函数间的联系。

例如：

```
int a,b;          //全局变量
void func1(){
    //TODO:
}
float x,y;        //全局变量
int func2(){
    //TODO:
}
int main(){
    //TODO:
    return 0;
}
```

其中，a、b、x、y 都是在函数外部定义的全局变量。由于 x、y 定义在函数 func1() 之后，所以它们在 func1() 内无效；而 a、b 定义在源程序的开头，在 func1()、func2() 和 main() 内都有效。

3. 块级变量

代码块是由一对花括号（即{}）括起来的代码。代码块在 C 语言中随处可见，例如函数体、选择结构、循环结构等。C 语言允许在代码块内部定义变量，这样的变量具有块级作用域，叫作块级变量。块级变量只能在代码块内部使用，出了代码块就无效了。

例如，求两个整数的最大公约数，代码如下：

```
int gcd(int a, int b){
    //若 a<b，那么交换两变量的值
    if(a < b){
        int temp1 = a;  //temp1 是块级变量
        a = b;
        b = temp1;
    }
    //求最大公约数
    while(b != 0){
        int temp2 = b;  //temp2 是块级变量
        b = a % b;
        a = temp2;
    }
    return a;
}
```

temp1 和 temp2 这两个变量都是在代码块内部定义的，temp1 的作用域是 if 语句内部，temp2 的作用域是 while 语句内部。

4. 变量的命名

C 语言规定，在同一个作用域中不能出现两个名字相同的变量，否则会产生命名冲突。但是在不同的作用域中，允许出现名字相同的变量，它们的作用范围不同，彼此之间不会产生冲突。

（1）不同函数内部的同名变量是两个完全独立的变量，它们之间没有任何关联，也不会相互影响。

（2）函数内部的局部变量和函数外部的全局变量同名时，在当前函数这个局部作用域中，全局变量会被"屏蔽"，不再起作用。也就是说，在函数内部使用的是局部变量，而不是全局变量。

变量的使用遵循就近原则，如果在当前的局部作用域中找到了变量，就不会再去更大的全局作用域中查找。另外，只能从小的作用域向大的作用域中去寻找变量，而不能反过来。

每个 C 语言程序都包含了多个作用域，不同的作用域中可以出现同名的变量，C 语言会按照从小到大的顺序，一层层地去父级作用域中查找变量。如果在最顶层的全局作用域中还未找到相应变量，那么程序就会报错。分析下面代码，进一步理解变量作用域。

```
#include <stdio.h>
int m = 13;
int n = 10;
void func1(){
    int n = 20;
    {
```

```
        int n = 822;
        printf("block1 n: %d\n", n);
    }
    printf("func1 n: %d\n", n);
}
void func2(int n){
    for(int i = 0; i < 10; i++){
        if(i % 5 == 0){
            printf("if m: %d\n", m);
        }else{
            int n = i % 4;
            if(n < 2 && n > 0){
                printf("else m: %d\n", m);
            }
        }
    }
    printf("func2 n: %d\n", n);
}
void func3(){
    printf("func3 n: %d\n", n);
}
int main(){
    int n = 30;
    func1();
    func2(n);
    func3();
    printf("main n: %d\n", n);
    return 0;
}
```

图 6-9 展示了这段代码中变量的作用域。

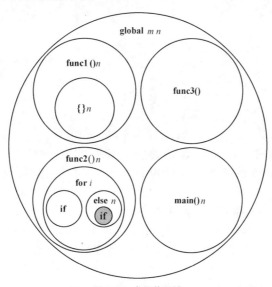

图 6-9　变量作用域

其中，粗体表示作用域的名称，斜体表示作用域中的变量，global 表示全局作用域。灰色背景的作用域中使用到了 m 变量，而该变量位于全局作用域中，所以得穿越好几层作用域才能找到 m。

【例 6-8】阅读以下程序，理解变量的作用域。

```
#include <stdio.h>
void store1();
void store2();
void store3();
void Inc_price();
int price = 100;
```

```
int main()
{
    printf("提价前各连锁店情况: \n");
    store1();
    store2();
    store3();
    Inc_price();
    printf("提价后各连锁店情况: \n");
    store1();
    store2();
    store3();
    return 0;
}
void store1()
{
    int num = 50;
    printf("1 号连锁店的价格为%d,库存为%d\n",price,num);
}
void store2()
{
    int num = 80;
    printf("2 号连锁店的价格为%d,库存为%d\n",price,num);
}
void store3()
{
    int num = 90;
    printf("3 号连锁店的价格为%d,库存为%d\n",price,num);
}
void Inc_price()
{
    price += 10;
}
```

程序运行结果:

```
提价前各连锁店情况:
1 号连锁店的价格为 100,库存为 50
2 号连锁店的价格为 100,库存为 80
3 号连锁店的价格为 100,库存为 90
提价后各连锁店情况:
1 号连锁店的价格为 110,库存为 50
2 号连锁店的价格为 110,库存为 80
3 号连锁店的价格为 110,库存为 90
```

上述程序中，局部变量的有效范围由包含变量的一对花括号限定。全局变量不属于某个具体的函数，而是属于整个源文件。当全局变量被修改时，文件中所有使用该变量的地方都会被修改。

5. 变量的存储类型

变量的存储类型是指变量的存储属性，其说明了变量占用存储空间的区域。在内存中，供用户使用的存储区由程序区、静态存储区和动态存储区 3 部分组成。变量的存储类型有 auto 型、register 型、static 型和 extern 型 4 种。

auto 型变量存储在内存的动态存储区中；register 型变量保存在寄存器中；static 型变量和 extern 型变量存储在静态存储区中。

局部变量的存储类型默认值为 auto 型，全局变量的存储类型默认值为 extern 型。

auto 型和 register 型只用于定义局部变量。

static 型既可以定义局部变量，又可以定义全局变量。定义局部变量时，局部变量的值将被保留，若定义时没有赋初值，则系统会自动将其赋值为 0；定义全局变量时，其有效范围为它所在的源文件，其他源文件不能使用。

【例 6-9】阅读以下程序，理解 auto 型变量和 static 型变量的区别。

```
#include <stdio.h>
void add();
int main(){
    printf("第一次调用: \n");
```

```
    add();
    printf("第二次调用: \n");
    add();
    return 0;
}
void add()
{
    auto int i = 1;
    static int j = 1;
    printf("i=%d,j=%d\n",++i,++j);
```

程序运行结果:

```
第一次调用:
i=2,j=2
第二次调用:
i=2,j=3
```

　　函数 add()中的局部变量 i 和 j 分别被定义成 auto 型和 static 型,对比两次调用的结果不难发现,变量 i 的值在第二次调用的时候会重新初始化为 1,而变量 j 在第二次调用的时候不再初始化,而是使用上一次调用的值,这就是 auto 型变量和 static 型变量的区别。

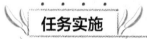

任务实施

1. 实施步骤

（1）利用随机函数产生 50 名学生某门课程的成绩,将成绩保存到成绩数组中。

（2）统计全部成绩的和,并计算平均成绩。

（3）依次读取每名学生的成绩,若成绩大于平均成绩,则输出,否则进入下一轮循环（即读取后面学生的成绩）,直至结束。

2. 流程图

计算并输出大于平均分的学生成绩程序的主流程和子流程如图 6-10、图 6-11 所示。

3. 程序代码

```c
#include<stdio.h>
#include<stdlib.h>
void statistics(float stu[],int n); //声明统计函数
int main(){
    float a[50];
    int i;
    for(i = 0;i < 50;i++) //初始化分数
    {
      a[i] = (float)(50 + rand() % 51);
    }
    printf("班级学生成绩为\n"); //输出学生成绩
    for(i = 0;i < 50;){
        printf("%f   ",a[i]);
        if((++i) % 5 == 0)
          printf("\n");
    }
    statistics(a,50); //调用统计函数
    return 0;
}
void statistics(float stu[],int n) //统计函数
{
    float sum = 0,av = 0;//平均分
    int i,count = 0;
    for(i = 0;i < n;i++){
        sum += stu[i];
    }
    av = sum/n;
    printf("\n 班级平均分为%f\n",av);
```

```
        printf("\n 大于平均分的有\n");
        for(i = 0;i < 50;i++){
            if(stu[i] > av){
                printf("%f\t",stu[i]);
                count++;
            }
            else
                continue;
            if(count % 5 == 0)
                printf("\n");
        }
    }
```

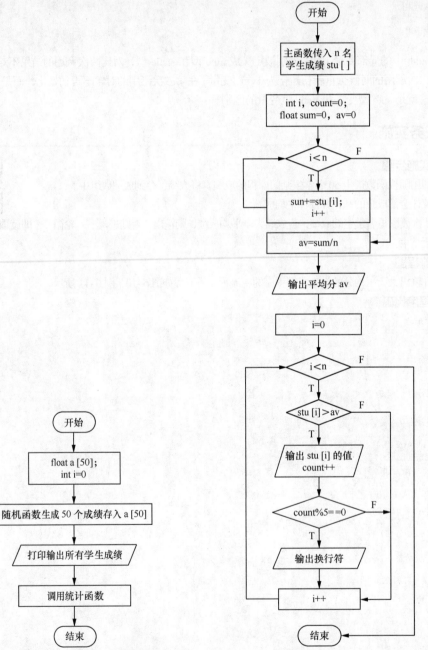

图 6-10　计算并输出大于平均分的学生成绩程序的主流程　　　图 6-11　计算并输出大于平均分的学生成绩程序的子流程

课堂实训

1. 实训目的

★ 熟练掌握函数参数传址的过程

★ 熟练掌握变量的作用域

★ 熟练掌握使用程序流程图表示算法的方法

2. 实训内容

画出程序流程图并编写程序。编写函数 fun()，对长度为 7 的字符串的字符，除首、尾字符外，按 ASCII 值升序排列。

输入格式：

在一行中输入一个字符串，包含 7 个字符。

输出格式：

在一行中输出排序后的字符串。

输入样例 1：

```
Bdsihad
```

输出样例 1：

```
Badhisd
```

输入样例 2：

```
Desbltv
```

输出样例 2：

```
Dbelstv
```

任务 6-4　计算斐波那契数列第 N 项值

任务目标

★ 掌握递归函数的相关概念

★ 掌握递归算法的求解过程

★ 能运用递归算法解决实际应用问题

任务陈述

1. 任务描述

斐波那契数列是 1,1,2,3,5,8,13,21,34…这样一串有规律的数列，即第 1 个、第 2 个数都是 1，从第 3 个数开始，每个数字为前两个数字之和。设计并编写程序，要求计算第 N 个数字的值是多少并输出，用递归算法实现。

2. 运行结果

计算斐波那契数列第 N 项值程序的运行结果如图 6-12 所示。

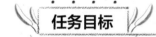

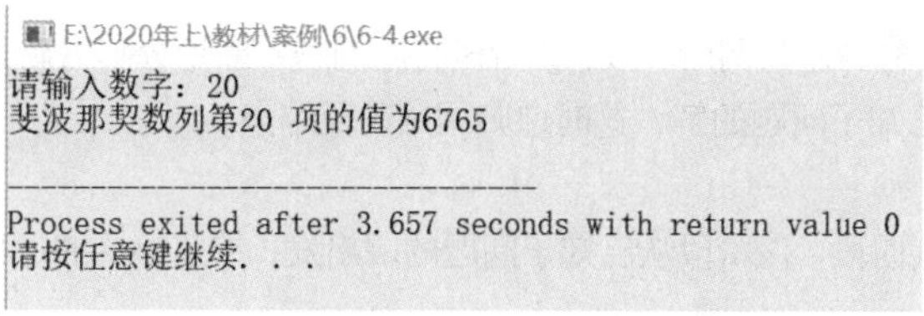

```
█ E:\2020年上\教材\案例\6\6-4.exe
请输入数字：20
斐波那契数列第20 项的值为6765
_____
Process exited after 3.657 seconds with return value 0
请按任意键继续. . .
```

图 6-12　计算斐波那契数列第 N 项值程序的运行结果

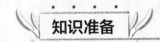

6.4.1　递归函数

函数的递归调用是指函数直接或间接地调用自己，直接调用自己称为直接递归调用，间接调用自己称为间接递归调用，这种函数称为递归函数。

C 语言允许函数的递归调用。例如：

```
int f(int x)
{
    …
    z = f(x-1);              //在调用函数 f()的过程中调用 f()函数
    …
}
```

上述程序中函数 f()在函数体中直接调用自己，这称为直接递归调用，其调用过程如图 6-13 所示。

```
int f1(int m)
{
    …
    z = f2(y);       //在 f1()函数中调用 f2()函数
    …
}
int f2(int n)
{
    …
    f1(x);       //在 f2()函数中调用 f1()函数
    …
}
```

上述程序中，在调用 f1()函数的过程中调用 f2()函数，而在调用 f2()函数的过程中又调用了 f1()函数，f1()函数间接调用自己，这称为间接递归调用。其调用过程如图 6-14 所示。

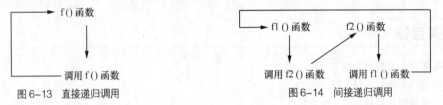

图 6-13　直接递归调用　　　　　图 6-14　间接递归调用

6.4.2　递推与递归

若一个问题可以分解为一个（或多个）与原问题性质相同但规模较小的子问题，那么，这样的问题可以用递归的方法来解决。具体解决步骤如下。

第一步：将原问题分解为一个（或多个）与原问题性质相同但规模较小的子问题。

第二步：对子问题按照相同的原则继续分解，直到得到一个已知有解的、不用再分解的子问题。

第三步：从有解的子问题的解出发，依次求得规模稍大的子问题的解，最终求得原问题的解。

使用递归方法解决问题的过程可以分为以下两个阶段。

1. 递归调用阶段

上述第一步、第二步被称为递归调用阶段，该阶段将原问题不断地分解为新的子问题，逐渐从未知向已知的方向逼近，最终得到已知子问题的解，这时递归调用阶段结束。

2. 递推回代阶段

上述第三步是递推回代阶段。该阶段从已知子问题的解出发，按照递推的过程，逐一回代求值，最终得到原问题的解。

执行递归函数也就是反复调用其自身，每调用一次就进入新的一层，当最里层的函数执行完毕后，再一层层地由里向外退出。

6.4.3 递归条件

使用递归方法解决问题的关键在递归调用阶段，也就是如何建立一个用子问题来表示原问题的模型，即递归关系；以及如何使递归调用结束，不至于无限期地调用下去，即给出递归调用终止条件。

1. 递归关系

递归关系是用子问题来表示子问题与原问题的关系，它决定了递归调用过程和递推回代过程。

2. 递归调用终止条件

递归调用终止条件是已知有解的、不用再分解的子问题，它决定了递归调用结束。

由此得出，使用递归方法解决问题的第 1 步就是建立递归关系；第 2 步就是先利用递归关系求解子问题，即递归调用，然后找出递归调用的终止条件。

【例 6-10】编写程序，要求从键盘输入一个正整数 n，用递归的方法计算 n 的阶乘（即 $n!$）并输出。

分析：n 的阶乘($n!$)的数学表达式为：

$$n! = \begin{cases} 1, n = 0,1 \\ n(n-1)!, n > 1 \end{cases}$$

从 n 的阶乘($n!$)的数学模型不难看出，它满足数学上递归函数的两个条件。

（1）$(n-1)!$ 与 $n!$ 是类似的，$(n-1)!$ 是 $n!$ 计算的简化。

（2）$n=0$ 或 $n=1$ 是递归调用终止条件。

设计递归函数 long fac(int n) 用于求 $n!$，具体算法如下。

第 1 步：判断 n 是否是 1 或 0，若是，转向第 2 步；否则，转向第 3 步。

第 2 步：返回 1。

第 3 步：返回 n*fac(n−1)。

程序代码如下：

```
#include <stdio.h>
long fac(int n);                            //函数声明
int main()
{
    int n;                                  //n 为需要求阶乘的整数
    long y;                                 //y 为存放 n!的变量
    printf("please input an integer: ");    //输入的提示
    scanf("%d",&n);                         //输入 n
    y = fac(n);                             //调用 fac()函数以求 n!
    printf("%d!=%d",n,y);                   //输出 n!的值
    return 0;
}
long fac(int n)                             //递归函数
{
    long f;
    if (n == 0 || n == 1)
        f = 1;                              //0!和 1!的值为 1
    else
        f = fac(n - 1)*n;                   //n>1 时，进行递归调用
    return f;                               //将 f 的值作为函数值返回
}
```

程序运行结果：

```
please input an integer: 5✓
5!=120
```

下面以 $n=5$ 为例说明递归调用和递推回代过程。

1. 递归调用过程

（1）求 5!，即调用 fac(5)。当进入 fac()函数体后，由于形参 n 的值为 5，不等于 0 或 1，所以执行 fac(n−1)*n，

即执行 fac(4)*5。为了求得这个表达式的结果，必须先调用 fac(4)，并暂停其他操作。换句话说，在得到 fac(4) 的结果之前，不能进行其他操作。这就是第一次递归。

（2）调用 fac(4)时，实参为 4，形参 n 也为 4，不等于 0 或 1，会继续执行 fac(n-1)*n，即执行 fac(3)*4。为了求得这个表达式的结果，必须先调用 fac(3)。这就是第二次递归。

（3）以此类推，进行 4 次递归调用后，实参的值为 1，会调用 fac(1)。此时能够直接得到常量 1 的值，并把结果返回，就不需要再次调用 fac()函数了，递归就结束了。表 6-1 列出了递归调用的过程。

表 6-1　递归调用过程

层次/层数	实参/形参	调用形式	需要计算的表达式	需要等待的结果
1	n=5	fac(5)	fac(4) * 5	fac(4)的结果
2	n=4	fac(4)	fac(3) * 4	fac(3)的结果
3	n=3	fac(3)	fac(2) * 3	fac(2)的结果
4	n=2	fac(2)	fac(1) * 2	fac(1)的结果
5	n=1	fac(1)	1	无

2. 递推回代过程

当递归进入最里层的时候，递归就结束了，开始逐层退出，即进行递推回代过程，也就是逐层执行 return 语句。

（1）n 的值为 1 时到达最里层，此时返回的结果为 1，即 fac(1)的调用结果为 1。

（2）有了 fac(1)的结果，就可以返回上一层计算 fac(1) * 2 的值了。此时得到的值为 2，返回的结果也为 2，即 fac(2)的调用结果为 2。

（3）以此类推，当得到 fac(4)的调用结果后，就可以返回最顶层。经计算，fac(4)的结果为 24，那么表达式 fac(4) * 5 的结果为 120，此时返回的结果也为 120，即 fac(5)的调用结果为 120，这样就得到了 5!的值。表 6-2 列出了递推回代的过程。

表 6-2　递推回代过程

层次/层数	调用形式	需要计算的表达式	从内层递归得到的结果	返回的结果
5	fac(1)	1	无	1
4	fac(2)	fac(1) * 2	fac(1)的返回值，也就是 1	2
3	fac(3)	fac(2) * 3	fac(2)的返回值，也就是 2	6
2	fac(4)	fac(3) * 4	fac(3)的返回值，也就是 6	24
1	fac(5)	fac(4) * 5	fac(4)的返回值，也就是 24	120

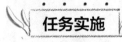
任务实施

1. 实施步骤

（1）根据斐波那契数列的特性，确定递归表达式，即当前项的值等于前两项值之和。

（2）确定递归出口，即第 1 项、第 2 项的值为 1。

（3）递推回代，根据前两项的值计算第 3 项，依次类推直至得到第 N 项的值。

2. 流程图

计算斐波那契数列第 N 项值程序的主流程和子流程如图 6-15 和图 6-16 所示。

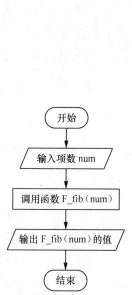

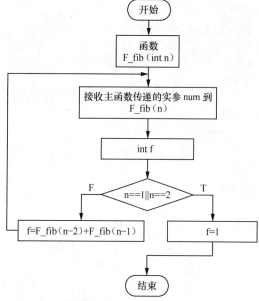

图 6-15　计算斐波那契数列第 *N* 项值程序的主流程　　图 6-16　计算斐波那契数列第 *N* 项值程序的子流程

3. 程序代码

```c
#include <stdio.h>
int F_fib(int n)
{
    int f;
    if(n == 1 || n == 2)  //第一个和第二个数均为1
        f = 1;
    else
    {
        f = F_fib(n - 2) + F_fib(n - 1);
    }
    return f;
}
int main()
{
    int num;
    printf("请输入数字: ");
    scanf("%d",&num);
    printf("斐波那契数列第%d 项的值为%d\n", num,F_fib(num));
    return 0;
}
```

课堂实训

1. 实训目的

★ 熟练掌握递归算法的思想，明白其调用过程

★ 学会利用递归算法解决实际问题

★ 熟练掌握使用程序流程图表示算法的方法

2. 实训内容

画出程序流程图并编写程序。小明同学第一天记了 1 个英语单词，第二天记了 2 个英语单词，……，第 n 天记了 n 个英语单词，求小明 n 天总共记了多少单词。

输入格式:

在一行中输入天数。

输出格式：

在一行中输出记的单词总数。

输入样例 1：

5

输出样例 1：

15

输入样例 2：

10

输出样例 2：

55

单元小结

本单元详细介绍了在 C 语言程序中进行函数定义、函数调用、函数声明、函数参数传递、函数递归等的方法。在 C 语言程序中使用函数可以增强程序的可读性，并可以简化程序代码，实现模块化编程。

（1）函数主要有无参数无返回值函数、无参数有返回值函数、有参数无返回值函数和有参数有返回值函数 4 种，在调用时强调函数返回值应与函数类型说明一致，函数若无返回值应定义为 void 类型。

（2）在数组作为函数参数时，有两种形式：一种是数组元素作为函数实参，用法与变量相同；另一种是数组名作为函数实参和形参，传递的是数组的首地址。

（3）递归函数在设计时一定要有可使递归结束的条件，否则会使程序产生无限递归的情况。

本单元还介绍了局部变量、全局变量和块级变量，并说明了它们作用的范围。

单元习题

一、选择题

1. 按 C 语言的规定，以下说法不正确的是（　　）。
   A. 实参可以是常量、变量或表达式
   B. 形参可以是常量、变量或表达式
   C. 实参可以为任意类型
   D. 形参应与其对应的实参类型一致

2. 以下正确的函数定义形式是（　　）。
   A. double fun(int x,int y)
   B. double fun(int x;int y)
   C. double fun(int x,y)
   D. double fun(int x;int y);

3. 在一个源文件中定义的全局变量的作用域为（　　）。
   A. 本文件的全部范围
   B. 本程序的全部范围
   C. 本函数的全部范围
   D. 从定义该变量的位置开始至本文件结束

4. C 语言规定，调用一个函数时，实参变量和形参变量之间的数据传递是（　　）。
   A. 地址传递
   B. 值传递
   C. 由实参传给形参，并由形参回传给实参
   D. 由用户指定传递方式

5. 以下描述不正确的是（　　）。
   A. 调用函数时，实参可以是表达式
   B. 调用函数时，实参与形参可以共用内存单元
   C. 调用函数时，将为形参分配内存单元
   D. 调用函数时，实参与形参的类型必须一致

6. 如果在一个函数的复合语句中定义了一个变量，则该变量（   ）。

    A. 只在该复合语句中有效　　　　　B. 在该函数中有效

    C. 在本程序范围内有效　　　　　　D. 为非法变量

二、填空题

1. C 语言中，若程序中要使用数学函数，则在程序中应该引用头文件_____。

2. C 语言允许函数值类型缺省定义，此时函数值隐含的类型是_____型。

3. C 语言规定，函数返回值的类型由_____决定。

4. 如果函数值的类型与返回值类型不一致，应该以_____为准。

5. 函数定义中返回值类型定义为 void 的意思是_____。

6. 在函数外部定义的变量是_____变量，形参是_____变量。

7. 函数调用语句 fun((exp1,exp2),(exp3,exp4,exp5));中含有_____个参数。

8. 如果函数 funA( )中又调用函数 funA( )，称为_____递归。如果函数 funA( )中调用了函数 funB( )，函数 funB( )中又调用了函数 funA( )，称为_____递归。

三、程序填空题

1. #include <stdio.h>

```
int fun(int a,int b)
{
  int c;
  c = a + b;
  return c;
}
int main()
{
  int x = 5,z;
  z = fun(x + 4,x);
  printf("%d",z);
  return 0;
}
```

运行结果：_____。

2. #include<stdio.h>

```
int func(int x,int y)
{
    int z;
    z = x + y;
    return z++;
}
int main()
{
int i = 3,j = 2,k = 1;
do
{
 k += func(i,j);
 printf("%d\n",k);
 i++;
 j++;
}while(i <= 5);
return 0;
}
```

运行结果：_____。

四、编程题

1. 请编写函数 fun()，该函数的功能是：计算并输出 n（包括 n）以内所有能被 5 或 9 整除的自然数的倒数之和。注意：n 的值要求不大于 100。

输入格式：

在一行中输入 n 的值。

输出格式：

在一行中输出 n（包括 n）以内所有能被 5 或 9 整除的自然数的倒数之和。

输入样例：

```
20
```

输出样例：

```
0.583333
```

2. 函数 fun() 的功能是：将 s 所指字符串中下标为偶数同时 ASCII 值为奇数的字符删除，s 所指字符串中剩余的字符形成的新字符串放在 t 所指的数组中。

输入格式：

在一行中输入一个字符串 s。

输出格式：

在一行中输出一个字符串 t。t 为 s 字符串中删除下标为偶数同时 ASCII 值为奇数的字符后形成的新字符串。

输入样例：

```
ABCDEFG12345
```

输出样例：

```
BDF12345
```

3. 请编写函数 fun()，其功能是：计算并输出多项式，$S = (1 - 1/2) + (1/3 - 1/4) + \cdots + [1/(2n - 1) - 1/2n]$ 的值。

例如，从键盘输入 8 后，输出为 $S = 0.662872$。

输入格式：

在一行中输入数字 n 的值。

输出格式：

在一行中输出运算后 S 的值。

输入样例：

```
8
```

输出样例：

```
S=0.662872
```

4. 编写函数 fun()，其功能是：从字符串中删除指定的字符。同字母的大、小写按不同字符处理。注意：如果输入的字符在字符串中不存在，则字符串照原样输出。

输入格式：

在第一行中输入一个字符串；

在第二行输入字符 n。

输出格式：

在一行中输出删除字符 n 后的新字符串。

输入样例：

```
turbo c and borland c++
n
```

输出样例：

```
turbo c ad borlad c++
```

5. 编写函数 fun()，其功能是：实现两个字符串的连接（不要使用库函数 strcat()），即把 p2 所指的字符串连接到 p1 所指的字符串的后面。

输入格式：

在第一行中输入一个字符串；

在第二行中输入一个字符串。

输出格式：

在一行中输出两个字符串串联在一起的新字符串。

输入样例：

```
FirstString
SecondString
```

输出样例：

```
FirstStringSecondString
```

6. 请编写函数 fun( )，其功能是：计算并输出给定 10 个数的方差。方差计算方式为：先计算 10 个数的平均值 s；再用平均值减去每个数的平方，求累加和；对累加和开平方。

输入格式：

在一行中输入 10 个数。

输出格式：

在一行中输出这 10 个数的方差。

输入样例：

```
95.0 89.0 76.0 65.0 88.0 72.0 85.0 81.0 90.0 56.0
```

输出样例：

```
s=11.730729
```

7. 编写函数 fun( )，其功能是：求所指字符串中指定字符的个数并返回。

输入格式：

在第一行中输入一个字符串；

在第二行输入单个字符。

输出格式：

在一行中输出指定字符的个数。

输入样例：

```
123412132
1
```

输出样例：

```
3
```

8. 请编一个函数 fun(char s[ ])，该函数的功能是：把字符串中的内容逆置。

输入格式：

在一行中输入一个字符串。

输出格式：

在一行中输出将原字符串内容逆置后的新字符串。

输入样例：

```
Hello
```

输出样例：

```
olleH
```

单元 7

指针程序设计

茫茫人海中快递员要将快递准确投递给收件人，需要使用到收件地址。程序员在进行程序设计时也类似，在偌大的内存空间要找到自己申请的内存单元，也需要使用内存地址。在前面的单元中，申请内存后都是通过变量名绑定的物理地址访问内存的，其实还可以通过指针存放的地址访问内存。本单元通过交换两个变量的值、小写字母变大写字母、3 个数排序这 3 个任务来介绍指针。

教学导航

教学目标	知识目标：
	理解内存地址和指针的关系
	掌握指针变量的定义及使用
	理解值传递与地址传递的区别
	学会使用指针作为形参实现地址传递
	学会使用指针访问一维数组
	学会使用指针访问二维数组
	掌握指针数组的使用
	了解指针数组与数组指针的区别
	能力目标：
	具备灵活使用指针引用各种类型数据的能力
	具备使用指针实现动态内存分配的能力
	具备使用指针实现函数调用时进行地址传递的能力
	素养目标：
	培养学生工程化的职业素养、创新创业意识
	思政目标：
	帮助学生理解实践和认识的辩证关系，掌握一切从实际出发、实事求是的方法论
教学重点	内存地址和指针的关系
	使用指针访问简单变量和一维数组
	指针作为形参实现地址传递

续表

教学难点	使用指针变量访问二维数组 指针数组的使用
课时建议	8 课时

任务 7-1 交换两个变量的值

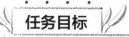

★ 理解内存地址和指针的关系
★ 掌握指针变量的定义及使用
★ 掌握指针与动态内存分配方式

任务陈述

1. 任务描述

定义变量 a、b 并初始化，完成变量 a、b 值的交换并输出结果。交换过程要求使用指针来完成，即定义指针变量 p、q 分别指向变量 a、b，通过指针 p、q 访问 a、b，将 a 与 b 的值交换。

2. 运行结果

交换两个变量的值程序的运行结果如图 7-1 所示。

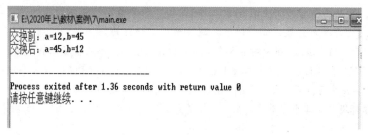

图 7-1 交换两个变量的值程序的运行结果

知识准备

7.1.1 指针概述

1. 内存编址

程序员定义变量的目的是申请内存，操作系统将为定义的变量分配某块内存单元，之后程序会访问该内存单元，向其中写入数据或者读取其中的数据。为了能找到这块内存单元，必须给内存编址，就好像一家旅店有很多房间，商家必须给每个房间编号，消费者在预定某个房间后，才可以根据房间号找到它，这个房间号就代表其地址。内存编址也类似，先将整个内存空间分成若干字节，再以字节为单位进行编址，就可以通过地址找到某块内存单元，如图 7-2 所示。

假设，定义了 3 个变量，int i;char ch; float x; i = –5;ch = 'A'; x = 7.34;，执行这些语句后内存占用情况如图 7-3 所示。

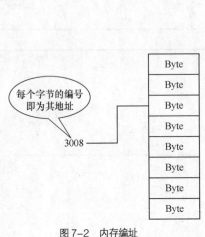

图 7-2　内存编址

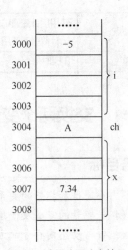

图 7-3　变量占用内存情况

以 "int i;i = –5;" 为例分析执行过程。定义整型变量 i，操作系统将会为 i 分配以地址 3000 开始的、连续 4 个字节的内存单元。变量名 i 实际是一个符号地址，与物理地址 3000 是绑定的，执行语句 "i = –5;"，在编译阶段编译器会读取符号表信息，查出变量名绑定的物理地址，并根据物理地址找到内存单元，将 "–5" 写入其中，这样就实现了变量的按名访问。

说明

（1）为解决内存物理存储空间有限的问题，虚拟存储技术应运而生。该技术将存储空间从内存扩展到部分外存储器，所以内存有物理地址与逻辑地址之分，程序员定义变量所用的是逻辑地址。在此不考虑这么复杂，假定内存并未扩展，物理地址与逻辑地址是一样的。

（2）图 7-2 所示的内存编址 3008 对应 8 个二进制位，可能与实际的编址位数不同，实际位数取决于计算机系统地址总线宽度，地址总线宽度取决于 CPU 架构，目前主流的 CPU 架构主要分为 32 位和 64 位。

（3）整型变量占用内存空间的大小与编译环境有关，有的编译器分配 4 个字节，有的编译器分配 8 个字节，本书所用编译环境分配 4 个字节。其余类型变量分配的内存字节数则是固定的，字符型变量 ch 只占用 1 个字节，而单精度浮点型变量占用 4 个字节。

（4）所有类型的变量都以二进制形式存放在内存中。

（5）符号表是编译系统专门用于存储常量、变量、函数等标识符相关信息的表格。

（6）为方便操作系统管理内存，内存被分为 5 个区域：① 栈区，该区域存放局部变量；② 堆区，由 malloc 和 free 动态申请和释放堆中的空间；③ 全局区（静态区），该区域存放全局变量和静态变量；④ 常量区，该区域存放常量，为只读区；⑤ 代码区，该区域存放函数体二进制代码，为只读区。

2. 指针与地址

通过变量名或其地址访问变量的方式叫作直接访问，内存在申请和分配后本质还是通过物理地址来访问的。而指针就是某块内存的物理地址，指针变量是存放某块内存物理地址的特殊变量。指针变量存放的地址可以根据程序需要变化，只要类型一致，内存是操作系统分配的合法区域，指针变量就能指向任意一块内存，然后就可以通过指针访问其指向的内存。这也体现了指针的灵活性。因此通过指针变量访问它所指向的变量的方式叫作间接访问。

利用指针，形参可以接收地址，实现地址传递，解决主调函数与被调函数的双向通信问题；可以表示数据元素之间的前驱、后继关系，实现复杂的数据逻辑结构；还可以完成动态内存分配。

总之，指针是操作内存的工具，掌握了它就掌握了内存访问的钥匙。

说明

（1）指针与指针变量是不同的，指针是地址类型的值，指针变量是指存放地址的变量。

（2）指针变量存放的地址是一块连续内存的首地址，通常说的地址也是一种省略说法，其实是连续内存块的首地址。

（3）指针变量占用的内存大小与其类型无关，只与 CPU 架构有关，若计算机为 32 位 CPU，则指针变量为 4 个字节，若计算机为 64 位 CPU，则指针变量为 8 个字节。

7.1.2　指针变量

1. 指针变量的定义

指针变量是专门存放变量（或其他程序实体）地址的变量，定义它的目的是存放某个变量的物理地址，所以在定义时要注意以下 3 点：①为其命名；②加指针符号"*"说明变量是指针变量；③说明其指向变量的数据类型。定义指针变量的一般形式为：

```
[存储类型]数据类型 *指针变量名[=初始值];
```

说明

（1）存储类型是指针变量本身的存储类型，与普通变量相同，可分为 register 型、static 型、extern 型和 auto 型 4 种，默认为 auto 型。

（2）定义指针变量时初始化不是必须同时进行的，可以在定义之后再赋值，但是建议将指针值初始化为 NULL。程序员在编码时可能会忘记给指针变量赋值就直接使用它访问内存，若未初始化为 NULL，指针变量的指向是不明确的，这样通过它操作的内存是一块非法区域，将会出现不可预知的后果。而将指针变量初始化为 NULL，指针变量将不指向任何内存单元，使用它不会读或写任何内存区域

2. 指针变量与简单变量的指向关系

指针变量定义之后，必须建立它与简单变量的指向关系，才能使用它访问变量所在的内存单元。建立指向关系的方法是将简单变量的地址赋给指针变量，语法为：

```
指针变量名 = &普通变量名;
```

例如：

```
int a;
int *p;
p = &a;
```

3. 指针的运算及引用

"*"运算符称为指向运算符，作用于指针（地址）上代表指针所指向的存储单元（及其值），可用于实现间接访问，因此又叫间接访问运算符。示例如下：

```
int a = 5,*p;
p = &a;
printf("%d",*p); //指针变量的值为5，与a等价
```

定义指针变量的目的是通过指针变量引用内存对象，指针变量的引用应按如下步骤进行：当指针变量定义并有指向后，便可引用指针变量了。设 p 为指向已确定的指针变量，则有以下两种方式可以引用它。

（1）*p：取当前指向的变量的值（内容）。

（2）p：取当前指向的变量的存储地址。

【例 7-1】建立指针变量与简单变量的指向关系，并通过指针访问简单变量。

```
#include <stdio.h>
int main()
{
    int *p = NULL;
    float *t = NULL;
    int i;
    float x;
    p = &i;
```

```
    *p = 3;
    t = &x;
    *t = 12.34;
    printf("i=%d,x=%.2f",i,x);
    return 0;
}
```

程序运行结果：

```
i=3,x=12.34
```

程序建立了指针变量 p 与整型变量 i 之间的指向关系、指针变量 t 与浮点型变量 x 之间的指向关系，即可通过指针变量 p 访问 i、指针变量 t 访问 x，将"3""12.34"分别写入 i、x 中。指针变量与简单变量的指向情况如图 7-4 所示。

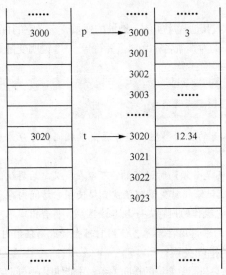

图 7-4　指针变量与简单变量之间的指向关系

说明

（1）&x 中的"&"是单目运算符，可以取得操作数的内存地址。

（2）*p = 3 中的"*"也是单目运算符，可以取得操作数指向地址中的值。

（3）"&"与"*"是一对功能相反的运算符。例如 p = &a，则 &（*p）相当于 &a，其结果仍然是 p，因为 p = &a。

（4）指针指向某变量，是使用指针访问内存的关键，指针的指向改变带来的指针移动是指针存放的地址在改变引起的。

7.1.3　指针与动态内存分配

前面讲的定义普通变量所申请的内存是静态分配的。静态分配是指程序在编译阶段完成内存分配，程序运行阶段不能改变分配空间大小，因此如果事先不确定申请内存的大小，就不能用静态内存分配的方式申请内存，需要通过动态内存分配进行内存申请。动态内存分配必须通过指针访问，通过调用 malloc() 函数来分配内存，语法如下：

```
void *p = malloc(sizeof(数据类型)*num);
```

动态内存分配方式通过调用 malloc() 函数来分配内存，该函数的参数 sizeof(数据类型)*num 决定分配内存空间的大小。malloc() 函数被调用后，将返回分配的内存单元的首地址，其返回值为 void* 类型的指针。

【例 7-2】根据输入的 num 动态分配内存。

```
#include <stdio.h>
#include <stdlib.h>
int main()
{
```

```
    int num;
    printf("请输入元素个数: ");
    scanf("%d",&num);
    int *q = (int*)malloc(sizeof(int)*num);    //指针 q 指向分配内存的首地址
    int *a = q;   //定义指针 a 并从首元素开始移动
    printf("请输入各个元素内容: ");
    while(a < q + num)
    {
        scanf("%d",a);   //从键盘输入内容并写入指针 a 指向的当前元素
        a++;   //指针 a 后移到下个元素
    }
    printf("输出各个元素内容: ");
    a = q;   //指针回溯, 指向首元素
    while(a < q + num)
    {
      printf("%2d",*a);
      a++;
    }
    free(q);   //释放内存
    return 0;
}
```

程序运行结果：

```
请输入元素个数: 4
请输入各个元素内容: 1 2 5 9
输出各个元素内容: 1 2 5 9
```

【例 7-2】中，malloc( )函数的返回值为 void*类型的指针，所以会使用(int*)将其强制转换成整型指针，再赋给指针 q，因为指针类型将影响指针算术运算的结果，决定指针经过自增运算后是否能从当前元素移到下一个元素，这个内容后面会介绍。指针 q 指向了分配的内存单元，可以通过 q 间接访问该内存单元。

静态分配方式与动态分配方式的内存释放特点也不同。对于静态分配方式，变量作用域决定了内存何时释放，例如，变量为主函数的局部变量，其作用域为主函数，当主函数结束时变量内存也就释放了；而对于动态分配方式，内存使用完毕，即可通过调用 free( )函数主动将其释放。

▌ 说明

（1）void*是通用类型的指针，可以指向任何数据类型，按 C89、C99 标准，通用指针不能进行算术运算。

（2）在 C99 标准中，引入变长数组前都使用动态内存分配方式解决变长内存申请问题。

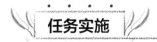

任务实施

1. 实施步骤

（1）定义变量 a、b 并初始化。

（2）定义指针变量 p、q 分别指向变量 a、b。

（3）通过指针 p、q 访问 a、b，将 a 与 b 的值交换。

（4）输出结果。

2. 流程图

交换两个变量的值程序流程如图 7-5 所示。

3. 程序代码

```
#include <stdio.h>
int main()
{
    int a = 12,b = 45;
```

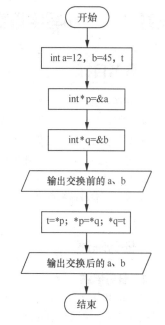

图 7-5　交换两个变量的值程序流程

```
        int t;
        int *p = &a;
        int *q = &b;
        printf("交换前: a=%d,b=%d\n",a,b);
        t = *p;*p = *q;*q = t;
        printf("交换后: a=%d,b=%d\n",a,b);
        return 0;
}
```

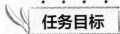

课堂实训

1. 实训目的

★ 理解内存地址和指针的关系

★ 掌握指针变量的定义及使用

2. 实训内容

编写程序，输入两个整数，分别存放于变量a、b中，定义两个指针变量p、q，分别指向变量a、b，使用指针访问变量a、b，比较a、b的大小，并输出其中的较大值。

输入格式：

在一行中输入变量a、b的值。

输出格式：

在一行中输出两整数中的较大数，输出格式为"a=%d,b=%d,两者较大值为%d"。

输入样例1：

```
 Input a and b:5  6✓
```

输出样例1：

```
 a=5,b=6,两者较大值为6
```

输入样例2：

```
 Input a and b: 8  3✓
```

输出样例2：

```
 a=8,b=3,两者较大值为8
```

任务 7-2　小写字母变大写字母

任务目标

★ 理解数组的存储特点

★ 掌握指针的算术运算

★ 掌握指针的关系运算

★ 学会使用指针变量访问数组

★ 学会使用指针变量访问字符串

★ 掌握指针数组的使用

任务陈述

1. 任务描述

将字符串中的小写字母变为大写字母，其他字符不变，输出转换后的结果。定义字符数组存放字符串，通过指针读取字符数组中的每个元素内容，若元素为小写字母，则将其转换成对应的大写字母，最后输出转换以后的结果。

2. 运行结果

小写字母变大写字母程序的运行结果如图 7-6 所示。

```
■ E:\2020上\教材\案例\7\main.exe

转换前字符串是：hello world
转换后字符串是：HELLO WORLD
--------------------------------
Process exited after 0.1195 seconds with return value 0
请按任意键继续. . .
```

图 7-6　小写字母变大写字母程序的运行结果

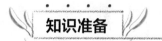

知识准备

7.2.1　指针的运算

指针本身也可以参与运算，由于这种运算是地址的运算，而不是简单变量的运算，因此有其特殊的含义，其运算结果仍为地址。

1. 指针的算术运算

指针的算术运算通常只限于算术运算符中的 +、−、++、−−。其中，+、++ 代表指针向后移，地址值增大；−、−− 代表指针向前移，地址值减小。

设 p 为某种类型的指针变量，n 为整型变量，则 p+n、p++、++p、p−−、−−p 和 p−n 的运算结果仍为指针。

以 p++、p−− 运算为例，运算后指针 p 向后或向前移动的字节数取决于指针变量 p 的类型。指针变量 p 的类型若为整数类型，那么执行 p++ 运算，指针 p 将后移 4 个字节，执行 p−− 运算，指针 p 将前移 4 个字节；指针变量 p 若为字符型，那么执行 p++ 运算，指针 p 将后移 1 个字节，执行 p−− 运算，指针 p 将前移 1 个字节。所以，定义指针变量时一定要说明其类型，因为它决定了指针算术运算的结果。同理，执行 p+n 运算，指针 p 后移 n*(sizeof(指针 p 指向变量的类型)) 个字节；执行 p−n 运算，指针 p 前移 n*(sizeof(指针 p 指向变量的类型)) 个字节。

如果指针 p 指向数组的某个元素，那么进行 p++ 运算得到的地址正好就是当前数组元素的下一个元素的地址，所以若从前往后访问数组的各个元素，可以通过指针的自增运算来完成；若从后往前访问数组的各个元素，可以通过指针的自减运算完成。

例如：
```
int a[5] = {1,2,3,4,5};int *p = a;
```
指针变量 p 开始指向数组首元素，如果数组 a 的首地址为 3000，则 p=3000，执行语句 p++ 后，指针 p 向后移动一个位置。因整型变量占用 4 个字节，p 后移 4 个字节，则 p 的值变为 3004，正好指向第 2 个元素，进行 4 次 p++ 运算，指针 p 可以依次指向第 2、3、4、5 个元素，如图 7-7 所示。

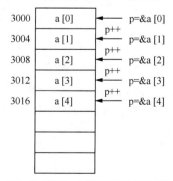

图 7-7　指针 p 与数组元素之间的指向关系

说明

（1）++、--是单目运算符，是将参与运算的操作数的值修改为原始值+1 或原始值-1，参与运算的操作数不能是常量，只能是变量，所以可以对指针变量进行++、--运算。

（2）数组名 a 代表数组的首地址，在操作系统给数组分配内存时首地址已经确定，程序运行过程中首地址不会改变，它是一个常量，所以不能对它进行++和--运算，即 a++、a--、++a、--a 都是不允许的，也不能对数组名进行赋值

2. 指针的关系运算

两个指针之间的关系运算是比较两个指针所指向的地址的关系，假设有：

```
int a,b,*p1,*p2;
p1 = &a;
p2 = &b;
```

则表达式 p1 == p2 的值为 0（假），只有当 p1、p2 指向同一元素时，表达式 p1 == p2 的值才为 1（真）。

【例 7-3】指针变量的关系运算。

```
#include <stdio.h>
int main()
{
    int a,b,*p1 = &a,*p2 = &b;
    printf("The result of (p1==p2) is %d\n",p1 == p2);
    p2 = &a;
    printf("The result of (p1==p2) is %d\n",p1 == p2);
    return 0;
}
```

程序运行结果：

```
The result of (p1==p2) is 0
The result of (p1==p2) is 1
```

指针关系运算可以作为循环条件。例如利用指针对数组进行遍历时，指针变量从首元素开始移动，依次指向首元素、第 2 个元素、第 3 个元素，直到最后一个元素，即最后一个元素是指针移动的终点，所以可以将判断指针是否移到最后一个元素作为循环条件来控制循环，具体代码见【例 7-4】。

【例 7-4】将指针关系运算作为循环条件。

```
#include <stdio.h>
int main()
{
    int a[5] = {1,2,3,4,5};
    int *p = a;
    int *p_last = &a[4];
    for(;p <= p_last;p++)
        printf("p=%p,*p=%d\n",p,*p);    //%p 表示以十六进制输出变量的地址
    return 0;
}
```

程序运行结果：

```
p=2293280,*p=1
p=2293284,*p=2
p=2293288,*p=3
p=2293292,*p=4
p=2293296,*p=5
```

变量 p 的变化规律反映了数组 a 每个元素之间地址都间隔 4 个字节，原因是数组元素类型为整数类型，在本书所用编译环境下，整数类型变量占用的内存为 4 个字节。其实整数类型变量占用内存空间的大小与编译环境有关，有的编译器会分配 4 个字节，有的编译器会分配 8 个字节。

7.2.2 指针变量访问数组

1. 指针变量访问一维数组

要想使用指针变量访问一维数组，首先应让指针指向数组首元素，然后对指针进行自增运算，这样指针就可

以依次指向第 2 个元素、第 3 个元素，直到最后一个元素，从而可以访问整个数组。

【例 7-5】使用指针访问各种类型的数组元素。

```c
#include <stdio.h>
int main()
{
    int i,a[5] = {1,2,3,4,5};
    char str[5] = "will";
    double f[5] = {2.34,3.70,4.99,5.22,1.78};
    int *p1 = a;
    char *p2 = str;
    double *p3 = f;
    for(i = 0;i < 5;i++)
    {
            printf("p1=%p,*p1=%d;",p1,*p1);
            p1++;
            printf("p2=%p,*p2=%c;",p2,*p2);
            p2++;
            printf("p3=%p,*p3=%.2lf\n",p3,*p3);
            p3++;
    }
    return 0;
}
```

程序运行结果：

```
p1=000000000022FE20,*p1=1;p2=000000000022FE10,*p2=w;p3=000000000022FDE0,*p3=2.34
p1=000000000022FE24,*p1=2;p2=000000000022FE11,*p2=i;p3=000000000022FDE8,*p3=3.70
p1=000000000022FE28,*p1=3;p2=000000000022FE12,*p2=l;p3=000000000022FDF0,*p3=4.99
p1=000000000022FE2C,*p1=4;p2=000000000022FE13,*p2=l;p3=000000000022FDF8,*p3=5.22
p1=000000000022FE30,*p1=5;p2=000000000022FE14,*p2= ;p3=000000000022FE00,*p3=1.78
```

根据【例 7-5】程序的运行结果可知，循环过程中 3 个指针变量 p1、p2、p3 都是进行自增运算，但是运算后的字节变化却不同，原因就是它们指向的数组元素类型不同。

【例 7-5】中，使用指针遍历数组的 5 个元素，指针开始都指向数组的首元素，所以遍历数组各元素需要让指针向后移动 4 次，选取变量 i 作为循环变量来控制移动次数，就可以达到目的。

如果使用下标法引用当前数组元素，引用格式为"a[i]"，元素地址是通过计算它相对于首元素的偏移量"a+i"得到的；而【例 7-5】中用指针法引用当前数组元素时，元素地址都是通过计算它相对于上一个元素的偏移量"p++"得到的。指针法寻址效率相对较高，程序执行效率也会提高。

2. 指针变量访问二维数组

要使用指针访问 m 行 n 列的二维数组，首先让指针变量 p 指向二维数组的首行首列元素 a[0][0]。与一维数组不同的是，二维数组有多行多列，所以要访问 i 行 j 列元素 a[i][j] 的关键是计算它相对于 a[0][0] 的偏移量"i * n + j"，得到其地址"p+i * n+j"，最后取得其值"*(p+i * n+j)"。

【例 7-6】使用指针访问二维数组元素。

```c
#include <stdio.h>
int main(){
int a[3][3] = {1,2,3,4,5,6,7,8,9};
int i,j;
    printf("使用指针变量遍历二维数组:\n");
int *p = &a[0][0];
    for(i = 0;i < 3;i++)    /*外层循环控制行变化*/
    {
        for(j = 0;j < 3;j++)   /*内层循环控制列变化*/
            printf("%5d",*(p + i * 3 + j));
        printf("\n");
    }
    return 0;
}
```

程序运行结果：

```
使用指针变量遍历二维数组:
    1    2    3
```

```
    4    5    6
    7    8    9
```

7.2.3　指针与字符串

C语言没有专门处理字符串的数据类型，通常将字符串存放于字符数组中，学习指针后，可以使用指针来处理字符串。

【例7-7】使用指针访问字符串。

```
#include <stdio.h>
int main()
{
    char str[6] = "hello";
    printf("%s\n",str);
    char *p = "hello";
    printf("%s\n",p);
    return 0;
}
```

程序运行结果：

```
hello
hello
```

【例7-7】中使用了两种方法完成字符串存储和字符串输出。方法一：定义字符数组 str 存放 "hello"，然后输出字符数组。方法二：也定义了字符数组存放字符串，与方法一不同的是，此处的字符数组是无名的，且其内存所在区域为常量区（方法一的字符数组在栈区），字符串 "hello" 存放到无名数组后，通过指向数组首地址的指针变量 p 来访问。因为字符数组存放在常量区，所以内容初始化后不能修改。例如：

```
#include <stdio.h>
int main()
{
    char str[6] = "hello";
    printf("%s\n",str);
    str[4] = 'a';
    printf("%s\n",str);
    char *p = "hello";
    p = p + 4;
    *p = 'a';
    printf("%s\n",p);
    return 0;
}
```

程序运行将会报错，引起报错的语句为 p=p+4; *p='a'; 。这两条语句让指针指向无名数组第 5 个元素，并通过指针间接将'a'写入第 5 个元素，这是非法的。

7.2.4　指针数组

1. 指针数组的定义与使用

指针数组是一种特殊的数组，数组的各个元素都是指针类型的，且数组各个元素的指针类型一致。指针数组的一般形式为：

[存储类型]类型说明符 *数组名[数组长度];

其中，类型说明符为指针所指向的变量的类型。例如：

```
 int *pa[3];
```

上述语句表示 pa 是一个指针数组，它共有 pa[0]、pa[1]和 pa[2]共 3 个数组元素，每个元素都是指向整型变量的指针。指针数组定义后就可以存放多个地址了，通常处理二维数组时会使用指针数组。可以用指针数组来存放二维数组每行的首元素地址，然后通过当前元素 a[i][j]相对于 i 行首元素地址的偏移量计算出其地址，从而遍历二维数组。

【例7-8】使用指针数组访问二维数组。

```
#include <stdio.h>
int main(){
```

```
    int a[3][3] = {1,2,3,4,5,6,7,8,9};
    int i,j;
    printf("使用指针数组遍历二维数组:\n");
    int *pa[3] = {a[0],a[1],a[2]};
    for(i = 0;i < 3;i++)
    {
        for(j = 0;j < 3;j++)
            printf("%5d",*(*(pa + i) + j));
        printf("\n");
    }
    return 0;
}
```

程序运行结果:

```
使用指针数组遍历二维数组:
    1    2    3
    4    5    6
    7    8    9
```

【例7-8】定义了指针数组 pa 存放二维数组 a 的各行首地址,"*(pa+i)"即第 i 行首元素地址,所以 i 行 j 列的 a[i][j]的地址应为"*(pa+i)+j";再使用取值运算符"*",就可以得到 a[i][j]的值"*(*(pa+i)+j)",同时通过外层循环控制行的变化,通过内层循环控制列的变化,就可以完成二维数组的遍历。

一个字符串可以使用一维字符数组存放,那么多个字符串应该使用普通的二维字符数组存放,但是这并不是一种理想的方法,使用指针数组来处理会更好。

【例7-9】使用二维字符数组和指针数组处理多个字符串。

```
#include <stdio.h>
int main(){
    printf("使用二维字符数组存放多个字符串:\n");
    char a[3][17] = {"hello","world","this is a string"};
    int i,j;
    char *p = &a[0][0];
    for(i = 0;i < 3;i++)
    {
        for(j = 0;*(p + i * 17 + j) != '\0';j++)
            printf("%c",*(p + i * 17 + j));
        printf("\n");
    }
    printf("使用指针数组处理多个字符串:\n");
    char *pstr[3] = {"hello","world","this is a string"};
    for(i = 0;i < 3;i++)
        printf("%s\n",pstr[i]);
    return 0;
}
```

程序运行结果:

```
使用二维字符数组存放多个字符串:
hello
world
this is a string
使用指针数组处理多个字符串:
hello
world
this is a string
```

在【例7-9】中,程序使用两种方法实现了相同的功能:首先定义数组存放{"hello","world","this is a string"},然后遍历输出字符串。方法一定义了一个二维字符数组来存放3个字符串,然后通过指针变量 p 完成二维字符数组遍历。方法二定义了3个无名的一维字符数组分别存放3个字符串,同时将这3个字符数组的首地址存于指针数组 pstr 中,然后通过 pstr 中的首地址遍历各字符串。方法一存在的问题是,在定义二维数组指定其列数时,只能选取最长的字符串的长度+1 作为每行列数,这会造成内存浪费。方法二定义 3 个无名的一维字符数组存放各字符串,各一维字符数组的内存大小将根据字符串长度分配,不会存在内存浪费的问题。

2. 指针数组与数组指针的区别

数组指针是指向一维数组的指针变量，也称为行指针，它也可以指向二维数组某行所对应的一维数组，数组指针的一般形式为：

【存储类型】 类型说明符（*指针变量名）[指向数组的长度]；

例如：

```
int (*p)[3];
```

上述语句表示一个指针变量，为二维数组行指针，且二维数组的列数为 3，即每行对应一维数组的长度为 3，所以指针变量指向长度为 3 的一维数组。对该指针变量 p 进行 p++ 运算，其后移的位置不是 1 个元素，而是一行，即 3 个元素，使用数组指针也可以遍历二维数组。

【例 7-10】将二维数组每一行的首地址赋予数组指针中的每个元素。

```
#include <stdio.h>
int main()
{
    int a[3][3] = {1,2,3,4,5,6,7,8,9};
    int i,j;
    printf("使用二维数组行指针遍历二维数组:\n");
    int (*pa)[3];
    pa = a;
    for(i = 0;i < 3;i++)
    {
        for(j = 0;j < 3;j++)
            printf("%5d",*(*(pa + i) + j));
        printf("\n");
    }
    return 0;
}
```

程序运行结果：

```
使用二维数组行指针遍历二维数组:
    1    2    3
    4    5    6
    7    8    9
```

【例 7-10】中定义了二维数组的行指针 pa，pa = a；让行指针指向第一行。执行 "pa+i" 运算，指针即移动至第 i 行，执行 "*(pa+i)" 运算得到第 i 行首元素地址，所以 "*(pa + i) + j" 为第 i 行第 j 列地址，"*(*(pa + i) + j)" 为 i 行 j 列的值。同时，通过外层循环控制行的变化，通过内层循环控制列的变化，就可以完成二维数组的遍历。

▮▮ **说明**

（1）行指针每加 1，向下移动一行（按行变化）。a+i 代表第 i 行的首地址。

a：代表第 0 行首地址。

a+1：代表第 1 行首地址。

a+2：代表第 2 行首地址。

（2）列指针每加 1，向右移动一列（按列变化）。a[i]+j 代表第 i 行第 j 列的地址。

a[0]：代表第 0 行第 0 列地址。

a[0]+1：代表第 0 行第 1 列地址。

a[0]+2：代表第 0 行第 2 列地址。

任务实施

1. 实施步骤

（1）定义并初始化字符数组。

（2）使用指针读取数组的每个元素，若当前数组元素是小写字母，将其 ASCII 值减去 32，并将修改后的值写回数组，数组元素即可从小写字母转换为大写字母。

（3）使用指针读取数组各元素的新内容，并输出。

2. 流程图

小写字母变大写字母程序流程如图7-8所示。

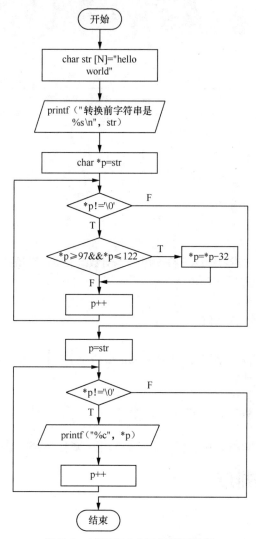

图7-8 小写字母变大写字母程序流程

3. 程序代码

```c
#include <stdio.h>
#define N 20
int main()
{
char str[N] = "hello world";
printf("转换前字符串是: %s\n",str);
char *p = str;
while(*p != '\0')
{
    if(*p >= 97 && *p <= 122)
        *p = *p-32;
    p++;
}
```

```
printf("转换后字符串是: ");
p = str;
while(*p != '\0')
{
    printf("%c",*p);
    p++;
}
return 0;
}
```

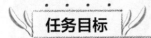

课堂实训

1. 实训目的
★ 理解数组的存储特点
★ 掌握指针的算术运算
★ 掌握指针的关系运算
★ 学会使用指针变量访问数组
★ 学会使用指针变量访问字符串
★ 掌握指针数组的使用

2. 实训内容
定义字符数组，从键盘输入字符并写入字符数组中，统计数组中数字字符的个数，要求输入字符和统计数组字符个数的过程均使用指针完成。

输入格式：

在一行中输入字符数组各元素的值。

输出格式：

在一行中输出，输出格式为“字符数组内容为 String，数字字符个数为 num”，String 表示字符数组所存字符串，num 表示数字字符个数。

输入样例：

```
Input the char of array:come here 9: 00↙
```

输出样例：

```
字符数组内容为 come here 9: 00, 数字字符个数为 3
```

任务 7-3　3 个数排序

任务目标

★ 理解值传递与地址传递的区别
★ 学会使用指针作为形参实现地址传递

任务陈述

1. 任务描述
实现 3 个数排序，定义变量 f1、f2、f3 并初始化，调用 exchange()函数并将 f1、f2、f3 的地址作为实参传递给形参*q1、*q2、*q3，完成对变量 f1、f2、f3 的排序，最后输出排序后的结果。

2. 运行结果
3 个数排序程序的运行结果如图 7-9 所示。

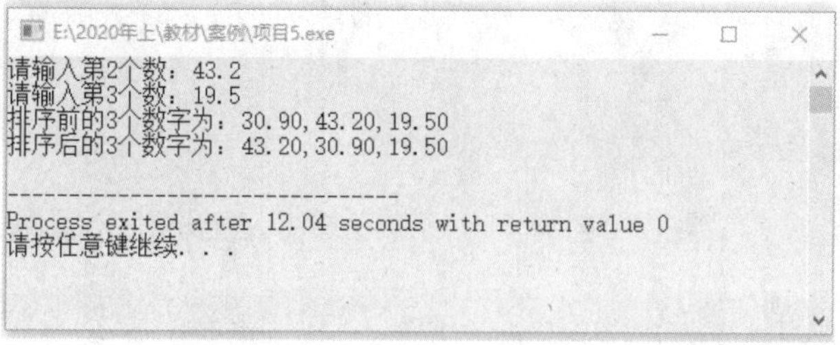

图 7-9 3个数排序程序的运行结果

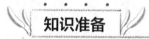

7.3.1 指针接收变量地址

前面讲解函数调用时，主调函数向被调函数传递信息是通过将主调函数中实参的值传递给被调函数中的形参来完成的，也就是参数的值传递，值传递有以下3个明显缺陷。

（1）实参将值传递给被调函数，被调函数中要定义形参用于接收值，形参和实参各存放了一份同样的数据，会造成内存的浪费。

（2）如果值传递的数据量较大，传输效率会比较低。

（3）值传递给被调函数，被调函数对值进行处理，处理后的结果要传回主调函数，通常会使用 return 语句，但是 return 返回的值只能是一个，如果有多个值要返回，则无法用 return 语句实现。

学习了指针后，主调函数向被调函数传递信息就可以通过地址传递实现，将地址作为实参传给形参，这样值传递的3个明显缺陷就被弥补了。

（1）形参只要能接收实参首地址即可，不需要将实参数据再存放一份，而地址只占4个字节，比较节约内存。

（2）只需要将实参地址传递给形参，不需要将实参所存数据传递给形参，所以传输效率相对较高。

（3）将主调函数中要处理的数据所在内存单元的地址作为实参传递给被调函数，被调函数中的形参指针变量接收到地址后，就可以通过地址找到相应内存单元并访问，结果不需要返回。

地址传递是实现主调函数与被调函数双向通信的重要方式，主调函数中实参为地址，传递到被调函数后，被调函数也能访问主调函数实参地址所在的内存单元，主调函数与被调函数通过实参共享数据，完成双向通信。

【例 7-11】主函数调用 swap() 函数实现变量内容交换。

```
#include <stdio.h>
void swap(int x,int y);/*声明整数交换函数 */
void swap2(double *p1,double *p2);/*声明指针指向双精度浮点数的交换函数 */
int main()
{
    int a = 12,b = 23;
    double c = 17.5,d = 29.5;
    printf("交换前: a=%d,b=%d\n",a,b);
    printf("交换前: c=%.2f,d=%.2f\n",c,d);
    swap(a,b);
    swap2(&c,&d);
    printf("交换后: a=%d,b=%d\n",a,b);
    printf("交换后: c=%.2f,d=%.2f\n",c,d);
    return 0;
}
void swap(int x,int y)/*实现整数交换函数 */
{
    int temp;
    temp = x;
    x = y;
    y = temp;
}
```

```
void swap2(double *p1,double *p2)        /*实现指针指向双精度浮点数的交换函数 */
{
    double temp;
    temp = *p1;
    *p1 = *p2;
    *p2 = temp;
}
```

程序运行结果：
```
交换前: a=12,b=23
交换前: c=17.50,d=29.50
交换后: a=12,b=23
交换后: c=29.50,d=17.50
```

在【例7-11】中，调用交换函数swap(int x,int y)时，a、b的值作为实参传递给形参x、y，在swap()函数内将会交换变量x、y的内容，但是x、y的改变不会影响a、b，所以a、b的交换不能成功。调用函数swap2(double *p1,double *p2)时，c、d的地址&c、&d作为实参传递给形参p1、p2，形参接收到地址，就可以通过地址访问变量c、d，将c、d的值进行交换，所以c、d交换成功。

说明

实参是主调函数的局部变量，形参是被调函数的局部变量，实参与形参会独立分配内存，实参将值传递给形参后，形参之间完成值交换，因为值传递为单向，形参值交换后不会传回给实参，所以实参值不会交换。

7.3.2　指针接收数组地址

数组是包含多个元素的数据类型，所以数据量比普通变量要大。当主调函数调用被调函数所需处理的数据是数组时，把整个数组的值传递给被调函数是不合理的，这种情况不会传值，而是将数组首地址作为实参传递给形参，所以形参应该定义为指针变量，用于接收数组首地址，然后通过指针访问实参数组。

【例7-12】调用函数avg()求数组的平均值。
```
#include <stdio.h>
double avg(int *p,int n);/*声明求平均值函数 */
int main()
{
    int a[5] = {5,5,2,8,4};
    double result = avg(a,5);        //调用求平均值函数，传递数组名a，即数组首地址
    printf("数组平均值:%.2f",result);
    return 0;
}
double avg(int *p,int n)  /*定义求平均值函数 */
{
    int i,sum = 0;
    for(i = 0;i < n;i++)
        sum=sum + *(p + i);
 return  sum * 1.0 / n;
}
```

程序运行结果：
```
数组平均值:4.80
```

在【例7-12】中，主调函数main()中定义了数组a，调用avg()函数计算数组a的平均值，调用时将数组a的首地址和数组长度传递给被调函数avg()，avg()函数中的形参p接收到首地址后就可以访问数组a。求平均值的关键是求总和，需要读取数组每个元素值并累加，程序用到了循环，在循环中，先计算当前元素地址(p+i)，再使用取值运算符"*"取得地址中的值，然后将值累加至sum中，从而完成求和。

【例7-13】调用maxmin()函数求数组的最大值和最小值。

方法一：
```
#include <stdio.h>
void maxmin(int *p,int n,int *p_max,int *p_min);/*声明求最大最小值函数 */
int main()
{
```

```
int a[5] = {5,5,2,8,4};
    int max,min;
    maxmin(a,5,&max,&min);
    printf("数组最大值:%d",max);
    printf(",数组最小值:%d",min);
    return 0;
}
void maxmin(int *p,int n,int *p_max,int *p_min)  /*实现求最大最小值函数 */
{
    int i,sum = 0;
    *p_max = *p_min = *p;  /*假定开始前最大值和最小值都是数组的第一个元素 */
    for(i = 1;i < n;i++)
    {
        if(*p_max < *(p + i))
            *p_max = *(p + i);
        if(*p_min > *(p + i))
            *p_min = *(p + i);
    }
}
```

程序运行结果：

数组最大值:8,数组最小值:2

【例 7–13】与【例 7–12】基本类似，区别是【例 7–12】中的 avg( )函数只求平均值，所以平均值通过 return 语句返回；【例 7–13】中 maxmin( )函数要求最大值和最小值两个值，所以无法用 return 语句返回，只能使用指针。定义存放最大值的变量 max 和存放最小值的变量 min，然后将它们的地址传递给 maxmin( )函数，被调函数的指针变量 p_max 和 p_min 接收到地址后，通过地址找到 max、min 所在内存单元，将求得的最大值和最小值写入 max 和 min 中。这个程序还有几种写法，都是等价的。

方法二：

```
#include <stdio.h>
void maxmin(int *p,int n,int *p_max,int *p_min);/*声明求最大最小值函数 */
int main()
{
    int a[5] = {5,5,2,8,4};
    int max,min;
    maxmin(a,5,&max,&min);
    printf("数组最大值:%d",max);
    printf(",数组最小值:%d",min);
    return 0;
}
void maxmin(int *p,int n,int *p_max,int *p_min)  /*实现求最大最小值函数 */
{
    int i,sum = 0;
    *p_max = *p_min = *p;  /*假定开始前最大值和最小值都是数组的第一个元素 */
    for(i = 1;i < n;i++)
    {
        if(*p_max < p[i])
            *p_max = p[i];
        if(*p_min > p[i])
            *p_min = p[i];
    }
}
```

这种方法在引用每个元素值时使用的是 "p[i]"，与 "*(p + i)" 等价，因为 "p[i]" 引用元素时也是先通过 "p+i" 计算地址，再使用 "*" 运算符取得地址中的值。

方法三：

```
#include <stdio.h>
void maxmin(int p[],int n,int *p_max,int *p_min);/*声明求最大最小值函数 */
int main()
{
    int a[5] = {5,5,2,8,4};
    int max,min;
    maxmin(a,5,&max,&min);
```

```
        printf("数组最大值:%d",max);
        printf(",数组最小值:%d",min);
        return 0;
}
void maxmin(int p[],int n,int *p_max,int *p_min)  /*实现求最大最小值函数 */
{
        int i,sum = 0;
        *p_max = *p_min = *p;  /*假定开始前最大值和最小值都是数组的第一个元素 */
        for(i = 1;i < n;i++)
        {
            if(*p_max < *(p + i))
                *p_max = *(p + i);
            if(*p_min > *(p + i))
                *p_min = *(p + i);
        }
}
```

使用这种方法时，形参"p[ ]"表面上看是一个数组，其实是一个指针，引用数组元素时仍然可以通过"*(p+i)"实现。

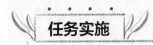

任务实施

1. 实施步骤

（1）定义变量f1、f2、f3并初始化。

（2）调用exchange()函数并将f1、f2、f3的地址作为实参传递给形参q1、q2、q3，完成f1、f2、f3的排序。

被调函数exchange()形参对应的指针变量在接收到f1、f2、f3的地址后，通过指针访问f1、f2、f3，对3个变量进行两两比较，如果不满足排序要求，调用swap()函数交换两个变量的值。

（3）输出排序后的结果。

2. 流程图

3个数排序流程如图7-10至图7-12所示。

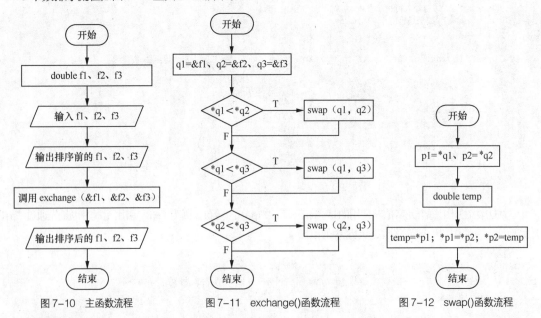

图7-10　主函数流程　　　图7-11　exchange()函数流程　　　图7-12　swap()函数流程

3. 程序代码

```
#include <stdio.h>
```

```
void swap(double *p1,double *p2);/*声明两个数的交换函数 */
void exchange(double *q1,double *q2,double *q3);/*声明 3 个数交换和排序的函数*/
int main()
{
    double f1,f2,f3,*p1,*p2,*p3;
    printf("请输入第 1 个数: ");
    scanf("%lf",&f1);
    printf("请输入第 2 个数: ");
    scanf("%lf",&f2);
    printf("请输入第 3 个数: ");
    scanf("%lf",&f3);
    printf("排序前的 3 个数字为: ");
    printf("%.2lf,%.2lf,%.2lf\n",f1,f2,f3);
    exchange(&f1, &f2, &f3);                    /*调用定义好的函数 exchange()来实现排序*/
    printf("排序后的 3 个数字为: ");
    printf("%.2lf,%.2lf,%.2lf\n",f1,f2,f3);
    return 0;
}
void swap(double *p1,double *p2)         /*实现两个数的比较和交换函数 */
{
    double temp;
    temp = *p1;
    *p1 = *p2;
    *p2 = temp;
}
void exchange(double *q1,double *q2,double *q3)/*声明 3 个数交换和排序的函数*/
{
    if(*q1 < *q2)swap(q1,q2);/*当满足条件时，调用 swap()函数排序*/
    if(*q1 < *q3)swap(q1,q3);
    if(*q2 < *q3)swap(q2,q3);
}
```

课堂实训

1. 实训目的

★ 理解值传递与地址传递的区别

★ 学会使用指针作为形参实现地址传递

2. 实训内容

在主函数定义整型数组并初始化(int a[6]={4,1,2,3,5,6};）后，调用 sort()函数，并将数组首地址和数组长度作为实参传递给 sort()函数，完成对数组 a 的升序排列，最后输出排序后的数组 a。

输入格式:

无输入。

输出格式:

在一行中输出，输出格式为"数组排序后为：%d、%d、…、%d"，分别输出数组的第 1～n 个元素。

输出样例:

数组排序后为: 1、2、3、4、5、6

单元小结

内存以字节为单位编址，编址的目的是根据地址访问内存。指针变量是存放地址类型值的变量。定义指针变量后，将某变量地址写入指针变量中，则指针指向该变量，然后就可以通过指针访问变量。使用 malloc( )函数动态分配的内存只能通过指向它的指针访问。

可以通过地址传递实现主调函数和被调函数的双向通信，实现地址传递时，参要定义为指针变量，用于接收地址。当实参为数组名时，传递的是数组首地址，所以形参要能接收地址，可以定义为"数据类型 p[]"或"数据类型*p"，这两种形式是等价的。

数组可以通过指针变量遍历，其原理是让指针首先指向数组首元素，然后通过指针算术运算让指针依次指向数组各个元素，从而实现数组遍历。

可以使用指针来处理字符串，这种方法的优点是可以根据字符串长度分配字符数组的内存，缺点是存放字符串的无名数组在内存的常量区，所以不能通过指针对字符串进行写操作。

指针数组是一种特殊的数组，数组的各个元素都是指针类型的，可以存放地址，通常用来存放二维数组各行的首地址，这样就可以使用指针数组遍历二维数组。

数组指针是指向一维数组的指针变量，也称为行指针，可以指向二维数组某行所对应的一维数组，这样就可以使用数组指针遍历二维数组。

单元习题

一、选择题

1. 下面程序对两个整数类型的变量值进行交换。以下说法正确的是（　　）。

```
#include <stdio.h>
void swap(int p,int q);
int main()
{
    int a = 10,b = 20;
    printf(" (1)a=%d,b=%d\n",a,b);
    swap(&a,&b);
    printf(" (2)a=%d,b=%d\n",a,b);
    return 0;
}
void swap(int p,int q)
{
    int t;
    t = p; p = q ; q = t;
}
```

A. 该程序完全正确

B. 该程序有错，只要将语句 swap(&a,&b); 中的参数改为 a、b 即可

C. 该程序有错，只要将 swap()函数中的形参 p 和 q，以及 t 均定义为指针即可

D. 以上说法都不正确

2. 以下程序中调用 scanf()函数给变量 a 输入数值的方法是错误的，其错误原因是（　　）。

```
#include <stdio.h>
int main()
{
    int *p,a;
    p = &a;
    printf("input a: ");
    scanf("%d",*p);
    printf("a=%d\n",a);
    return 0;
}
```

A. *p 表示的是指针变量 p 的地址

B. *p 表示的是变量 a 的值，而不是变量 a 的地址

C. *p 表示的是指针变量 p 的值

D. *p 只能用来说明 p 是一个指针变量

3. 数组名和指针变量均表示地址，以下说法不正确的是（　　）。

A. 数组名代表的地址值不变，指针变量存放的地址值可变

B. 数组名代表的存储空间长度不变，但指针变量指向的存储空间长度可变

    C. A 和 B 的说法均正确

    D. 没有差别

4. 若有语句 int *point,a = 4;和 point = &a;，则下面均代表地址的一组选项是（   ）。

    A. a、point、*&a   B. &*a、&a、*point

    C. &point、*point、&a   D. &a、&*point、point

5. 下面能正确进行字符串赋值操作的是（   ）。

    A. char s[5] = {"ABCDE"};   B. char s[5] = {'A','B','C','D','E'};

    C. char *s; s = "ABCDE";   D. char *s; scanf("%s",&s);

6. 若 int (*p)[5];，其中 p 是（   ）。

    A. 5 个指向整型变量的指针

    B. 指向 5 个整型变量的函数指针

    C. 一个指向具有 5 个整数类型元素的一维数组的指针

    D. 具有 5 个指针元素的一维指针数组，每个元素都只能指向整型变量

7. 设有定义 int a = 3,b,*p = &a;，则下列语句中不能正确将 a 的值赋给 b 的语句是（   ）。

    A. b = *&a;   B. b = *p;   C. b = a;   D. b = *a;

8. 若有以下定义，则不能表示 a 数组元素的表达式是（   ）。

```
int a[10] = {1,2,3,4,5,6,7,8,9,10},*p = a;
```

    A. *p   B. a[10]   C. *a   D. a[p–a]

9. 若有定义 int a[5],*p = a;，则对 a 数组元素引用正确的是（   ）。

    A. *&a[5]   B. a + 2   C. *(p + 5)   D. *(a + 2)

10. 执行下面程序段后，*p 等于（   ）。

```
int a[5] = {1,3,5,7,9},*p = a; p ++;
```

    A. 1   B. 3   C. 5   D. 7

11. 下列关于指针的运算中，（   ）是非法的。

    A. 在一定条件下，两个指针可以进行相等或不相等的运算

    B. 可以将一个空指针赋值给某个指针

    C. 一个指针可以是两个整数之差

    D. 两个指针在一定的条件下可以相加

二、填空题

1. "*" 称为_____运算符，"&" 称为_____运算符。

2. 在 int a = 3,*p = &a;中，*p 的值是_____。

3. 在 int *pa[5];中，pa 是一个具有 5 个元素的指针数组，每个元素是一个_____指针。

4. 若两个指针变量指向同一个数组的不同元素，则可以进行减法运算和_____运算。

5. 若有定义 int a[10],*p = a;，则 p + 5 表示元素_____的地址。

6. 设有 char a[] = "ABCD";，则 printf("%c",*a)的输出结果是_____。

7. 以下程序的运行结果是_____。

```
#include <stdio.h>
#include<string.h>
void fun(char *s)
{
    char a[7];
    s = a;
    strcpy(a, "book");
    printf("%s\n",s);
}
int main()
{
```

```
    char *p;
    fun(p);
    return 0;
}
```

8. 以下程序的运行结果是_____。

```
#include <stdio.h>
#include<string.h>
int main()
{
    char *p,str[20] = "abc";
    p = "abc";
    strcpy(str + 1,p);
    printf("%s\n",str);
    return 0;
}
```

9. 以下程序的运行结果是_____。

```
#include <stdio.h>
void fun(char *c,int d)
{
    *c = *c + 1;
    d = d + 1;
    printf("%c,%c,",*c,d);
}
int main()
{
    char a = 'A',b = 'a';
    fun(&b,a);
    printf("%c,%c\n",a,b);
    return 0;
}
```

10. 以下程序的运行结果是_____。

```
#include <stdio.h>
void sum(int *a)
{
    a[0] = a[1];
}
int main()
{
    int aa[10] = {1,2,3,4,5,6,7,8,9,10},i;
    for(i = 2;i >= 0;i--) sum(&aa[i]);
    printf("%d\n",aa[0]);
    return 0;
}
```

11. 以下程序的运行结果是_____。

```
#include <stdio.h>
int f(int b[][4])
{
    int i,j,s = 0;
    for(j = 0;j < 4;j++)
    {
      i = j;
      if(i > 2)
        i = 3 - j;
      s += b[i][j];
    }
    return s;
}
int main()
{
    int a[4][4] = {{1,2,3,4},{0,2,4,5},{3,6,9,12},{3,2,1,0}};
    printf("%d\n",f(a));
    return 0;
}
```

12. 以下程序的运行结果是＿＿＿＿＿＿＿。

```c
#include <stdio.h>
void f(int *x,int *y)
{
    int t;
    t = *x;*x = *y;*y = t;
}
int main()
{
    int a[8] = {1,2,3,4,5,6,7,8},i,*p,*q;
    p = a;
    q = &a[7];
    while(p < q)
    {
      f(p,q);
      p++;
      q--;
    }
    for(i = 0;i < 8;i++)
    printf("%d,",a[i]);
    return 0;
}
```

13. 以下程序的运行结果是＿＿＿＿＿＿＿。

```c
#include <stdio.h>
void sum(int *a)
{
    a[0] = a[1];
}
int main()
{
    int aa[10] = {1,2,3,4,5,6,7,8,9,10},i;
    for(i = 2;i >= 0;i--)
    sum(&aa[i]);
    printf("%d\n",aa[0]);
    return 0;
}
```

三、编程题

1. 使用动态内存分配方式申请 4 个字节的内存单元存放整数类型变量，通过指针访问内存单元，向其中写入 5，并输出结果。

输入格式：

无输入。

输出格式：

在一行中输出，输出格式为"整数为 num"，其中 num 为内存单元中的值。

输出样例：

```
整数为 5
```

2. 定义一个动态数组，长度为变量 n，用 11～99 的随机数给数组各元素赋值，然后遍历输出数组。首先使用 srand() 来设置产生随机数时的种子，然后调用随机函数 rand()，调用后会返回在 0～RAND_MAX 均匀分布的随机整数，RAND_MAX 至少为 32767，一般都默认为 32767。

输入格式：

在一行中输入变量 n 的值。

输出格式：

在一行中输出，输出格式为"动态数组内容为：a0a1a2⋯an" a0,a1,a2,⋯,an 分别表示数组的第 1，第 2，第 3，⋯，第 n 个元素。

输入样例 1：

```
Input n: 4↙
```

输出样例 1：

动态数组内容为: 12　21　19　43

输入样例 2：

 Input n: 6↙

输出样例 2：

动态数组内容为: 33　25　70　26　67　77

3. 在主函数中定义一个整数类型数组并完成初始化(int a[8] = {1,2,3,4,5,6,7,8};)，从键盘输入一个整数并存放于变量 n，在数组中查找整数，如果能找到，则在找到后，求它前面的所有整数之和。如果找不到，输出“没有找到该整数”。

输入格式：

在一行中输入变量 n 的值。

输出格式：

在一行中输出，输出格式为“n 之前所有数之和：sum”或者“没有找到该整数 n”，其中 n 为待查找的变量，sum 是该整数之前所有数之和。

输入样例 1：

 Input n: 4↙

输出样例 1：

4 之前所有数之和: 6

输入样例 2：

 Input n: 10↙

输出样例 2：

没有找到该整数 10

4. 定义一个字符数组存放明文，从键盘输入明文，然后将明文转换成密文并输出。转换规则是每个字母都由其后的第 4 个字母代替，例如，A 变成 E（a 变成 e）、Z 变成 D，非字母字符不变。使用指针完成程序。

输入格式：

在一行中输入明文内容。

输出格式：

在一行中输出，输出格式为“密文内容为：String”，String 表示密文字符串内容。

输入样例：

 Input Plaintext: I will Goto School 9:00↙

输出样例：

密文内容为: M ampp Ksxs Wglssp 9:00

5. 定义二维数组存放下列矩阵，编写程序找出矩阵中的最大值和最小值，同时输出它们的下标（即所处的行号和列号），使用指针数组访问二维数组。

$$\begin{bmatrix} 1 & 2 & 3 \\ 0 & 6 & 8 \\ 4 & 5 & 9 \end{bmatrix}$$

输入格式：

无输入。

输出格式：

在两行中输出，第一行输出矩阵的最大值及它的下标，第二行输出矩阵的最小值及它的下标。第一行的输出格式为“最大值：max，行标：max_x，列标：max_y”，其中 max 为矩阵最大值，max_x 为其行标，max_y 为其列标。第二行的输出格式为“最小值：min，行标：min_x，列标：min_y”，其中 min 为矩阵最小值，min_x 为其行标，min_y 为其列标。

输出样例：

```
最大值: 9, 行标: 2, 列标: 2
最小值: 0, 行标: 1, 列标: 0
```

6. 编写一个程序，根据输入星期序号输出其英文名，用指针数组完成。

输入格式：

在一行中输入星期序号 n。

输出格式：

在一行中输出，输出格式为 "The Day Is String"，其中 String 为星期内容。

输入样例1：

```
Input n: 1↙
```

输出样例1：

```
The Day Is Monday
```

输入样例2：

```
Input n: 0↙
```

输出样例2：

```
The Day Is Sunday
```

7. 在主函数定义两个字符数组，从键盘中输入字符数组内容，调用 compstr()函数，比较两个字符数组存放的字符串是否相等，在主函数中输出比较结果，使用指针完成。

输入格式：

在两行中输入，第一行输入第一个字符数组内容，第二行输入第二个字符数组内容。

输出格式：

在一行中输出，输出格式为 "两个字符串比较结果：相等" 或者 "两个字符串比较结果：不相等"。

输入样例1：

```
Input string1: hello↙
Input string2: hello↙
```

输出样例1：

```
两个字符串比较结果: 相等
```

输入样例2：

```
Input string1: hello↙
Input string2: well↙
```

输出样例2：

```
两个字符串比较结果: 不相等
```

8. 在主函数中定义两个字符数组，从键盘中输入两个字符数组的内容，调用 cpystr()函数，将第 1 个字符数组的内容复制至第 2 个字符数组，最后在主函数中输出第 2 个字符数组，使用指针完成。

输入格式：

在两行中输入，第 1 行输入第 1 个字符数组的内容，第 2 行输入第 2 个字符数组的内容。

输出格式：

在一行中输出，输出格式为 "第 2 个字符串的复制结果：String"，其中 String 为第 2 个字符数组复制后的内容。

输入样例：

```
Input string1: This is ↙
Input string2: a String↙
```

输出样例：

```
第 2 个字符串的复制结果: This is a String
```

单元 8

结构体程序设计

"DIY"是若干年前开始流行的一个理念，其全称可以理解为"Do It Yourself"，简单来说，是指用户为满足个性化需求自己动手制作产品。使用 C 语言进行程序设计与之类似，程序员可以根据应用需求自定义数据类型，新定义出的数据类型就是一个结构体。本单元通过统计候选人票数、增加图书信息这两个任务来介绍结构体。

教学导航

教学目标	知识目标： 掌握结构体的定义 掌握结构体变量的定义及使用 掌握结构体数组的使用 理解链表的存储特点 掌握结点的定义 掌握链表的定义 掌握链表的插入和删除操作 了解链表的相关操作 能力目标： 具备根据实际应用需求自定义数据类型的能力 具备面向实际应用的建模能力 具备通过建立链表实现数据物理存储的能力 具备通过链表操作管理数据的能力 素质目标： 培养学生利用数字化思维与创新表达生活中美好事物的能力 思政目标： 培养学生掌握整体与部分的辩证关系
教学重点	结构体的定义 结构体变量的定义 结构体数组的使用 链表的存储特点 使用指针访问结点

续表

教学难点	结点插入链表 删除链表中的结点
课时建议	4 课时

任务 8-1　统计候选人票数

★ 理解结构体的概念

任务目标

★ 理解结构体的概念

★ 掌握结构体的定义

★ 掌握结构体变量的定义

★ 掌握结构体及结构体数组的使用

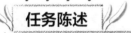

任务陈述

1. 任务描述

有 3 位候选人 Lucy、Jim 和 LiLei 参加某岗位竞选，10 个人对候选人进行投票，投票后进行票数统计，最终票数多的人当选，请你设计程序统计候选人的票数。

使用结构体数组存放 3 个候选人的姓名、票数信息，从键盘输入 10 次候选人姓名模拟 10 个人的投票结果，输入的同时累计各个候选人的得票数，最后输出各个候选人的票数。提示：每个人只能给一个候选人投票。

2. 运行结果

统计候选人票数程序的运行结果如图 8-1 所示。

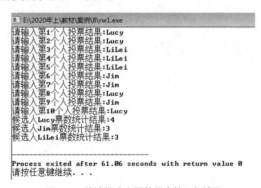

图 8-1　统计候选人票数程序的运行结果

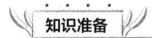

知识准备

8.1.1　结构体概述

C 语言提供的基本数据类型包括整数类型、字符类型、浮点类型等，程序员在编码时将选择合适的数据类型来定义变量，有时候在某些实际应用中，选择现有基本数据类型并不能满足数据存取要求。例如处理图书信息时，图书不同信息所用数据类型不同，其中图书 ISBN 为整数类型或字符类型、书名为字符类型、作者为字符类型、价格为整数类型或浮点类型，出版社名称为字符类型。为了解决这个问题，C 语言引入了结构体，通过自定义结构化的数据类型——"结构体"，将图书信息中的 ISBN、书名、作者、价格、出版社名称封装到一起，再定义该结构体类型的变量就可以存放图书信息了。

8.1.2　定义结构体

结构体是一种"构造"而成的数据类型，一般使用结构体的步骤是，先定义结构体类型，也就是先构造结构体，再定义结构体类型的变量。定义结构体其实就是将多个成员变量封装成一个整体，所以定义结构体时既要说明结构体名，又要说明组成结构体的成员变量，每个成员变量包括数据类型和成员名。

结构体类型的定义格式如下：

```
struct 结构体名{
    数据类型 1: 成员名 1;
    数据类型 2: 成员名 2;
    …
    数据类型 n: 成员名 n;
};
```

上述语句是定义结构体的语句，因此以"；"结束。其中，struct 是定义结构体类型的关键字，结构体名用来表示结构体类型名称，结构体中的成员说明包含成员的数据类型和名字，因为成员的数据类型可以是基本数据类型，也可以是结构体类型，成员的命名应符合标识符的命名规则。例如：

```
struct Book
{
    char ISBN[14];
    char BookName[40];
    char Author[20];
    double Price;
    char Publisher[50];
};
```

在上述结构体定义中，结构体名为 Book，该结构体包含了 5 个成员：第 1 个成员为 ISBN，是字符数组；第 2 个成员为 BookName，是字符数组；第 3 个成员为 Author，是字符数组；第 4 个成员为 Price，是浮点类型变量；第 5 个成员为 Publisher，是字符数组。如果第 3 个成员 Author 不仅要存放姓名，而且要存放其他信息（如性别、电话号码等），就要将其数据类型定义为结构体类型，格式如下：

```
struct Book
{
    char ISBN[14];
    char BookName[40];
    struct Author{
        char AuthorName[8];
        char sex;
        char phone[11];
    } AuthorInfo;     // Author 是成员数据类型，AuthorInfo 是成员名
    double Price;
    char Publisher[50];
};
```

可以在定义结构体时使用关键字 typedef 给结构体定义别名，格式如下：

```
typedef struct Book
{
    char ISBN[14];
    char BookName[40];
    char Author[20];
    double Price;
    char Publisher[50];
}literature;
```

也可以分成两个语句定义，格式如下：

```
struct Book
{
    char ISBN[14];
    char BookName[40];
```

```
    char Author[20];
    double Price;
    char Publisher[50];
};
typedef Book literature;
```

还可以省略结构体名 Book，格式如下：

```
typedef struct
{
    char ISBN[14];
    char BookName[40];
    char Author[20];
    double Price;
    char Publisher[50];
} literature;
```

定义了结构体类型之后，便可以定义具有这种结构体类型的结构体变量。

8.1.3 结构体变量的定义

定义结构体变量一般有以下 3 种方法。

（1）单独定义，即先定义结构体类型，再单独定义结构体变量，格式如下：

```
struct Book
{
    char ISBN[14];
    char BookName[40];
    char Author[20];
    double Price;
    char Publisher[50];
};
struct Book book1,book2;
```

在这里，先定义了一个名为 Book 的结构体类型，然后定义了 book1 和 book2 两个结构体变量，它们都是 Book 结构体类型的。

（2）同时定义，即在定义结构体类型的同时定义结构体变量，例如：

```
struct Book
{
    char ISBN[14];
    char BookName[40];
    char Author[20];
    double Price;
    char Publisher[50];
}Book1,Book2;
```

这种定义方法的一般形式为：

```
struct 结构体名{
    成员表列
}变量名表列;
```

（3）直接定义结构体变量，例如：

```
struct
{
    char ISBN[14];
    char BookName[40];
    char Author[20];
    double Price;
    char Publisher[50];
}Book1,Book2;
```

这种定义方法的一般形式为：

```
struct {
    成员表列
}变量名表列;
```

第 3 种方法与第 2 种方法的区别在于第 3 种方法中省略了结构体名，直接给出结构体变量，只能一次性定义。

8.1.4　结构体变量的初始化

结构体变量初始化主要有以下两种方法。

（1）定义结构体变量时顺序赋值，格式如下：

```
struct Book Book1 = {"9787302402633","UML","侯爱民",49.00,"清华大学出版社"};
```

也可以在定义结构体变量时，初始化两个结构体变量，格式如下：

```
struct {
    char ISBN[14];
    char BookName[40];
    char Author[20];
    double Price;
    char Publisher[50];
}Book1 = {"9787302402633","UML","侯爱民",49.00,"清华大学出版社"},
Book2 = {"9787302402635","数据结构","严蔚敏",42.00,"清华大学出版社"};
```

（2）定义结构体变量时乱序赋值，格式如下：

```
struct Book Book1 = {
    ISBN:"9787302402633",
    BookName:"UML",
    Price:49.00,
    Publisher:"清华大学出版社",
    Author:"侯爱民"
};
```

这种初始化方法只有少部分编译器支持，本书使用的 Dev-C++不支持该方法。

8.1.5　结构体变量成员的引用与赋值

1. 结构体变量成员的引用

一个结构体变量由若干成员组成，成员又可称为结构体分量。在程序中使用结构体变量时，除了允许具有相同类型的结构体变量整体相互赋值外，还可以通过结构体变量的成员进行赋值、输入、输出和运算。对结构体成员的引用由圆点运算符"."实现，表示结构体变量成员的一般形式为：

```
结构体变量名.成员名
```

例如：

```
struct
{
    char ISBN[13];
    char BookName[40];
    char Author[20];
    double Price;
    char Publisher[50];
}Book1,Book2;
```

由上述代码可知，Book1.BookName 表示第一本图书的书名；Book2.Price 表示第二本图书的价格。

如果成员本身又是一个结构体类型，则必须逐级找到最低级的成员才能使用。

例如：

```
struct Book
{
    char ISBN[14];
    char BookName[40];
    struct Author{
        char AuthorName[10];
        char sex;
        char phone[9];
    }AuthorInfo;
    double Price;
    char Publisher[50];
}Book1;
```

该图书信息结构体如表 8-1 所示。

表 8-1　图书信息结构体

ISBN	BookName	AuthorInfo			Price	Publisher
		AuthorName	sex	phone		

若要引用该图书信息结构体变量 Book1 中的作者姓名这一成员，则应该写成：

```
Book1.AuthorInfo.AuthorName
```

2. 结构体变量成员的赋值

如果在定义结构体变量时没有给各成员赋初值，可以在定义后赋值。如果成员类型为字符数组，需要调用字符串复制函数 strcpy()完成赋值，格式如下：

```
struct Book
{
    char ISBN[14];
    char BookName[40];
    char Author[20];
    double Price;
    char Publisher[50];
}Book1,Book2;
strcpy(Book1.ISBN,"9787302402633");
strcpy(Book1.Name,"UML");
strcpy(Book1.Author,"侯爱民");
Book1.Price = 49.00;
strcpy(Book1.publish,"清华大学出版社");
```

【例 8-1】为成员类型是非基本数据类型的结构体变量赋值。

```
#include <stdio.h>
#include <string.h>
struct Book
{
    char ISBN[14];
    char BookName[40];
    struct Author{
      char AuthorName[10];
      char sex;
      char phone[12];
    } AuthorInfo;
    double Price;
    char Publisher[50];
};
int main()
{
    struct Book Book1;
    strcpy(Book1.BookName,"数据结构");
    strcpy(Book1.AuthorInfo.AuthorName,"严蔚敏");
    strcpy(Book1.AuthorInfo.phone,"010-83923631");
    printf("BookName:%s,AuthorName:%s,AuthorPhone:%s\n",Book1.BookName,Book1.AuthorInfo.
AuthorName,Book1.AuthorInfo.phone);
    return 0;
}
```

程序运行结果：

```
BookName:数据结构,AuthorName:严蔚敏,AuthorPhone: 010-83923631
```

可以将一个结构体变量作为整体赋给另一个结构体变量。

【例 8-2】将结构体变量整体赋值并输出其值。

```
#include<stdio.h>
#include<string.h>
struct Student
{
    char num[6];
    char name[10];
    char sex;
```

```
    float score;
}stu1,stu2;
int main()
{
    strcpy(stu1.num,"14102");
    strcpy(stu1.name,"Rose");
    printf("input sex and score:\n");
    scanf("%c %f",&stu1.sex,&stu1.score);
    stu2=stu1;
    printf("Number=%s\nName=%s\n",stu2.num,stu2.name);
    printf("Sex=%c\nScore=%.2f\n",stu2.sex,stu2.score);
    return 0;
}
```

程序运行结果：

```
input sex and score:
M 80.5✓
Number=14102
Name=Rose
Sex=M
Score=80.50
```

本程序中用字符串复制函数为num和name两个成员赋值，用scanf()函数动态地输入sex和score成员值，然后把stu1的所有成员的值整体赋给stu2。最后分别输出stu2的各个成员值。本例表示了结构体变量的赋值、输入和输出的方法。需要注意的是，无论采用哪种方法为结构体成员赋值，都必须保证类型一致。

8.1.6 结构体数组

一个结构体变量只能存放一个结构体类型的记录，如果要处理多个相同结构体类型的记录，如一个班学生的成绩记录，那么就要使用结构体数组了，结构体数组的每个元素都是某一结构体类型的变量。结构体数组的定义方法与结构体变量相似，只需说明它为数组类型即可。

1. 结构体数组的定义

第一种方法是先定义结构体，再定义结构体类型的数组，格式如下：

```
struct Student{
    char num[6];
    char name[10];
    char sex;
    double score;
};
student stu1[40];
```

第二种方法是定义结构体的同时定义结构体数组，其中的类型名Student可以省略，格式如下：

```
struct Student{
    char num[6];
    char name[10];
    char sex;
    double score;
}stu1[40];
```

2. 结构体数组的初始化

定义结构体数组时可以给数组中的元素赋初值，格式如下：

```
struct Student{
    char num[6];
    char name[10];
    char sex;
    double score;
};
student  stu1[3] = {{"18301","Rose",'F',70.00},{"18306","John",'M',70.00},
                    {"18321","Mary",'F',80.00}};
```

最好将每个元素的数据用"{}"括起来，这样编译时会将每个"{}"中的数据赋给一个数组元素，如果给每个数组元素都赋初值，可以省略数组长度。

3. 结构体数组的引用

结构体数组的引用是指引用结构体数组中某个元素的某个成员，格式如下：

```
stu1[i].num;    //i 为元素下标
```

结构体数组中的每个元素都相当于一个结构体变量，可以将结构体变量整体赋值给一个结构体数组元素，也可以将一个结构体数组元素整体赋值给另一元素，例如：

```
struct Student{
    char num[6];
    char name[10];
    char sex;
    double score;
};
student s1 = {"18301","Rose",'F',70.00};
student stu1[3];
stu1[0] = s1;
stu1[1] = stu1[0];
```

【例 8-3】根据学生姓名查询成绩。

分析：程序中要定义一个结构体 Student，它的成员 num、name 和 score 分别用来存放学号、姓名和成绩；再定义结构体数组以存放 3 位学生的成绩记录，并从键盘输入各位学生的学号、姓名、成绩；然后输入待查询学生姓名，通过循环遍历结构体数组中的学生记录，比较当前学生的姓名与待查询姓名是否相等，如果相等，则输出当前学生的成绩，若遍历完整个数组都未找到与待查询姓名相同的学生姓名，则提示未找到信息。具体程序如下：

```
#include <stdio.h>
#include <string.h>
#define N 3
struct Student{
    char num[6];
    char name[10];
    double score;
};
int main()
{
    struct Student stu1[3];
    char sname[10];
    int i;
    for(i = 0;i < N;i++)
    {
        printf("Input %dth student's information:",i+1);
        scanf("%s %s %lf",&stu1[i].num,&stu1[i].name,&stu1[i].score);
    }
    printf("Input your name:");
    scanf("%s",&sname);
    for(i = 0;i < N;i++)
        if(strcmp(stu1[i].name,sname) == 0)
        {
            printf("%s's score is %.2lf\n",sname,stu1[i].score);
            break;
        }
        if(i == N)
            printf("%s's information is not exsit\n",sname);
return 0;
}
```

程序运行结果：

```
Input 1th student's information:18301 Jim  75✓
Input 2th student's information:18302 Lucy  84✓
Input 3th student's information:18303 LiLy  78✓
Input your name: Jim✓
Jim 's score is 75.00
Input your name: Henry✓
Henry 's information is not exsit
```

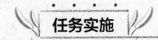

1. 实施步骤

（1）定义候选人结构体 candidate，封装候选人成员 name、num，分别表示候选人姓名、候选人所得票数。

（2）定义并初始化候选人结构体数组。

（3）通过双重循环实现投票和统计各候选人的票数功能。外层循环完成 10 个人投票结果的输入，内层循环累计各候选人的票数。

2. 流程图

统计候选人票数程序流程如图 8-2 所示。

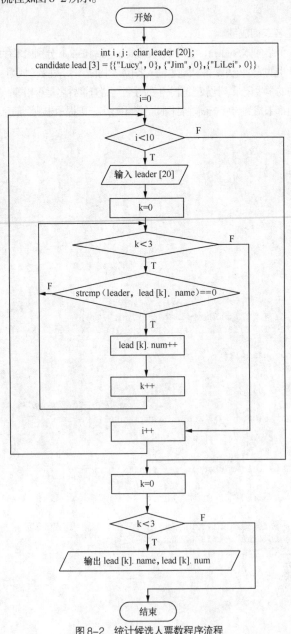

图 8-2　统计候选人票数程序流程

3. 程序代码

```c
#include <stdio.h>
#include <string.h>
struct candidate{
    char name[20];
    int num;
};
int main()
{
    char leader[20];
    int i,k;
    struct candidate lead[3] = {{"Lucy",0},{"Jim",0},{"LiLei",0}};
    for(i = 0;i < 10;i++){
        printf("请输入第%d个人投票结果:",i+1);
        scanf("%s",leader);
        for(k = 0;k < 3;k++){
            if(strcmp(leader,lead[k].name) == 0){
                lead[k].num++;
            }
        }
    }
    for(k = 0;k < 3;k++){
        printf("候选人%s票数统计结果:%d\n",lead[k].name,lead[k].num);
    }
return 0;
}
```

课堂实训

1. 实训目的

★ 理解结构体的概念

★ 掌握结构体的定义

★ 掌握结构体变量的定义

★ 掌握结构体数组的使用

2. 实训内容

绘制程序流程图并编写程序统计成绩，具体要求如下。

（1）定义结构体 Student，它的成员 name 和 score 分别用来存放姓名和成绩。

（2）定义包含 10 个元素的结构体数组，从键盘输入 10 位同学的姓名与成绩。

（3）统计 0～60、61～70、71～85、86～100 这 4 个分数段的人数和 10 位同学的平均成绩。

输入格式:

输入 10 行，每行输入一位同学的姓名和成绩。

输出格式:

在一行中输出，输出格式为"0～60：num1,61～70：num2,71～85：num3,86～100：num4, average score: avg_score"， num1、num2、num3、num4 表示各个分数段的人数,avg_score 表示平均成绩。

输入样例:

```
Input 1th student's information:Jim 75
Input 2th student's information:Lucy 84
Input 3th student's information:LiLy 78
Input 4th student's information:LiLei 78
Input 5th student's information:Han MeiMei 90
Input 6th student's information:Elizabeth 90
Input 7th student's information:Fitzwilliam 86
Input 8th student's information:Jane 75
Input 9th student's information:Lydia 65
Input 10th student's information:Charles 54
```

输出样例：

```
0~60: 1,61~70: 1,71~85: 5,86~100: 3,average score: 77.50
```

任务 8-2　增加图书信息

任务目标

★ 理解链表的存储特点

★ 掌握结点的定义

★ 掌握链表的定义

★ 掌握链表的插入和删除操作

★ 了解链表的其他操作

任务陈述

1．任务描述

编写一个程序，实现使用链表存放图书信息，并能通过链表的插入操作完成图书信息的添加，具体要求：定义 Book 类型的变量 Book1 存放一个图书记录，定义一个链表 Head，调用 InitList() 函数完成链表初始化。

（1）从键盘输入添加图书记录的位置。

（2）从键盘输入一个图书记录，包括 ISBN、Name、Price、Author、Publish 等信息，并将其写入 Book1 中的各成员中。

（3）调用 InsertList() 函数将 Book1 所存图书记录添加到链表 Head 的特定位置。

重复步骤（1）～步骤（3）3 次，添加 3 个图书记录到链表 Head。

2．运行结果

增加图书信息程序的运行结果如图 8-3 所示。

```
Input position:1
Input book information:9787302402633 UML 49.00 侯爱民 清华大学出版社
Information added successfully,Updated linked list is:
ISBN:9787302402633,Name:UML,Price:49.000000,Author:侯爱民,publish:清华大学出版社
Input position:2
Input book information:9787302402635 数据结构 42.00 严蔚敏 清华大学出版社
Information added successfully,Updated linked list is:
ISBN:9787302402633,Name:UML,Price:49.000000,Author:侯爱民,publish:清华大学出版社
ISBN:9787302402635,Name:数据结构,Price:42.000000,Author:严蔚敏,publish:清华大学出版社
Input position:3
Input book information:9787302402636 C语言程序设计 39.00 谭浩强 清华大学出版社
Information added successfully,Updated linked list is:
ISBN:9787302402633,Name:UML,Price:49.000000,Author:侯爱民,publish:清华大学出版社
ISBN:9787302402635,Name:数据结构,Price:42.000000,Author:严蔚敏,publish:清华大学出版社
ISBN:9787302402636,Name:C语言程序设计,Price:39.000000,Author:谭浩强,publish:清华大学出版社
--------------------------------------------
Process exited after 302.9 seconds with return value 0
请按任意键继续. . .
```

图 8-3　增加图书信息程序的运行结果

知识准备

8.2.1　链表概述

在单元 5 中介绍了数组，其特点是可以一次性分配可存放多个元素的内存空间，数组

各元素连续存放于内存中，所以每个元素都易寻址，但是数组有两个明显的缺点：一是整个数组内存是静态分配的，在定义数组时就需要指定其长度，在程序运行过程中数组长度是固定的，不能根据需要进行修改；二是如果要删除数组某个位置的元素或者添加新元素到数组某个位置，不太方便，可能需要挪动大量元素，开销较大，所以有时候会采用链式存储方式来实现多个元素的存储，即链表。

链表以结点为单位来存储数据，每个结点存放一个数据元素，与数组不同的是，其内存不是一次性静态分配的，而是动态分配的，分配给每个结点的内存单元在内存中并不连续，所以为方便寻址，每个结点除有一个用于存放数据元素内容的数据域外，还应有一个指针域，用于存放后继结点的地址，每个结点的指针域将指向其后继结点，所以若要完成添加和删除操作，只需要修改相关结点中指针域的指向就可以，不必挪动元素。

8.2.2 定义链表

链表这种链式存储方式的特点是以头结点为起点，后继结点陆续链接在当前结点后面，直到最后一个结点，形成一个连续的"链"。当前结点与后继结点的链接关系通过指针域实现，具体形式如图 8-4 所示。

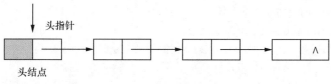

图 8-4 链式存储结构

从图 8-4 可以看出，结点为链表的组成要素，所以要实现链表这种存储方式，首先要定义能描述结点信息的新数据类型，即构造一个结构体，方法如下：

```
struct Node{
    int data;
    struct Node *next;
};
```

通常在定义变量时，要说明变量类型，因为类型决定操作系统分配的内存空间大小，定义了名为 Node 的新数据类型后，就能为该类型申请和分配内存了，方法如下：

```
Node *p = (Node *)malloc(sizeof(Node));
```

使用这种方式定义新结点实例，操作系统将会为新结点动态分配内存，结点内存可以通过调用 free()函数自由释放。这种定义结点的方式会在定义新结点的同时定义指针变量 p 指向它，这样链表的每个结点都通过指向它们的指针间接访问，头结点也不例外。指向头结点的指针就是头指针。

与数组类似，各元素寻址的关键是首地址，链表中各结点寻址的关键也是首地址，即头结点地址，它由头指针记录。头指针标记链表的起点，可以确定一个链表，所以定义一个链表实例可以通过定义指针来完成，方法如下：

```
Node *Head;
```

指针 Head 将成为链表的头指针，指向链表的头结点。

▌▌▌ 说明

（1）malloc()函数是属于 C 语言标准库的库函数，其功能是在内存的堆区中分配一段连续内存空间，其所在头文件为 stdlib.h 或 malloc.h。

（2）malloc()函数原型为 void *malloc(unsigned int size)，其返回值为 void 类型的指针，所以通常要先进行强制类型转换再赋值给相应的指针变量。

8.2.3 链表操作

链表的操作一般包括初始化链表、求链表长度、判定链表是否为空、插入数据元素、删除数据元素、获取数据元素内容、定位数据元素位置、遍历链表、销毁链表等。下面将介绍初始化链表、求链表长度、插入数据元素、删除数据元素、遍历链表这几个主要操作。

1. 初始化链表 void InitList(Node*&H)

链表初始化的目的是建立一个以 H 为头指针的空链表，链表中只有头结点，没有后继结点，所以头结点指针域为空，代码如下：

```
void InitList(Node *&H)
{
  H = (Node *)malloc(sizeof(Node));//定义头结点，指针 H 指向它成为头指针
  H -> next = NULL; //头结点无后继结点
}
```

说明

（1）"->"运算符用于引用结构体的成员。

（2）如果 H 是一个指针，其指向一个对象，可以使用"H->成员名"访问对象的成员。

（3）Node *&H 中的符号"&"为引用，这样定义形参 H，H 将成为实参的别名，它与实参代表同一块内存单元，在调用 InitList()函数时，形参 H 不会另外分配内存单元。

2. 求链表长度 int ListLength(Node*H)

求链表长度可以通过累计链表中除头结点以外的结点数来完成，代码如下：

```
int ListLength(Node *H)
{
    Node *p = H -> next;
    int n = 0;      //变量 n 记录结点数
    while(p)
    {
        n++;
        p = p -> next;
    }
    return n;
}
```

3. 插入数据元素 bool InsertList(Node*&H,int i,ElemType e)

插入数据元素操作的目的是在以 H 为头指针的链表中的第 i 个位置插入内容为 e 的数据元素，实现的思路如下。

首先，定义指针 p，将其从头结点开始移动，直到其指向第 i-1 个结点。

其次，定义新结点，将形参的值 e 写入其数据域。

最后，将新结点链接至 p 指向的结点后面。

代码如下：

```
bool InsertList(Node *&H,int i,ElemType e)
{
    if(i < 1 || i > ListLength(H) + 1)    //判定插入位置是否合法
        return 0;
    int k = 0;
    Node *p = H;
    while(p -> next != NULL && k < i - 1)    //将指针从头结点移动至第 i-1 个结点
    {
        p = p -> next;
        k++;
    }
    Node *s = (Node *)malloc(sizeof(Node));    //生成新结点
    s -> data = e;    //将形参 e 的值写入新结点数据域
    s -> next = p->next;    //建立新结点的后继关系
    p->next = s;    //建立新结点的后继关系
    return 1;
}
```

4. 删除数据元素 bool Delete List (Node*H, int i,ElemType &e)

删除数据元素操作的目的是删除以 H 为头指针的链表中的第 i 个位置的数据元素，实现的思路如下。

首先，定义指针 p，将其从头结点开始移动，直到其指向到第 i-1 个结点。

其次，定义指针 t，让其指向第 i 个结点。

再次，将要删除的第 i 个结点内容备份至形参 e 中。

最后，删除 t 的链接关系，并释放其指向结点的内存。

代码如下：

```
bool DeleteList(Node *H, int i,ElemType &e)
{
    Node *p = H,*t;
    int k = 0;
    while(p -> next && k < i - 1 ){      //将指针 p 定位到第 i-1 个结点
        p = p -> next;
        k++;
    }
    if(p -> next == NULL){    //定位不成功，终止函数
            return 0;
    }
    t = p -> next;   //t 为被删除的第 i 个结点
    e = t -> data;
    p -> next = t -> next;   //删除 t 的链接关系
    free(t);   //释放被删结点
    return 1;
}
```

说明

malloc()函数与 free()函数通常成对使用。调用 malloc()函数申请的内存空间，只要程序不停止，就不会被自动释放，因此程序运行过程中会在短时间造成内存泄露。所以内存使用完毕，应该即时调用 free()函数释放内存。

5. 遍历链表 void TraverseList(Node *H)

遍历链表的目的是逐一显示以 H 为头指针的链表中每个结点数据域的内容，实现的思路如下：定义指针 p，让其指向第一个结点，开始循环，循环过程中输出指针 p 指向结点数据域的内容，并将指针 p 移动至下个结点，直到输出所有结点内容，循环结束。

代码如下：

```
void TraverseList(Node *H)
{
  Node *p = H -> next;
  while(p != NULL)
  {
     printf("%d",p -> data);
     p = p -> next;
  }
}
```

任务实施

1. 实施步骤

（1）定义描述图书信息的结构体 Book。

（2）定义结构体变量 Book1。

（3）定义描述结点信息的结构体 Node。

（4）定义 Node 类型的指针 Head。

（5）调用 InitList( )函数，完成链表的初始化，得到一个以 Head 为头指针的空链表。

（6）开始循环，循环次数为 3 次，循环过程中执行如下操作。

① 输入插入图书记录的位置。

② 输入一个图书记录，包括 ISBN、Name、Price、Author、Publish 等信息，并将其写入 Book1 中的各个成员中。

③ 调用 InsertList()函数将 Book1 所存图书记录添加到链表 Head 对应位置。

④ 根据 InsertList()函数返回值，输出不同的提示信息。

2. 流程图

InsertList()函数流程如图 8-5 所示。

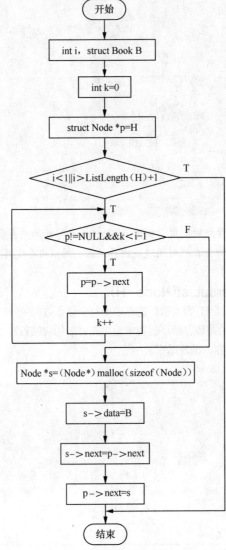

图 8-5　InsertList()函数流程

3. 程序代码

```c
#include <stdio.h>
#include <stdlib.h>
#include <string.h>
struct Book{
 char ISBN[14];
```

```
  char Name[20];
  double Price;
  char Author[20];
  char publish[30];
};
struct Node{
 struct Book data;
 struct Node *next;
}*H;
void InitList()
{
 H = (struct Node *)malloc(sizeof(struct Node));
 H->data.Price=49;
 H -> next = NULL;
}

int ListLength()
{
 struct Node *p = H -> next;
 int n = 0;
 while(p)
 {
 n ++;
 p = p -> next;
 }
      return n;
}
int InsertList(int i,struct Book B)
{
 int k = 0;
 struct Node *p = H;
 if(i < 1 || i > ListLength() + 1)
     return 0;
     while(p != NULL && k < i - 1)
     {
         p = p -> next;
         k ++;
     }
     struct Node *s = (struct Node*)malloc(sizeof(struct Node));
     s -> data = B;
     s -> next = p -> next;
      p -> next = s;
     return 1;
}
void TraverseList()
{
     struct Node *p = H -> next;
     while(p != NULL)
     {
         printf("ISBN:%s,Name:%s,Price: %f,Author:%s,publish:%s\n",
     p -> data.ISBN,p -> data.Name,p -> data.Price,p -> data.Author,p -> data.publish);
     p = p -> next;
     }
}
int main()
{
     struct Book Book1;
     int i,pos,n;
     InitList();
     for(i = 0;i < 3;i ++)
     {
      printf("Input position:");
     scanf("%d",&pos);
      printf("Input book information:");
  scanf("%s %s %lf %s %s",Book1.ISBN,Book1.Name,&Book1.Price,Book1.Author,Book1.publish);
```

```
        if(InsertList(pos,Book1))
        {
          printf("Information added successfully,Updated linked list is:\n");
        }
        else
          printf("Information added failed\n");
      }
      TraverseList();
      return 0;
}
```

课堂实训

1. 实训目的

★ 理解链表的存储特点

★ 掌握结点的定义

★ 掌握链表的定义

★ 掌握链表的插入和删除操作

★ 了解链表的其他操作

2. 实训内容

绘制 DeleteList()函数流程图，并实现 DeleteList()函数功能，然后在主函数中调用 DeleteList()函数，从以 Head 为头指针的链表中删除第 position 个位置的图书记录。

输入格式：

在一行中输入删除图书记录的位置 position。

输出格式：

在一行中输出删除是否成功的提示，如果删除成功，则换行输出链表内容。

输入样例 1：

```
Input position:0
```

输出样例 1：

```
Information deleted failed
```

输入样例 2：

```
Input position:1
```

输出样例 2：

```
Information deleted successfully,Updated linked list is:
ISBN:987302402633, Name:UML, Price:49.000000,Author:侯爱民, publish:清华大学出版社
ISBN:987302402635, Name:数据结构, Price:42.000000,Author:严蔚敏, publish:清华大学出版社
ISBN:987302402636, Name:c语言程序设计, Price:39.000000,Author:谭浩强, publish:清华大学出版社
```

单元小结

结构体是一种自定义的数据类型，由若干成员组成。要想使用结构体，需要先定义结构体，再定义结构体类型的变量，结构体变量可以在定义时初始化，也可以在定义后赋值。

如果要存放多个同类型的结构体变量，可以使用结构体数组。如果要引用结构体数组中某个元素的某个成员，以"结构体数组元素.成员"的形式引用。

链表以结点为单位来存储数据，它以头结点为起点，通过结点的指针域将后继结点陆续链接到当前结点后面，直到最后一个结点，形成一个连续的"链"，链表的头指针可以代表一个链表。链表中结点的内存是通过调用malloc()函数动态分配的，结点将通过指向它的指针间接被访问。

链表的操作一般包括初始化链表、求链表长度、判定链表是否为空、插入数据元素、删除数据元素、获

取数据元素内容、定位数据元素位置、遍历链表、销毁链表等。

向链表中插入新结点的方法是先将指针定位到插入位置的前一个结点，然后修改指针的指向来完成插入。删除链表中结点的方法是，先将指针定位到删除位置的前一个结点，然后修改指针的指向来完成删除。

单元习题

一、选择题

1. 下面关于结构体类型的描述中，错误的是（　　　）。

    A. 定义结构体类型时，结构体名不得省略

    B. 一个结构体类型的结构体变量可作为另外一个结构体类型的成员

    C. 数组可作为结构体成员

    D. 某结构体类型所能定义的结构体变量的个数是不受限制的

2. 设有如下语句，则下面叙述不正确的是（　　　）。

```
struct stu {
    int a ;
    float b ;
} stutype ;
```

    A. struct 是结构体类型的关键字

    B. struct stu 是用户定义的结构体类型名

    C. stutype 是用户定义的结构体类型名

    D. a 和 b 都是结构体成员名

3. 下面关于结构体变量的描述中，错误的是（　　　）。

    A. 结构体变量可以作为数组元素

    B. 结构体变量的成员用运算符 "." 表示

    C. 结构体变量可以作为函数的参数

    D. 两个结构体变量可以做相加运算

4. 设有一结构体类型变量定义如下：

```
struct  date{
    int  year;
    int  month;
    int  day;
};
struct  worklist{
    char  name[20];
    char  sex;
    struct  date  birthday;
} person;
```

若对结构体变量 person 的出生年份进行赋值，则下面正确的赋值语句是（　　　）。

    A. year=1976;   B. birthday.year=1976;

    C. person.birthday.year=1976;   D. person.year=1976;

5. 当定义一个结构体变量时，系统为它分配的内存空间是（　　　）。

    A. 结构体中一个成员所需的内存容量

    B. 结构体中第一个成员所需的内存容量

    C. 结构体中占内存容量最大者所需的容量

    D. 结构体中各成员所需内存容量之和

6. 以下对结构体类型变量 td 的定义中，错误的是（　　　）。

A.
```
typedef struct aa {
    int n;
    float m;
}AA;
AA td;
```

B.
```
struct aa{
    int n;
    float m;
} ;
struct aa td;
```

C.
```
struct{
    int n;
    float m;
}aa;
struct aa td;
```

D.
```
struct{
    int n;
    float m;
} td;
```

7. 以下叙述中错误的是（   ）。

    A. 可以通过 typedef 增加新的类型

    B. 可以用 typedef 将已存在的类型用一个新的名字来代替

    C. 用 typedef 定义新的类型名后，原有类型名仍有效

    D. 用 typedef 可以为各种类型起别名，但不能为变量起别名

二、填空题

1. 根据下面的定义，输出字母 M 的语句是 printf("%c\n",class[___].name[___]);。
```
struct person {
    char name[9];
    int age;
};
struct person class[10]={"John",17,"Paul",19,"Mary",18, "Adam",16};
```

2. struct sk{
```
    int a;
    float b;
}data,*p;
```
若有 p=&data;，通过指针变量 p 间接访问 data 中 a 成员的操作是_____。

3. 一般情况下，链表中所占用的存储单元地址是_____(连续的或非连续的)。

4. 在链表中，在 p 所指的链结点后面插入一个由 q 所指的链结点应执行的语句是_____和_____。

5. 删除由 list 所指的链表的第 1 个结点是执行操作_____。

6. 以下程序的运行结果是_____。
```
#include <stdio.h>
#include <string.h>
typedef struct student{
    char name[10];
    long sno;
    float score;
}STU;
int main(){
    STU a = {"zhangsan",2001,95},b = {"Shangxian",2002,90},c = {"Anhua",2003,95},d,*p = &d;
    d = a;
    if(strcmp(a.name,b.name)>0)
        d = b;
```

```
        if(strcmp(c.name,d.name)>0)
            d = c;
        printf("%ld %s\n",d.sno,p->name);
        return 0;
}
```

7. 下面程序的运行结果是 _____。

```
#include <stdio.h>
int main ()
{
    struct complx {
    int x; int y ;
    } cnum[2] = {1,3,2,7} ;
    printf("%d\n",cnum[0].y / cnum[0].x * cnum[1].x );
    return 0;
}
```

8. 下面程序的输出结果是_____。

```
#include <stdio.h>
struct ks{
    int a;
    int *b;
  };
int main()
{
    struct ks s[5],*p;
    int n = 1,i;
    for(i = 0;i < 5;i++)
    { s[i].a = n; s[i].b = &s[i].a; n = n + 3; }
    p = &s[1];
    printf("%d,%d\n",++ (*p -> b),*(s + 2) -> b);
    return 0;
}
```

三、编程题

1. 编写程序：计算两点之间的距离。

（1）定义结构体类型 Point，用于存放点的 x 轴坐标和 y 轴坐标。

（2）在主函数中定义 Point 类型的两个变量。

（3）从键盘输入两个结构体变量的 x 轴坐标和 y 轴坐标。

（4）计算两个结构体变量代表的点之间的距离。

（5）输出距离。

输入格式：

输入两行，第一行输入第一个结构体变量的 x 轴坐标和 y 轴坐标，第二行输入第二个结构体变量的 x 轴坐标和 y 轴坐标。

输出格式：

在一行中输出两点之间的距离，输出格式为 "两点之间的距离：distance"， distance 表示两点之间的距离。

输入样例：

```
12  23↙
40  27↙
```

输出样例：

```
两点之间的距离：28.28
```

2. 编写程序：计算员工的实发工资。

（1）定义结构体类型 Salary，用于存放员工工资，成员包括姓名、基本工资、浮动工资、扣除金额。

（2）在主函数中定义 Salary 类型的结构体数组，用于存放员工工资记录，数组元素 3 个。

（3）从键盘输入数组各元素信息，包括姓名、基本工资、浮动工资、扣除金额。

（4）输出各员工的姓名和实发工资。

输入格式：

输入3行，每一行输入一位员工的姓名、基本工资、浮动工资、扣除金额。

输出格式：

输出4行，前3行每一行输出一位员工的姓名和实发工资，第四行输出实发工资最高的员工姓名。

输出格式为："姓名：s1.name，实发工资：s1.pay"，其中 s1.name、s1.pay 表示某员工姓名和实发工资；
"实发工资最高的员工是：name"，其中 name 表示实发工资最高的员工姓名。

输入样例：

```
Input 1th employee's information:Jim 3200 2200 530.20 ✓
Input 2th employee's information:LiLei 4100 2800 740.30✓
Input 3th employee's information:Lucy 4100 2900 763.40✓
```

输出样例：

```
姓名：Jim ，实发工资：4869.80
姓名：LiLei ，实发工资：6159.70
姓名：Lucy，实发工资：6236.60
实发工资最高的员工是：Lucy
```

3. 编写程序来实现倒计时。

（1）定义结构体类型 Date，用于存放日期，日期包括年、月、日。

（2）定义函数，函数原型为 int GetDayNum(Date start，Date end)，计算两个日期之间的相隔天数，即截止日期离起始日期的剩余天数，并将天数返回。

（3）定义判定闰年的函数 int IsLeap(int Y)。

（4）在主函数中输入起始日期和截止日期，调用 GetDayNum()函数，返回剩余天数，并将结果输出。

输入格式：

输入两行，第一行输入起始日期，包括年、月、日；第二行输入截止日期，包括年、月、日。

输出格式：

在一行中输出剩余天数，显示结果格式为"剩余天数：daynum 天"，其中 daynum 为剩余天数。

输入样例1：

```
2001 1 8 ✓
2006 3 4✓
```

输出样例1：

```
剩余天数：1881 天
```

输入样例2：

```
2006 7 2✓
2006 10 7✓
```

输出样例2：

```
剩余天数：97 天
```

4. 编写程序：建立个人通信录。

定义一个结构体类型 memu，它的成员 name、phone 和 Address 分别用来表示姓名、电话号码和地址。定义结构体数组，数组元素3个，在循环中逐个输入个人通信信息，最后输出整个通信录。

输入格式：

输入3行，每行输入一个人的姓名、电话号码和地址。

输出格式：

输出3行，每行输出一个人的姓名、电话号码和地址。

输出格式为"Name：m1.name，phone：m1.phone, Address：m1. Address"，其中 m1.name、m1.phone、m1. Address 表示某联系人的姓名、电话、地址。

输入样例：

```
Input 1th person's information:Jane 010-83269715 北京市西城区✓
Input 2th person 's information:Lucy 010-83162916 北京市海淀区✓
Input 3th person 's information:LiLy 010-73262516 北京市大兴区✓
```

输出样例：

```
Name: Jane , phone: 010-83269715, Address: 北京市西城区
Name: Lucy , phone: 010-83162916, Address: 北京市海淀区
Name: LiLy , phone: 010-73262516, Address: 北京市大兴区
```

四、程序改错题

设有一个描述零件加工的数据结构为：零件号 pname;工序号 wnum;指针 next; 。下面程序建立了一个包含 100 个零件加工数据的链表，请指出并修改程序中的错误。

```c
#include<stdio.h>
#include<stdlib.h>
#define LEN sizeof(struct parts)
typedef struct parts{
    char pname[10];
    int wnum;
    struct parts *next;
}AS;
int main()
{
    AS *head, *p,*q;
    int i;
    for(i = 0;i < 100;i++)
    {
    p = (AS *)malloc(sizeof(AS));
    scanf("%s%d",p -> pname,&p -> wnum);
    p -> next = NULL;
    if(i == 0)
            head = p;
    else
            p -> next = q;
            q = p;
    }
    p = head;
    while(p)
    {
        printf("%s,%d\n",p -> pname,p -> wnum);
        p ++;
    }
    return 0;
}
```

单元 9

文件程序设计

　　我们经常会说"好记性不如烂笔头"，这句话告诉我们学习过程中不仅需要动脑理解并记住所学内容，还需要适时把重点、难点记录下来。编写程序也一样，信息除了记录在内存中，还可以适时保存到文件中进行永久存储，降低出错率，减少大量数据频繁输入或输出造成的错误。本单元通过顺序读写图书信息、随机存取会员信息这两个任务来介绍文件的相关知识。

教学导航

教学目标	知识目标： 了解文件流、文件、文件分类、文件存储方式和文件指针相关概念 掌握文件打开与关闭方法的使用 掌握字符、字符串、格式串、二进制信息存取方法的使用 掌握随机存取函数 fseek()、rewind()、ftell()的使用 了解错误检测函数的使用 能力目标： 具备运用文件读写函数解决文件中数据写入、读取相关问题的能力 具备运用文本和二进制方式进行文件读写的能力 具备顺序读写和随机读写文件的能力 素养目标： 培养学生的信息安全意识、规范化编程习惯、团队合作意识 思政目标： 培养学生厉行节约、拒绝浪费的思想品质
教学重点	文本文件及二进制文件的读写 顺序读写和随机读写
教学难点	随机读写
课时建议	4 课时

任务 9-1　顺序读写图书信息

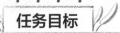

任务目标

★ 理解文件流、文件、文件分类、文件中的信息存储

★ 了解文件指针

★ 掌握文件打开与关闭方法的使用

★ 掌握字符读写、字符串读写、格式化字符串、二进制文件读写方法的使用

★ 了解程序调试方法

任务陈述

1. 任务描述

程序运行时，程序本身和数据一般都存储在内存中，当程序运行结束，存放在内存中的数据即被释放。而在日常生活中，经常需要永久地保存大量数据，如学生信息、学生成绩信息、商品信息、人事档案信息、图书信息等，这些信息需要长久保存，就必须以文件的形式存储到磁盘中。本任务实现将图书信息（包括编号、名称、价格、作者、出版社）以文本形式存储到磁盘文件中，并将文本文件中存储的图书信息显示到控制台。

2. 运行结果

顺序写图书信息的结果如图 9-1 所示，顺序读图书信息运行结果如图 9-2 所示。

图 9-1　顺序写图书信息的结果

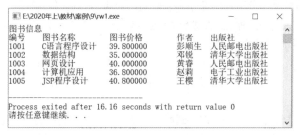

图 9-2　顺序读图书信息运行结果

知识准备

9.1.1　文件相关概念

1. 计算机的流

C 语言将在不同的输入输出设备（如键盘、内存、显示器等）之间进行传递的数据抽象为"流"。例如，当在一段程序中调用 scanf() 函数时，会有数据经过键盘流入存储器；当调用 printf() 函数时，会有数据从存储器流向

屏幕。流实际上就是一个字节序列，输入函数的字节序列被称为输入流，输出函数的字节序列被称为输出流。"流"如同流动在管道中的水，抽象的输入流和输出流如图 9-3 所示。

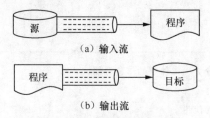

（a）输入流

（b）输出流

图 9-3　抽象的输入流和输出流

根据数据形式，输入输出流可以被细分为文本流（字符流）和二进制流。文本流和二进制流之间的主要差异是：在文本流中输入输出的数据是字符或字符串，可以被修改；而二进制流中输入输出的是一系列二进制的 0、1 代码，不能以任何方式修改。

2. 文件

"文件"是指一组相关数据的有序集合，这个数据集有一个名称，叫文件名。实际上，在前面的内容中已经多次使用了文件，例如，源程序文件（.c）、目标文件（.obj）、可执行文件（.exe）和头文件（.h）等。

文件通常是驻留在外部存储介质（如磁盘等）上的，在使用时才被调入内存中，从不同的角度可对文件进行不同的分类。

（1）从用户的角度来划分，文件可分为普通文件和设备文件两种。

普通文件是指驻留在磁盘或其他外部存储介质上的一个有序数据集，可以是源文件、目标文件和可执行文件；也可以是一组待输入处理的原始数据，或者是一组输出的结果。源文件、目标文件、可执行文件都可以称作程序文件，输入输出数据可称作数据文件。

设备文件是指与主机相连的各种外部设备，例如显示器、打印机和键盘等。在操作系统中，把外部设备也看作一个文件来进行管理，把它们的输入、输出等同于对磁盘文件的读和写。

通常把显示器定义为标准输出文件，一般情况下在屏幕上显示有关信息就是向标准输出文件进行输出，例如前面经常使用的 printf( )、putchar( )函数就是这类输出。

键盘通常被指定为标准的输入文件，从键盘输入就意味着从标准输入文件上输入数据。例如 scanf( )、getchar( )函数就属于这类输入。

（2）从文件编码的方式来划分，文件可分为 ASCII 文件和二进制文件两种。

ASCII 文件也称为文本文件，这种文件在磁盘中存放时每个字符对应一个字节，用于存放对应的 ASCII 值。例如，数值 5678 的存储形式为：

ASCII：　00110101　00110110　00110111　00111000

十进制码：　　　5　　　　　6　　　　　7　　　　　8

存储时，将每个十进制数看作一个字符，例如，5678 在存储时被看成'5'（ASCII 值为 53）、'6'（ASCII 值为 54）、'7'（ASCII 值为 55）、'8'（ASCII 值为 56），共 4 个字节。

ASCII 文件可在屏幕上按字符显示。例如，源程序文件就是 ASCII 文件，用 DOS 命令 TYPE 可显示文件的内容。由于是按字符显示，因此用户能读懂文件内容。

二进制文件就是把内存中的数据按其在内存中存储的形式（即数据的二进制形式）原样输出到磁盘中存放，即存放的是数据的原形式。

例如，数 5678 的存储形式为：

0001011000101110

因此 5678 这个数使用二进制文件存放时，只需要 2 字节的存储空间，并且不需要进行转换，既节省时间，又节省空间。但是二进制存放方法不够直观，需要经过转换后用户才能看懂存放的信息。

（3）根据文件读写时的处理方式来划分，文件可分为缓冲文件和非缓冲文件。

缓冲文件是指系统自动在内存中为正在处理的文件划分出了一部分内存作为缓冲区。当从磁盘读入数据时，数据要先送到输入文件缓冲区，然后再从缓冲区把数据逐个传送给程序中的变量；当从内存向磁盘输出数据时，必须先把数据装入输出文件缓冲区，装满之后，才将数据从缓冲区写到磁盘。

使用文件缓冲可以减少磁盘的读写次数，提高读写效率。通过文件缓冲区读写文件的过程如图9-4所示。

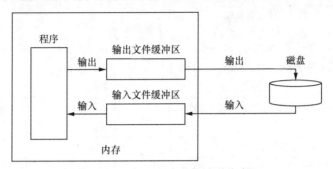

图9-4 通过文件缓冲区读写文件的过程

非缓冲文件是指不由系统自动设置缓冲区，而由用户自己根据需要进行设置。非缓冲文件处理数据的方式目前几乎不使用，此处不做介绍。

9.1.2 文件指针

一般情况下，要使用一个文件，系统将在内存中为这个文件开辟一个"文件信息区"，用来存放文件的有关信息，例如文件的名字、文件缓冲区的地址、缓冲区中未被处理的字符数、文件操作的方式、下一个字符的位置等。这些信息使用一个结构体类型来描述，其类型名为 FILE，FILE 文件类型的说明如下：

```
typedef struct
{ int _fd;          //文件号
  int _cleft;   //缓冲区中未被处理的字符数
  int _mode;    //文件操作的方式
  char *_nextc;      //下一个字符的位置
  char *_buff;  //文件缓冲区的地址
}FILE;
```

有了 FILE 类型之后，对每一个要操作的文件，都要定义一个指向 FILE 类型结构体的指针变量，这个指针称为文件指针。通过文件指针就可对它所指的文件进行各种操作。定义文件指针的方法为：

```
FILE *指针变量标识符;
```

其中 FILE 应为大写，它实际上是由系统定义的一个结构体，在编写源程序时不必关心 FILE 结构体的细节。例如：

```
FILE *fp;
```

上述语句表示 fp 是指向 FILE 结构体类型的指针变量，通过 fp 即可找到存放某个文件信息的结构体变量，然后可按结构体变量提供的信息找到相应文件，从而对文件进行操作。通常会笼统地把 fp 称为指向一个文件的指针。

9.1.3 文件的打开与关闭

文件的操作过程必须是"先打开，后读写，最后关闭"。

1. 打开文件

所谓打开文件，就是以某种方式从磁盘上查找指定的文件或创建一个新文件，建立文件的各种相关信息，并使文件指针指向该文件，以便进行其他操作。

在 C 语言中，文件操作都是由库函数来完成的。C 语言中打开文件可以使用输入或输出库中的 fopen() 函数，该函数的函数原型如下：

```
FILE* fopen(char* filename,char* mode);
```

上述代码中，FILE*表示该函数返回值为文件指针类型；参数 filename 用于指定文件的路径；参数 mode 是指文件的类型和操作要求，控制该文件被打开后是用于读、写，还是既读又写，总共有 12 种文件打开模式，如表 9-1 所示。

表 9-1　文件打开模式

文本文件(ASCII)		二进制文件	
使用方式	含义	使用方式	含义
r	以只读模式打开一个文本文件，只允许读数据	rb	以只读模式打开一个二进制文件，只允许读数据
w	以只写模式打开或建立一个文本文件，只允许写数据	wb	以只写模式打开或建立一个二进制文件，只允许写数据
a	以追加模式打开一个文本文件，并在文件末尾写数据	ab	以追加模式打开一个二进制文件，并在文件末尾写数据
r+	以读写模式打开一个文本文件，允许读和写	rb+	以读写模式打开一个二进制文件，允许读和写
w+	以读写模式打开或建立一个文本文件，允许读和写	wb+	以读写模式打开或建立一个二进制文件，允许读和写
a+	以读写模式打开一个文本文件，允许读，或在文件末尾追加数据	ab+	以读写模式打开一个二进制文件，允许读，或在文件末尾追加数据

例如：

```
FILE *fp;
fp = fopen("file1.txt","r");
```

其意义是在当前目录下打开文件名为 "file1.txt" 的文件，只允许进行 "读" 操作，并使 fp 指向该文件。如要操作的文件不在当前目录下，则可以在文件名前加上路径，例如：

```
FILE *fp;
fp = fopen("路径\file2.dat","rb");
```

其意义是打开指定路径下文件名为 "file2.dat" 的文件，该文件是二进制文件，只允许进行 "读" 操作，并使 fp 指向该文件。如果正常打开了指定文件，则返回该文件的信息区的起始地址；否则文件打开失败，返回值为 NULL。

2．关闭文件

一旦文件使用完毕，应该使用关闭文件函数将文件关闭，以免发生文件数据丢失等情况。文件关闭函数为 fclose( )，fclose( )函数原型如下：

```
int fclose(FILE* fp);
```

例如：

```
fclose(fp);
```

该函数的返回值类型为 int，正常完成关闭文件操作时，fclose( )函数的返回值为 0。如果返回非 0 值，则表示有错误发生。

【例 9-1】以只读模式打开一个文本文件，并确定文件是否被打开。

```
#include<stdio.h>
#define MAXLINE 81
int main(){
    FILE* fp;
    char pathstr[MAXLINE];
    printf("请输入需要打开的文件: \n");
    gets(pathstr);
    fp = fopen(pathstr,"r");
    if(fp == NULL){
        printf("文件打开失败");
        return 0;
    }
    else{
```

```
        printf("文件打开成功");
    }
    return 0;
}
```

程序运行结果：

```
请输入需要打开的文件：
demo9-1.txt↙
文件打开成功
```

由于本例中要打开的是文本文件，使用 fopen( ) 函数时，文件打开模式为 "r"。

9.1.4　读写文件

文件打开后，就可以对文件进行读写操作了。使用 C 语言读写文件是通过函数实现的，读写文件分为读写文本文件和读写二进制文件，两种文件存放形式不同，所以读写文件的函数也不一样。

1.　读写一个字符

在对文本文件进行读写时，字符读写函数是以字符（字节）为单位的，也就是每次可从文件中读出或向文件写入一个字符。主要用到两个函数，分别为 fgetc( ) 函数和 fputc( ) 函数。

（1）读字符函数 fgetc( )

读字符函数的功能是从指定的文件中读一个字符，函数调用的形式为：

```
字符变量 = fgetc(文件指针);
```

例如：

```
ch = fgetc(fp);
```

其意义是从 fp 所指向的文件中读取一个字符并存放到 ch 变量中。

对于 fgetc( ) 函数的使用有以下几点说明。

① 在调用 fgetc( ) 函数时，读取的文件必须是以读或读写模式打开的。

② 读取字符的结果也可以不向字符变量赋值。例如，fgetc(fp);，但是读出的字符不能保存。

③ 在文件内部有一个位置指针，用来指向文件当前读写的字节。在文件打开时，该指针总是指向文件的第一个字节。使用 fgetc( ) 函数后，该位置指针将自动向后移动一个字节。因此，可连续多次使用 fgetc() 函数，读取多个字符。文件指针与文件内部的位置指针是不同的。文件指针是指向整个文件的，需在程序中定义，只要不重新赋值，文件指针的值是不变的。文件内部的位置指针用以指示文件内部的当前读写位置，每读写一次，该指针都向后移动，它不需要在程序中定义，而是由系统自动设置的。

【例 9-2】从文件中读出字符，并将读到的内容输出到屏幕上。

```
#include<stdio.h>
#define MAXLINE 81
int main()
{
    FILE *fp;
    char ch;
    char pathstr[MAXLINE];
    printf("请输入需要打开的文件：\n");
    gets(pathstr);
    if((fp = fopen(pathstr,"r")) == NULL)
    {
        printf("\nCannot open file!");
        return 0;
    }
    ch = fgetc(fp);
    while(ch != EOF)
    {
        putchar(ch);
        ch = fgetc(fp);
    }
    fclose(fp);
    return 0;
}
```

　　程序运行结果：

```
请输入需要打开的文件：
demo9-2.txt↙
hello everybody
good morning.
```

　　本实例是从文件中逐个读出字符，并在屏幕上显示出来。定义文件指针 fp，以只读模式打开文本文件，并使 fp 指向该文件。如果打开文件出错，就给出提示并退出程序。否则，程序先读出一个字符，然后进入循环，只要读出的字符不是文件结束标志（每个文件末尾有一个结束标志 EOF），就把该字符显示在屏幕上，再读入下一个字符。每读一次文件内部的位置指针就向后移动一个字符，文件结束时，该指针指向 EOF。

　　（2）写字符函数 fputc( )

　　写字符函数的功能是把一个字符写入指定的文件中。其函数原型如下：

```
int fputc(char ch, FILE *fp);
```

　　其中，ch 表示写入的内容，fp 表示待写入文件的指针，int 表示返回值类型。例如：

```
fputc('a',fp);
```

　　其含义是把字符 a 写入 fp 所指向的文件中。

　　对于 fputc 函数的使用说明如下。

　　① 被写入的文件可以用只写、读写、追加模式打开，用只写或读写模式打开一个已存在的文件时将清除原有的文件内容，写入字符从文件开头开始。

　　② 如需保留原有文件内容，希望写入的字符在文件内容末尾开始存放，必须以追加方式打开文件。

　　③ 被写入的文件若不存在，则新建文件。

　　④ 每写入一个字符，文件内部位置指针向后移动一个字节。

　　⑤ fputc( )函数有一个返回值，如写入成功则返回写入的字符，否则返回一个 EOF。可用此来判断写入是否成功。

　　【例 9-3】从键盘输入一行字符，并写入文件中。

```
#include<stdio.h>
#define MAXLINE 81
int main()
{
    FILE *fp;
    char ch;
    char pathstr[MAXLINE];
    printf("请输入需要打开的文件：\n");
    gets(pathstr);
    if((fp = fopen(pathstr,"w+")) == NULL)
    {
        printf("Cannot open file!");
        return 0;
    }
    printf("input a string:\n");
    ch = getchar();
    while(ch != '\n')
    {
        fputc(ch,fp);
        ch = getchar();
    }
    fclose(fp);
    return 0;
}
```

　　程序运行结果：

```
请输入需要打开的文件：
demo9-3.txt↙
input a string:
hello world↙
```

demo9-3.txt 文件写入后的效果如图 9-5 所示。

图 9-5　demo9-3.txt 文件内容

本实例中首先打开文件 demo9-3.txt，然后从键盘读入一个字符后进入循环，当读入字符不为换行符时，把该字符写入文件之中，然后继续从键盘读入下一个字符。每输入一个字符，文件内部位置指针向后移动一个字节。写入完毕，该指针指向文件末尾。

2. 读写一个字符串

字符串读写函数是从指定的文件中读取或向指定的文件中写入一个字符串，主要有两个函数，分别为 fgets()函数和 fputs()函数。

（1）读字符串函数 fgets()

读字符串函数的功能是从指定的文件中读取一个字符串到字符数组中，函数调用的形式为：

```
fgets(字符数组名,n,文件指针);
```

其中，n 是一个正整数，表示从文件中读出的字符串不超过 $n-1$ 个字符。在读出最后一个字符后加上串结束标志'\0'。例如：

```
fgets(str,n,fp);
```

上述语句表示从 fp 所指的文件中读出 $n-1$ 个字符存入字符数组 str 中。

对 fgets 函数有以下两点说明。

① 在读出 $n-1$ 个字符之前，若遇到了换行符或 EOF，则读出结束。

② fgets()函数也有返回值，其返回值是字符数组的首地址。

【例 9-4】从 demo9-3.txt 文件中读出一个含 11 个字符的字符串。

```
#include<stdio.h>
#define MAXLINE 81
int main()
{
    FILE *fp;
    char str[12];
    char pathstr[MAXLINE];
    printf("请输入需要打开的文件: \n");
    gets(pathstr);
    if((fp = fopen(pathstr,"r")) == NULL)
    {
        printf("\nCannot open file!");
        return 0;
    }
    fgets(str,12,fp);
    printf("%s\n",str);
    fclose(fp);
    return 0;
}
```

程序运行结果：

```
请输入需要打开的文件:
demo9-3.txt✓
hello world
```

本实例首先定义一个字符数组 str，共 12 个字节，打开文件 demo9-3.txt 后，从中读出 11 个字符存入 str 数组，在数组最后一个元素后将加上'\0'，然后在屏幕上输出字符数组 str。

（2）写字符串函数 fputs()

写字符串函数的功能是向指定的文件中写入一个字符串，成功写入一个字符串后，文件位置指针会自动后移，函数返回值为非负整数，否则返回 EOF。其函数原型如下：

```
int fputs(const char *str,FILE *fp);
```

其中，参数 str 表示待写入的一行字符串；参数 fp 表示待写入文件的指针；int 表示返回值类型。例如：

```
fputs("abcd",fp);
```

上述语句的含义是把字符串"abcd"写入 fp 所指的文件中。

【例 9-5】在文件 demo9-3.txt 中追加字符串。

```
#include<stdio.h>
#define MAXLINE 81
int main()
```

```
{
    FILE *fp;
    char ch,st[20];
    char pathstr[MAXLINE];
    printf("请输入需要打开的文件：\n");
    gets(pathstr);
    if((fp = fopen(pathstr,"a+")) == NULL)
    {
        printf("Cannot open file!");
        return 0;
    }
    printf("input a string:\n");
    scanf("%s",st);
    fputs(st,fp);
    fclose(fp);
    return 0;
}
```

程序运行结果：

```
请输入需要打开的文件：
demo9-3.txt✓
input a string:
filewrite✓
```

将字符串写入 demo9-3.txt 文件后的效果如图 9-6 所示。

本实例是在 demo9-3.txt 文件末尾追加字符串，首先以读写模式打开文本文件 demo9-3.txt，然后输入字符串，并用 fputs( ) 函数把该字符串写入文件 demo9-3.txt。

图 9-6　追加字符串后 demo9-3.txt 文件内容

3. 格式化读写函数

（1）格式化读函数 fscanf( )

fscanf( )函数用于从文件中格式化地读出数据，它除了对字符类型有效外，还对数值类型有效，与 scanf( ) 函数功能相似。其函数原型如下：

```
int fscanf(FILE* fp,const char * format,&arg1,&arg2,...,&argn);
```

其中，参数 fp 表示待读出文件的指针；参数 format 表示格式说明字符串；&arg1,&arg2,...,&argn 表示输入变量的地址列表；返回值 int 表示函数返回值类型为整数类型。如果该函数调用成功，则返回输入的参数的个数；否则返回 EOF。例如：

```
fscanf(fp,"%s%d",word,&num);
```

上述语句的功能是从文件 fp 中读出一个字符串和一个整数类型数据，分别赋值给 word 和 num 变量。

（2）格式化写函数 fprintf( )

文件操作中也有指定格式的输出函数：fprintf( )。该函数除了对字符类型有效外，还对数值类型有效。fprintf( ) 函数与前面使用的 printf( )函数的功能相似，都是格式化写函数。两者的区别在于 fprintf( )函数的写对象不是显示器和打印机，而是磁盘文件。

这个函数的调用格式为：

```
fprintf(FILE* fp,const char * format,arg1,arg2,...,argn);
```

其中参数 fp 表示待写入文件的指针；参数 format 表示格式说明字符串；arg1，arg2,...,argn 表示输出参数列表。例如：

```
fprintf(fp,"%d%c",j,ch);
```

上述语句的功能是将变量 j 和 ch 的值按照格式写入 fp 所指文件中。

【例 9-6】为了保障系统安全，通常采取用户名和密码登录系统。系统用户信息存放在一个文件中，系统用户名和密码由若干字母和数字字符构成，因安全需要，文件中的密码不能是明文，必须要经过加密处理。

例如输入 5 个用户信息（包含用户名和密码）并写入文件 demo9-6.txt。要求文件中每个用户信息占一行，用户名和加密过的密码之间用一个空格分隔。

密码加密算法：对每个字符 ASCII 的低 4 位取反，高 4 位保持不变（即将其与 15 进行异或）。具体程序如下。

```c
#include <stdio.h>
#include <string.h>
#define MAXLINE 81
struct sysuser
{
    char username[20];
    char password[8];
};
void encrypt(char *pwd);
int main()
{
    FILE *fp;
    int i;
    struct sysuser su;
    char pathstr[MAXLINE];
    printf("请输入需要打开的文件：\n");
    gets(pathstr);
    if((fp = fopen(pathstr,"w")) == NULL)
    {
        printf("File open error!\n");
        return 0;
    }
    for(i = 1;i <= 5;i++)
    {
        printf("Enter %dth sysuser(name password):",i);
        scanf("%s%s",su.username,su.password);    /*输入用户名和密码 */
        encrypt(su.password);                      /*进行加密处理*/
        fprintf(fp,"%s %s\n",su.username,su.password);  /*写入文件*/
    }
    if(fclose(fp))
    {
        printf("Can not close the file!\n");
        return 0;
    }
    return 0;
}
/*加密算法*/
void encrypt(char* pwd)
{
    int i;
    /*与15（二进制码是00001111）异或，实现低4位取反，高4位保持不变*/
    for(i = 0;i < strlen(pwd);i++)
        pwd[i] = pwd[i] ^ 15;
}
```

程序运行结果：

```
请输入需要打开的文件：
demo9-6.txt
Enter 1th sysuser(name password):admin 123✓
Enter 2th sysuser(name password):test test✓
Enter 3th sysuser(name password):zhang zhang✓
Enter 4th sysuser(name password):li li✓
Enter 5th sysuser(name password):chen chen✓
```

将上述内容加密后写入 demo9-6.txt 文件中，文件内容如图 9-7 所示。

图 9-7　【例 9-6】加密后的
demo9-6.txt 文件内容

4. 读写二进制文件

二进制文件中的数据流是非字符的，它包含的是数据在计算机内部的二进制形式。二进制文件的读写效率要比文本文件的高，因为它不必把数据与字符做转换。C 语言对二进制文件的处理方法与文本文件相似，但在文件打开模式上有所不同，分别用 "rb" "wb" "ab" 表示二进制文件的读、写和追加。

在二进制文件中，如果需要一次读出或写入一组数据（如一个结构体变量的值）时，即一个数据块，可以使用数据块读写函数 fread( ) 和 fwrite( )。

（1）二进制文件读函数 fread( )

fread( ) 函数用于在程序中以二进制的形式读出文件，其函数原型如下：

```
unsigned int fread(void* buf,unsigned int elementSize,unsigned int count,FILE *fp);
```

其中，参数 buf 表示读出数据存入内存中的起始地址；参数 elementSize 表示要接收的数据项的字节数；参数 count 表示读出数据项的个数；参数 fp 表示指向源文件的文件指针；返回值类型 unsigned int 表示返回值的类型为无符号的整数类型。

例如：

```
fread(buf,4,1,fp);
```

上述语句的功能是从 fp 指向的数据文件中读出 1 个 4 字节的数据送入 buf 中。

（2）二进制文件写函数 fwrite( )

fwrite( ) 函数用于以二进制形式向文件中写入数据，其函数原型如下：

```
unsigned int fwrite(const void* str,unsigned int size,unsigned int count,FILE *fp);
```

其中，参数 str 表示待写入数据的指针；参数 size 表示待写入数据的字节数；参数 count 表示待写入数据的个数；参数 fp 表示指向待写入数据的文件指针；返回值类型 unsigned int 表示返回值的类型为无符号的整数类型。

例如：

```
fwrite(&str,4,1,fp);
```

上述语句的功能是将 str 所指向的内存中的 1 个 4 字节的数据写入 fp 所指向的文件中。

【例 9-7】从键盘输入两个学生的数据，并写入一个文件中，再读出这两个学生的数据并显示在屏幕上。

```
#include<stdio.h>
#define MAXLINE 81
struct stu
{
    char name[10];
    int num;
    int age;
    char addr[15];
}boya[2],boyb[2],*pp,*qq;
int main()
{
    FILE *fp;
    int i;
    pp = boya;
    qq = boyb;
    char pathstr[MAXLINE];
    printf("请输入需要打开的文件: \n");
    gets(pathstr);
    if((fp = fopen(pathstr,"wb")) == NULL)
    {
      printf("Cannot open file!");
      return 0;
    }
    printf("input data:\n");
    for(i = 0;i < 2;i++,pp++)
      scanf("%s%d%d%s",pp -> name,&pp -> num,&pp -> age,pp -> addr);
    pp = boya;
    fwrite(pp,sizeof(struct stu),2,fp);
    fclose(fp);

    if((fp = fopen(pathstr,"rb")) == NULL)
    {
      printf("Cannot open file!");
      return 0;
    }
```

```
        fread(qq,sizeof(struct stu),2,fp);
        printf("\nname\tnumber\tage\taddr\n");
        for(i = 0;i < 2;i++,qq++)
            printf("%s\t%5d%7d %s\n",qq -> name,qq -> num,qq -> age,qq -> addr);
        fclose(fp);
        return 0;
    }
```

程序运行结果:

```
请输入需要打开的文件:
demo9-7.dat↙
input data:
张三  1  20  湖南长沙↙
李四  2  19  湖南衡阳↙


name     number  age    addr
张三       1       20     湖南长沙
李四       2       19     湖南衡阳
```

　　本实例中定义了一个结构体类型 stu,声明了两个结构体数组和两个结构体指针变量。以读写模式打开二进制文件,输入两个学生数据之后,将数据写入该文件中,然后将文件内部位置指针移到文件开头,读出两个学生数据并在屏幕上显示。

5. 标准文件的输入输出

　　为了在处理形式上更为一致,计算机操作系统一般把外设也看作文件,键盘是输入文件,显示器是输出文件。为了区别于磁盘上的普通文件,C 语言定义了 3 个标准文件。

- stdin:标准输入文件。
- stdout:标准输出文件。
- stderr:标准出错信息输出文件。

这些标准文件在进行读写操作前不需要进行打开操作。例如:

```
printf(输出格式,输出表); fprintf(stdout,输出格式,输出表);
scanf(输入格式,输入表); fscanf(stdin,输入格式,输入表);
```

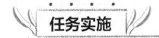 **任务实施**

1. 实施步骤

　　(1)创建文件 rw1.txt,定义图书信息结构体,定义符号常量。

　　(2)输入需要进行文件操作的文件信息,包括路径和文件名,打开文件。

　　(3)文件打开失败则退出程序;若文件打开成功,则在控制台输入图书信息,并写入文本文件中,写入完成后关闭文件。

　　(4)打开文本文件,打开成功后按规定格式将文本文件中的图书信息输出到控制台,最后关闭文件。

2. 程序代码

```
#include<stdio.h>
#define MAXLINE 81
struct Book
{
    char ISBN[14];
    char Name[30];
    double Price;
    char Auth[20];
    char pub[30];
};
int main()
{
    FILE *fp1;
    char pathstr[MAXLINE];
    printf("请输入需要打开的文件: ");
```

```
        gets(pathstr);
        if((fp1 = fopen(pathstr,"a")) == NULL)
        {
            printf("Cannot open file!");
            return 0;
        }
        struct Book b;
        printf("请输入编号: ");
        scanf("%s",b.ISBN);
        printf("请输入书名: ");
        scanf("%s",b.Name);
        printf("请输入价格: ");
        scanf("%lf",&b.Price);
        printf("请输入作者: ");
        scanf("%s",b.Auth);
        printf("请输入出版社: ");
        scanf("%s",b.pub);
        fprintf(fp1,"%s\t%s\t%lf\t%s\t%s\n",b.ISBN,b.Name,b.Price,b.Auth,b.pub);
        fclose(fp1);
        if((fp1 = fopen(pathstr,"r")) == NULL)
        {
            printf("Cannot open file!");
            return 0;
        }
        printf("图书信息\n");
        printf("编号\t 图书名称\t 图书价格\t 作者\t 出版社\n");
        struct Book b1;
        while(!feof(fp1))
        {
            int flag = fscanf(fp1,"%s%s%lf%s%s",b1.ISBN,b1.Name,&b1.Price,b1.Auth,
b1.pub);
            if(flag != EOF)
            printf("%s\t%s\t%lf\t%s\t%s\n",b1.ISBN,b1.Name,b1.Price,b1.Auth,b1.pub);
        }
        fclose(fp1);
        return 0;
}
```

课堂实训

1. 实训目的

★ 了解文件流、文件、文件类型、文件指针的概念

★ 熟练掌握文件的打开与关闭操作

★ 熟练掌握二进制文件的读写操作

★ 熟练掌握程序调试方法

2. 实训内容

将图书信息（包括编号、名称、价格、作者、出版社）以二进制形式存储到磁盘文件 sj1.dat 中，读取二进制文件 sj1.dat 中的图书信息并显示。

输入格式：

输入 6 行，第 1 行输入需要打开的文件，第 2～6 行输入图书的 5 个信息（包括编号、名称、价格、作者、出版社），每个信息占一行。

输出格式：

输出 3 行，第一行输出提示信息，第二行输出图书信息的列标题，第三行输出图书信息的具体值。

输入样例：

请输入需要打开的文件：sj1.dat

请输入编号：1001
请输入书名：C 语言程序设计
请输入价格：39.800000
请输入作者：彭顺生
请输入出版社：人民邮电出版社

输出样例格式如图 9-8 所示。

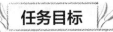

图 9-8 从二进制文件 sj1.dat 中读取出的图书信息

任务 9-2 随机存取会员信息

任务目标

★ 学会使用 fseek( )函数改变文件内部位置指针

★ 学会使用 rewind( )函数将文件位置指针移动到文件的开头

★ 学会使用 ftell( )函数获取文件位置指针当前指向的位置

★ 了解文件检测函数的使用

任务陈述

1. 任务描述

顺序读取文件中的某个记录时，需要从第一个记录开始依次读取，如果数据量很大，显然这种检索方式效率不高。随机读取可实现直接定位到要操作的目标记录上，实现直接存取，这样就可以读写数据文件中的任意数据记录，而不需要从第一条记录依次读取。

本次任务采用随机读写的方式，实现对会员信息的管理，完成将会员信息写入文件、读取文件中所有会员信息、修改指定位置的会员信息等相关功能的任务。

2. 运行结果

会员信息读写和修改程序运行结果如图 9-9 和图 9-10 所示。

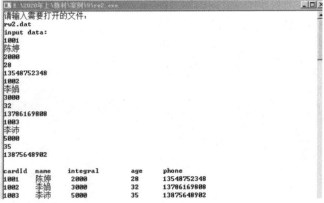

图 9-9 会员信息读写程序运行结果

```
请输入需要修改的会员1-3：
2
1002
李娟
4000
33
13865478904

cardId    name      integral        age      phone
1001      陈婷      2000            28       13548752348
1002      李娟      4000            33       13865478904
1003      李沛      5000            35       13875648902
```

图 9-10　会员信息修改程序运行结果

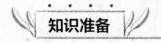

知识准备

文件的顺序读写是指从文件的开头逐个字符（数据项）进行读写。文件有一个位置指针，指向当前的读写位置，每次读写一个字符（数据项）后，位置指针自动移到下一个字符（数据项）的位置。在对文件进行操作时，可以改变这种按物理顺序读写的方式，根据需要按随机方式进行读写，这时，只要改变位置指针指向的位置即可。

确定位置指针指向的位置称为文件的定位，文件的定位包括改变位置指针的当前位置、获取位置指针的当前位置和使位置指针指向文件开头。

9.2.1　fseek()函数

fseek()函数用来移动文件内部位置指针，其函数原型如下：

```
int fseek(FILE* fp,long offset,int origin);
```

其中，参数 fp 为指向文件的指针；参数 offset 为以参数 origin 为基准文件位置指针的偏移量，即字节数，偏移量应是 long 类型的数据，以便在文件大于 64KB 时不会出错，当用常量表示偏移量时，要求加后缀 "L"；参数 origin 表示文件位置指针的起始位置，它有 3 个枚举值——文件开头、当前位置和文件末尾，其表示方法如表 9-2 所示。

表 9-2　文件位置指针起始位置

起始点	表示符号	数字表示
文件开头	SEEK_SET	0
当前位置	SEEK_CUR	1
文件末尾	SEEK_END	2

例如：

```
fseek(fp,100L,0);
```

上述语句的含义是把位置指针移动到文件开头 100 个字节处。fseek()函数一般用于二进制文件，当用于文本文件时需要进行转换，所以计算的位置会出现错误。

【例 9-8】在 demo9-7.dat 文件中读出第二个学生的数据。

```
#include<stdio.h>
#define MAXLINE 81
struct stu
{
    char name[10];
    int num;
    int age;
    char addr[15];
}boy,*qq;
int main()
{
    FILE *fp;
    int i = 1;
```

```
    char pathstr[MAXLINE];
    printf("请输入需要打开的文件: \n");
    gets(pathstr);
    qq = &boy;
    if((fp = fopen(pathstr,"rb")) == NULL)
    {
      printf("Cannot open file strike any key exit!");
      getchar();
      return 0;
    }
    fseek(fp,i*sizeof(struct stu),0);
    fread(qq,sizeof(struct stu),1,fp);
    printf("name\tnumber     age      addr\n");
    printf("%s\t%5d  %7d      %s\n",qq -> name,qq -> num,qq -> age,qq -> addr);
    return 0;
}
```

程序运行结果:

```
请输入需要打开的文件:
demo9-7.dat
name        number      age       addr
李四         2          19        湖南衡阳
```

本实例用随机的方法读出文件中第二个学生的数据, 以只读模式打开二进制文件, 移动文件位置指针, 从文件开头开始, 移动一个 stu 类型的长度, 然后再读出数据, 即第二个学生的数据。

在移动位置指针后, 即可用前面介绍的任意一种读写函数进行读写。由于一般是读写一个数据块, 因此常用 fread() 和 fwrite() 函数。

9.2.2 rewind()函数

rewind()函数用于将文件位置指针移动到文件的开头, 其函数原型如下:

```
void rewind(FILE* fp);
```

其中, 参数 fp 为指向文件的指针; void 是该函数的返回值类型。

【例 9-9】从键盘输入 10 个字符写入文件 demo9-9.txt 中, 再重新读出, 并输出到屏幕上。

```
#include<stdio.h>
#define MAXLINE 81
int main()
{
  int i;
  char ch;
  FILE *fp;
  char pathstr[MAXLINE];
  printf("请输入需要打开的文件: \n");
  gets(pathstr);
  if((fp = fopen(pathstr,"r+")) == NULL)
  {
    printf("cannot open file demo9-9.txt!\n!");
    return 0;
  }
  for(i = 0;i < 10;i++)
  {
    ch = getchar();
    fputc(ch,fp);
  }
  rewind(fp);
  for(i = 0;i < 10;i++)
  {
    ch = fgetc(fp);
    putchar(ch);
  }
  if(fclose(fp))
  {
    printf("cannot close file!\n");
```

```
        return 0;
    }
    printf("\n");
    return 0;
}
```

程序运行结果：

```
请输入需要打开的文件：
demo9-9.txt✓
helloworld✓
helloworld
```

结果如图 9-11 所示。

9.2.3　ftell()函数

ftell()函数用于获取文件位置指针当前指向的位置，其函数原型如下：

图9-11　【例9-9】写入文件 demo9-9.txt 的

```
long ftell(FILE* fp);
```

其中，参数 fp 为指向文件的指针；long 表示返回值类型。需要注意的是，ftell()函数若调用成功，将返回文件位置指针当前所在的位置；若调用失败，则返回-1。

9.2.4　文件检测函数

（1）文件结束检测函数 feof()的函数原型如下：

```
int feof(FILE* fp);
```

其中，参数 fp 为指向文件的指针；int 表示返回值类型。该函数判断文件是否处于文件结束位置，若是，则返回值为 1，否则为 0。

（2）读写文件出错检测函数 ferror()的函数原型如下：

```
int ferror(FILE* fp);
```

其中，参数 fp 为指向文件的指针；int 表示返回值类型。该函数用于检查文件在用各种输入输出函数进行读写时是否出错，ferror()返回值为 0 表示未出错，否则表示有错。

（3）文件出错标志和文件结束标志置 0 函数 clearerr()的函数原型如下：

```
void clearerr(FILE* fp);
```

其中，参数 fp 为指向文件的指针；void 表示函数无返回值。该函数用于清除出错标志和文件结束标志，使它们为 0 值。

【例 9-10】文件出错函数的应用。

```
#include<stdio.h>
#define MAXLINE 81
int main()
{
    FILE* fp;
    char pathstr[MAXLINE];
    printf("请输入需要打开的文件: \n");
    gets(pathstr);
    fp = fopen(pathstr,"r");
    fgetc(fp);
    printf("%d\n",ferror(fp));
    fclose(fp);
    fp = fopen(pathstr,"w");
    fgetc(fp);
    printf("%d\n",ferror(fp));
    if(ferror(fp)){
        printf("Error reading from file\n\n");
        clearerr(fp);
    }
    fclose(fp);
    return 0;
}
```

程序运行结果如图 9-12 所示。

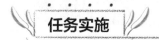

图 9-12 【例 9-10】文件出错函数应用程序运行结果

此程序的功能为使用文件的出错检测函数检查读写文件时出现的错误。

（1）fopen()函数首先以只读模式打开文件，接着用 fgetc()读文件，输出 ferror()的值，其值为 0，表示读文件正确。

（2）关闭文件后以只写模式打开文件，接着也用 fgetc()读文件，输出 ferror( )的值，其值为 32（非 0），表示读文件错误，然后使用 clearerr(fp)函数清除错误标志。

任务实施

1. 实施步骤

（1）创建文件 rw2.dat，定义会员信息结构体，定义符号常量。

（2）输入需要进行文件操作的文件信息，包括路径和文件名，打开文件。

（3）文件打开成功，在控制台输入会员信息，并写入文本文件中。

（4）将文件指针定位到文件开头，读取会员信息并展示。

（5）输入待修改会员，以数字 1～3 分别代表需要修改第 1 位会员、第 2 位会员、第 3 位会员，并将文件指针定位到待修改会员的位置。

（6）输入修改后的会员信息，并从文件指针位置写入会员信息。

（7）将文件指针定位到文件开头，再次读取会员信息并展示。

（8）关闭文件。

2. 程序代码

```
#include<stdio.h>
#define MAXLINE 81
struct member{
    char cardId[10];
    char name[10];
    int integral;
    int age;
    char phone[12];
}member1[3],member2[3],*pp;
int main(){
    FILE *fp;
    int i;
    char pathstr[MAXLINE];
    printf("请输入需要打开的文件: \n");
    gets(pathstr);
    if((fp = fopen(pathstr,"wb+")) == NULL)
    {
        printf("Cannot open file strike any key exit!");
        getchar();
        return 0;
    }
    printf("input data:\n");
```

```
    for(i = 0;i < 3;i++)
  scanf("%s%s%d%d%s",member1[i].cardId,member1[i].name,&member1[i].integral,&member1[i].age,
member1[i].phone);
    fwrite(member1,sizeof(struct member),3,fp);
    rewind(fp);
    fread(member2,sizeof(struct member),3,fp);
    printf("\ncardId\tname\tintegral\tage\tphone\n");
    for(i = 0;i < 3;i++)
      printf("%s\t%s\t%d\t\t%d\t%s\n",member2[i].cardId,member2[i].name,member2[i].integral,
member2[i].age,member2[i].phone);
  printf("请输入需要修改的会员 1-3：\n");
  scanf("%d",&i);
  fseek(fp,(i-1)*sizeof(struct member),0);
  pp = member1;
  scanf("%s%s%d%d%s",pp -> cardId,pp -> name,&pp -> integral,&pp -> age,pp -> phone);
  fwrite(pp,sizeof(struct member),1,fp);
  rewind(fp);
  fread(member2,sizeof(struct member),3,fp);
    printf("\ncardId\tname\tintegral\tage\tphone\n");
    for(i = 0;i < 3;i++)
      printf("%s\t%s\t%d\t\t%d\t%s\n",member2[i].cardId,member2[i].name,member2[i].integral,
member2[i].age,member2[i].phone);
    fclose(fp);
    return 0;
}
```

课堂实训

1. 实训目的

★ 掌握并巩固二进制文件的打开、关闭、读写操作

★ 熟练掌握文件的随机读写、定位操作

★ 熟练掌握程序调试方法

2. 实训内容

编程实现删除指定会员的会员信息。根据输入的文件信息，打开文件，通过输入设备输入多条会员信息，将会员信息存储到磁盘文件中；根据用户输入的会员编号，删除会员信息文件中对应的会员数据。

输入格式：

在多行中输入需要打开的文件及多条会员信息，会员的每个信息占一行，并输入需要删除的会员卡号。

输出格式：

在多行中输出多个会员的信息，每个会员的信息占一行，并输出删除指定会员后的文件内容。

输入样例：

```
输入需要打开的文件：
sj2.dat
input data:
1001
陈婷
2000
28
13548752348
1002
李娟
3000
32
13786169808
1003
李沛
5000
35
```

```
    13875649802
```

输出样例:

```
cardId      name      integral      age      phone
1001        陈婷      2000          28       13548752348
1002        李娟      3000          32       13786169808
1003        李沛      5000          35       13875649802
请输入需要删除的会员卡号：1002
cardId      name      integral      age      phone
1001        陈婷      2000          28       13548752348
1003        李沛      5000          35       13875649802
```

单元小结

本单元主要介绍了 C 语言程序中文件的使用方法，C 语言把文件当作"字节流"，通过文件指针指向这个"字节流"，然后再使用系统提供的函数对文件进行读写和定位等操作。

对文件进行操作有三大步骤：打开文件、读写文件和关闭文件。一旦文件被打开，将自动在内存中建立该文件的 FILE 结构，并可同时打开多个文件。

单元习题

一、选择题

1. C 语言中，数据文件的存取方式为（　　）。
   A. 只能顺序存取
   B. 只能随机存取
   C. 可以顺序存取和随机存取
   D. 只能从文件的开头进行存取

2. 若执行 fopen() 函数时发生错误，则函数的返回值是（　　）。
   A. 地址值　　　　　B. 0　　　　　　　C. 1　　　　　　　D. EOF

3. 若要用 fopen() 函数打开一个新的二进制文件，该文件要既能读也能写，则打开文件的模式为（　　）。
   A. ab+　　　　　　B. wb+　　　　　　C. rb+　　　　　　D. ab

4. fscanf() 函数的正确调用形式是（　　）。
   A. fscanf(fp,格式字符串,输出列表);
   B. fscanf(格式字符串,输出列表,fp);
   C. fscanf(格式字符串,文件指针,输出列表);
   D. fscanf(文件指针,格式字符串,输入列表);

5. fgetc() 函数的作用是从指定文件读入一个字符，该文件的打开模式必须是（　　）。
   A. 只写
   B. 追加
   C. 读或读写
   D. 答案 B 和 C 都正确

6. 函数调用语句 fseek(fp,−20L,2); 的含义是（　　）。
   A. 将文件位置指针移到距离文件开头 20 个字节处
   B. 将文件位置指针从当前位置向后移动 20 个字节
   C. 将文件位置指针从文件末尾处后移 20 个字节
   D. 将文件位置指针移到离当前位置 20 个字节处

7. fseek( ) 函数的正确调用形式是（　　）。
   A. fseek(文件类型指针,起始点,偏移量);
   B. fseek(fp,偏移量,起始点);
   C. fseek(偏移量,起始点,fp);
   D. fseek(起始点,偏移量,文件类型指针);

8. 在执行 fopen( )函数时，ferror( )函数的初值是（   ）。

A. TURE   B. −1   C. 1   D. 0

二、编程题

1. 文本追加。

将字符串"End of document"追加到文本文件 a.txt 的内容之后。

输入格式：

在一行中输入字符串"End of document"。

输出格式：

在多行中输出追加文本"End of documen"后的 a.txt 文件内容。

输入样例：

```
 End of document
```

输出样例：

```
hello world
 End of document
```

2. 学生成绩统计与排序。

一个学生的记录包括学号、姓名和成绩等信息。

（1）格式化输入多个学生的记录。

（2）利用 fwrite( )将学生信息以二进制方式写到文件中。

（3）利用 fread( )从文件中读出成绩并求平均值。

（4）对文件中的记录按成绩排序，将排序后的学生信息和平均成绩写入 student.dat 中。

输入格式：

在多行中输入学生信息，包括学生的学号、姓名和成绩。每个学生的信息占一行。

输出格式：

将输入的学生信息以二进制方式输出到二进制文件 student.dat 中。

将排序后的学生信息以文本方式输出到二进制文件 student.dat 中，计算平均成绩并输出到二进制文件 student.dat 中。

输入样例：

```
 1001  张杰  92.0
 1002  李钰  86.0
 1003  蒋然  78.5
```

输出样例：

```
 1003  蒋然  78.5
 1002  李钰  86.0
 1001  张杰  92.0
 平均成绩为：85.5
```

单元 10

图书超市收银系统设计与实现

程序设计就如同建房子，不同的建筑设计师设计的房子结构风格不一。程序也一样，同样的项目，不同的程序设计人员设计出来的程序在视觉、可操作性、功能、可复用性等方面都不相同。本单元通过需求分析、系统欢迎界面的设计与实现、图书基本信息管理、购书结算处理、售书历史记录处理这 5 个任务来实现图形丰富的图书超市收银系统。

·····
教学导航

教学目标	知识目标： 了解项目开发流程 掌握 C 语言中图形库 EGE 的配置 掌握图形库函数 掌握程序测试相关方法 能力目标： 具备运用图形库开发图文并茂的应用程序的能力 具备设计与开发实际项目的能力 具备运用调试纠正错误的能力 素养目标： 培养学生的审美意识、规范化编程习惯、团队合作意识 思政目标： 培养学生运用程序设计知识开展创新创业活动的能力
教学重点	项目开发流程 EGE 图形库的安装与配置 图形库函数
教学难点	图形库函数
课时建议	2 课时

任务 10-1 需求分析

一个软件系统的设计与开发通常先从用户需求分析开始，通过总体设计、详细设计和代码编写形成程序，经过系统测试和调试、修改工作，最终完善系统并交付用户正式使用。

本案例为"图书超市收银系统"，案例流程简单，主要实现图书基本信息管理、购书结算处理和售书历史记录查询等功能。图书超市收银系统主要功能模块如图 10-1 所示。

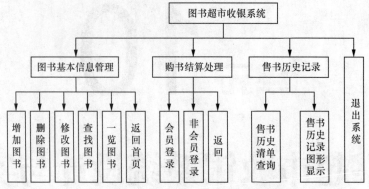

图 10-1　图书超市收银系统主要功能模块

图书超市收银系统流程如图 10-2 所示。

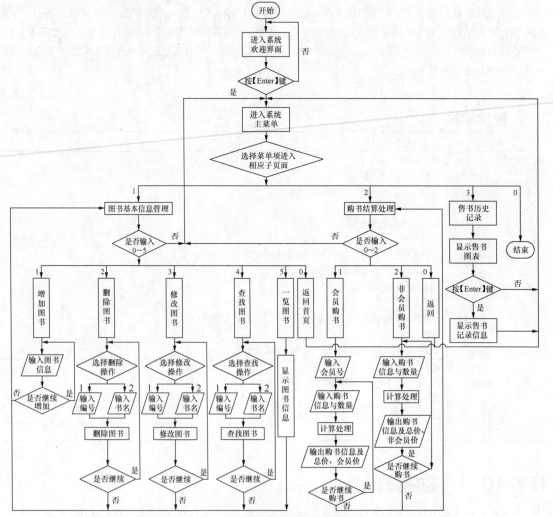

图 10-2　图书超市收银系统流程

程序运行后进入系统欢迎界面，如图 10-3 所示。

在系统欢迎界面中按【Enter】键，进入系统主菜单，该菜单是操作员进入系统的主要入口，菜单项如图 10-4 所示。

图 10-3　图书超市收银系统欢迎界面

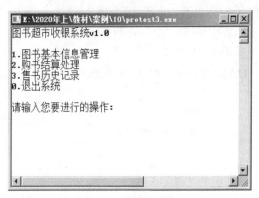

图 10-4　系统主菜单

根据操作提示，输入字符"1"，进入图书基本信息管理子菜单，如图 10-5 所示。在图 10-5 所示的图书基本信息管理子菜单中根据提示，输入字符"1"，进入增加图书界面，根据提示输入图书信息，输入完成后图书添加成功，可选择继续添加图书或退出，如图 10-6 所示。

操作员选择修改图书菜单，输入图书编号查询需要修改的图书，输入需要修改的图书信息，完成修改操作。选择删除图书菜单，输入图书编号以删除图书信息。

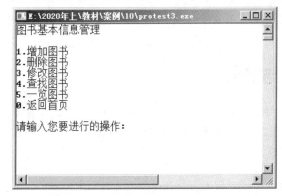

图 10-5　图书基本信息管理子菜单

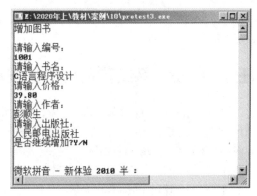

图 10-6　增加图书界面

根据图 10-4 所示的系统主菜单中的输入提示，输入字符"2"，进入购书结算处理子菜单，如图 10-7所示。选择会员结算或非会员结算，然后再输入购买图书的编号、数量信息进行结算，并显示购书小票，如图 10-8 所示。

图 10-7　购书结算处理子菜单

图 10-8　会员购书结算界面

根据图 10-4 所示的系统主菜单中的输入提示，输入字符"3"，进入售书历史记录界面，其中包括售书曲线图和售书文件记录两种方式。

（1）售书曲线图：操作员进入售书曲线图菜单后，程序以图形的方式直观地展现出年度、季度和月度的售书情况，以便超市实时调整销售策略，如图 10-9 所示。

（2）售书文件记录：在购书结算界面，可将售书历史记录保存到文件中，以便做销售统计、盘点等操作，如图 10-10 所示。

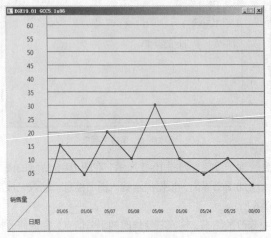

图 10-9　售书曲线图

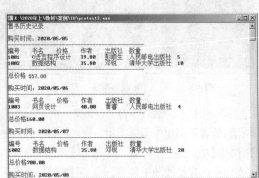

图 10-10　售书文件记录

本任务描述了"图书超市收银系统"的功能，帮助读者了解项目，明确项目操作流程，为后续项目开发奠定了基础。

任务 10-2　系统欢迎界面的设计与实现

如果在项目运行时直接显示操作菜单，会给用户一种较突然的感觉，为了提升用户体验，同时为了展示项目开发团队等信息，可通过欢迎界面来解决这些问题。本任务主要包括图形初始化、输出文字和文字滚动等内容。运行效果如图 10-3 所示。

许多学编程的读者都是从 C 语言开始入门的，现状如下。

（1）有些学校以 Turbo C 作为学习 C 语言的操作环境，但 Turbo C 的编辑环境操作很不方便，开发效率低。

（2）有些学校直接拿 Dev-C++来讲 C 语言，因为 Dev-C++的编辑和调试环境都很优秀，并且 Dev-C++有适合教学的免费版本。可惜，在 Dev-C++下只能做一些文字性的练习题，想画条直线或画个圆都很困难。

因此为解决 Turbo C 编辑环境操作不方便、Dev-C++的图形编程问题，我们使用在 Dev-C++环境中配置 EGE（Easy Graphics Engine）图形库的方法。EGE 是 Windows 下的简易图形库，它具有简单、友好、容易上手、免费开源等特点，而且其接口意义直观，即使是完全没有接触过图形编程的人，也能迅速学会基本的绘图。下面详细讲解如何使用 EGE 进行图形编程。

1. 配置 EGE

下载 ege for devcpp TGedu.zip 后，解压 ege for devcpp TGedu.zip，其中含有一个文件夹"ege for devcpp 5.11"。打开文件夹，其中含有"include"和"lib"两个文件夹。找到 Dev-C++的安装目录，打开目录中的"MinGW64"文件夹，打开"x86_64-w64-mingw32"文件夹。该文件夹中也有名为"include"和"lib"的两个文件夹。将"ege for devcpp 5.11"的"include"文件夹中的所有文件复制到"x86_64-w64-mingw32"的"include"文件夹中。将"ege for devcpp 5.11"的"lib"文件夹中的文件复制到"x86_64-w64-mingw32"的"lib"文件夹中。这样 EGE 文件就已导入完毕了。

2. 编写测试程序

创建一个新的项目：选择【菜单栏】→【文件】→【新建】→【项目】，在弹出的对话框中选择【Console Application】，在下面的单选框中选择【C项目】，然后为项目命名后将其保存。

输入测试代码：

```
#include <graphics.h> // 引用 EGE 图形库
int main()
{
    initgraph(640, 480); // 初始化，显示一个窗口
    getch(); // 暂停一下等待用户按键
    closegraph(); // 关闭图形界面
    return 0;
}
```

设置工程的链接选项：单击【菜单栏】→【项目】→【项目属性】→【参数】选项卡，在链接文本框中输入 "–lgraphics –lgdi32 –limm32 –lmsimg32 –lole32 –loleaut32 –lwinmm –luuid"。

输入完成后如图 10–11 所示，单击【确定】按钮。

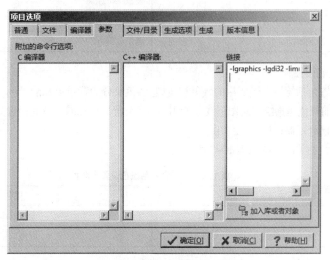

图 10–11 输入链接参数

保存、编译并运行该程序，如果编译成功并出现图 10–12 所示的窗口，说明已经成功配置 EGE 图形库，接下来可以使用 C 语言进行绘图。

图 10–12 EGE 图形窗口

3. 绘图环境管理

C 语言提供了很多函数，用于对绘图屏幕和视图区等进行控制管理。

与绘图环境相关的函数如表 10–1 所示。

表 10-1　绘图环境函数表

函数或数据	描述
cleardevice()	清除图形屏幕
initgraph()	初始化图形系统
closegraph()	关闭图形系统
getaspectratio()	返回当前图形模式的纵横比
setaspectratio()	设置当前图形模式的纵横比
graphdefaults()	为图形复位，即将图形参数设置为默认值
setorigin()	设置坐标原点
setcliprgn()	设置当前绘图设备的裁剪区
clearcliprgn()	清楚裁剪区的屏幕内容

4. 图形属性的设置

图形属性的设置包括绘制图形所用的颜色和线型。颜色又分为背景色和前景色，背景色是指屏幕的颜色，即绘图时的底色；前景色是指绘图时图形线条所用的颜色。背景色和前景色的设置只对设置后所绘制的颜色和线型有作用，对已经绘制的图形无作用。

背景色和前景色相关的函数如表 10–2 所示。

表 10-2　背景色和前景色设置函数表

函数	描述
setcolor()	设置前景色
setbktcolor()	设置背景色

5. 图形方式下文本信息输出函数

在图形方式下，图形接口文件（Basic Graphics Interface，BGI）提供了两种输出文本的方式：一种是位映像字符（或称点阵字符）；另一种是笔画字体（或称矢量字符）。其中，位映像字符为默认方式，即在一般情况下输出的文本都是以位映像字符显示的。

笔画字体不是以位模式表示的，每个字符被定义成一系列的线段或笔画的组合。笔画字体可以灵活地改变其大小，而且不会降低其分辨率。系统提供了 4 种不同的笔画字体，即小号字体、三倍字体、无衬线字体和黑体。每种笔画字体都存放在独立的字体文件中，文件扩展名为.chr，一般情况下，安装在 bgi 目录下。要使用笔画字体，必须装入相应的字体文件。

输出函数如表 10–3 所示。

表 10-3　输出函数表

函数	描述
settextstyle()	在使用笔画字体之前装入字体文件
outtext()	在当前位置输出一个文本字符串
outtextxy()	在指定位置输出一个字符串

系统欢迎界面实现程序如下：

```
#include <graphics.h>
void welcom()
```

```
{
    int i;
    initgraph(640, 400);
    setcolor(RED);
    setbkcolor(YELLOW);
    setfont(30,0,"微软雅黑");
    for(i = 380;i >= 10;i-= 20)
    {
        cleardevice();
        setfillcolor(BLUE);
        bar(10,10,630,390);
        setfont(44, 0, "华文行楷");
        outtextxy(70,i,"欢迎进入图书超市收银系统");
        setfont(24, 0, "华文新魏");
        outtextxy(150,i + 100,"制作单位：湖南信息职业技术学院");
        outtextxy(170,i + 130,"制作团队：C 程序设计课程组");
        outtextxy(180,i + 160,"制作时间：2020 年 4 月 20 日");
        Sleep(400);
    }
    getch();
    closegraph();
}
int main()
{
    system("color F0\n");
    welcom();
    return 0;
}
```

任务 10-3　图书基本信息管理

图书基本信息管理共分为增加图书、删除图书、修改图书、查找图书、一览图书和返回首页等功能模块。其中，图书信息需要使用结构体来表示，存储在二进制文件中。通过对文件的操作实现图书基本信息管理，具体代码如下：

```
//添加头文件
#include <stdio.h>
#include <stdlib.h>
#include <string.h>
//定义常量
#define N 30
//图书信息结构体定义
struct Book{
    int buy;
    char ISBN[14];
    char Name[20];
    double Price;
    char Author[20];
    char publish[30];
};
//main()函数中结构初始化
struct Book book[100] = {0,"","",0.0,"",""};
//将图书信息添加到文件中
void writef(struct Book book[],int counter){
    FILE *fp;
    if((fp = fopen("book.dat","ab+")) == NULL){
        printf("Cannot open file!");
      return;
    }
    fwrite(book,sizeof(struct Book),counter,fp);
  fclose(fp);
}
//将图书信息从文件中读取到结构体中
```

```
int readf(struct Book book[]){
    FILE *fp;
    if((fp = fopen("book.dat","wb+")) == NULL){
        printf("Cannot open file!");
        return 0;
    }
    int i,cnt = 0;
    for(i = 0;i < N;i++){
        fseek(fp,i*sizeof(struct Book),0);
        fread(&book[i],sizeof(struct Book),1,fp);
        if(book[i].Price == 0.0){
            break;
        }
        else{
            cnt++;
        }
    }
    fclose(fp);
    return cnt;
}
//main()函数中主菜单
void mainmenu(){
    printf("图书超市收银系统v1.0\n\n");
    printf("1.图书基本信息管理\n");
    printf("2.购书结算处理\n");
    printf("3.售书历史记录\n");
    printf("0.退出系统\n");
}
//图书基本信息管理子菜单
void submenu(){
    printf("图书基本信息管理\n\n");
    printf("1.增加图书\n");
    printf("2.删除图书\n");
    printf("3.修改图书\n");
    printf("4.查找图书\n");
    printf("5.一览图书\n");
    printf("0.返回首页\n");
}
//main()函数功能
int main()
{
    for(;;){
        mainmenu();
        printf("\n请输入您要进行的操作:");
        char ch;
        scanf("%c",&ch);
        switch(ch){
            case '1':
                for(;;){
                    system("cls");
                    submenu();
                    char ch2;
                    scanf("%c",&ch2);
                    //返回主菜单
                    if(ch2 == '0')
                        break;
                    switch(ch2){
                        //增加图书
                        case '1':{
                            int counter = 0;
                            for(;;){
                                system("cls");
                                printf("增加图书\n\n");
                                printf("请输入编号：\n");
                                scanf("%s",book[counter].ISBN);
```

```
                                printf("请输入书名: \n");
                                scanf("%s",book[counter].Name);
                                printf("请输入价格: \n");
                                scanf("%lf",&book[counter].Price);
                                printf("请输入作者: \n");
                                scanf("%s",book[counter].Author);
                                printf("请输入出版社: \n");
                                scanf("%s",book[counter].publish);
                                counter ++;
                                printf("是否继续增加?Y/N\n");
                                char opt;
                                scanf("%c%c",&opt,&opt);
                                if(opt == 'n' || opt == 'N')
                                {
                                        writef(book,counter);
                                        break;
                                }
                        }
                break;
        }
        //删除图书
        case '2':
                for(;;){
                        system("cls");
                        printf("删除图书\n\n");
                        printf("1.编号删除\n");
                        printf("2.书名删除\n");
                        printf("0.取消操作\n");
                        printf("\n请输入您要进行的操作:");
                        char ch3;
                        scanf("%c%c",&ch3,&ch3);
                        if(ch3 == '0')
                                break;
                        if(ch3 == '1'){
                                system("cls");
                                printf("删除图书\n\n");
                                printf("请输入要删除图书的编号:");
                                char in_ISBN[14];
                                scanf("%s",in_ISBN);
                                bool k = false;
                                int cnt = readf(book);
                                int i;
                                for(i = 0;i < cnt;i++){
                                        if(!strcmp(book[i].ISBN,in_ISBN)){
                                                k = true;
                                                if(i != cnt - 1){
                                                        for(;i + 1 < cnt;i++){
                                strcpy(book[i].ISBN,book[i + 1].ISBN);
                                strcpy(book[i].Name,book[i + 1].Name);
                                strcpy(book[i].Author,book[i + 1].Author);
                                book[i].Price = book[i + 1].Price;
                                strcpy(book[i].publish,book[i + 1].publish);
                                book[i + 1].Price = 0.0;
                                                        }
                                                }
                                                else{
                                                        book[i].Price = 0.0;
                                                }
                                                writef(book,cnt - 1);
                                                printf("删除成功\n");
                                                break;
                                        }
                                }
                                if(!k){
                                        printf("未找到符合要求的图书\n");
```

```
                            }
                        }
                if(ch3 == '2'){
                        system("cls");
                        printf("删除图书\n\n");
                        printf("请输入要删除图书的书名:");
                        char in_name[20];
                        scanf("%s",in_name);
                        bool k = false;
                        int cnt = readf(book);
                        int i;
                        for(i = 0;i < cnt;i++){
                            if(!strcmp(book[i].Name,in_name)){
                                k = true;
                                if(i != cnt - 1){
                                    for(;i + 1 < cnt;i++){
            strcpy(book[i].ISBN,book[i + 1].ISBN);
            strcpy(book[i].Name,book[i + 1].Name);
            strcpy(book[i].Author,book[i + 1].Author);
            book[i].Price = book[i + 1].Price;
            strcpy(book[i].publish,book[i + 1].publish);
            book[i + 1].Price = 0.0;
                                    }
                                }
                                else{
                                    book[i].Price = 0.0;
                                }
                                writef(book,cnt - 1);
                                printf("删除成功\n");
                                break;
                            }
                        }
                        if(!k){
                            printf("未找到符合要求的图书\n");
                        }
                    }
                    printf("是否继续删除?Y/N\n");
                    char opt;
                    scanf("%c%c",&opt,&opt);
                    if(opt == 'n'||opt == 'N')
                        break;
                }
            break;
            //修改图书
        case '3':
            for(;;){
                system("cls");
                printf("修改图书\n\n");
                printf("1.编号修改\n");
                printf("2.书名修改\n");
                printf("0.取消操作\n");
                printf("\n请输入您要进行的操作:");
                char ch3;
                scanf("%c%c",&ch3,&ch3);
                if(ch3 == '0')
                    break;
                if(ch3 == '1'){
                    system("cls");
                    printf("修改图书\n\n");
                    printf("请输入要修改图书的编号:");
                    char in_ISBN[14];
                    scanf("%s",in_ISBN);
                    bool k = false;
                    int cnt = readf(book);
                    for(int i = 0;i < cnt;i++){
```

```
                              if(!strcmp(book[i].ISBN,in_ISBN)){
                                  k = true;
                                  printf("源数据\n");
                                  printf("编号: %s\n",book[i].ISBN);
                                  printf("书名: %s\n",book[i].Name);
                                  printf("价格: %.2lf\n",book[i].Price);
                                  printf("作者: %s\n",book[i].Author);
                                  printf("出版社: %s\n",book[i].publish);
                                  printf("------------------------------\n");
                                  printf("请输入新书名: \n");
                                  scanf("%s",book[i].Name);
                                  printf("请输入新价格: \n");
                                  scanf("%lf",&book[i].Price);
                                  printf("请输入新作者: \n");
                                  scanf("%s",book[i].Author);
                                  printf("请输入新出版社: \n");
                                  scanf("%s",book[i].publish);
                                  writef(book,cnt);
                                  break;
                              }
                          }
                          if(!k){
                              printf("未找到符合要求的图书\n");
                          }
                      }
                      if(ch3 == '2'){
                          system("cls");
                          printf("修改图书\n\n");
                          printf("请输入要修改图书的书名:");
                          char in_name[20];
                          scanf("%s",in_name);
                          bool k = false;
                          int i,cnt = 0;
                          cnt = readf(book);
                          for(int i = 0;i < N;i++){
                              if(!strcmp(in_name,book[i].Name)){
                                  k = true;
                                  printf("源数据\n");
                                  printf("编号: %s\n",book[i].ISBN);
                                  printf("书名: %s\n",book[i].Name);
                                  printf("价格: %.2lf\n",book[i].Price);
                                  printf("作者: %s\n",book[i].Author);
                                  printf("出版社: %s\n",book[i].publish);
                                  printf("------------------------------\n");
                                  printf("请输入新书名: \n");
                                  scanf("%s",book[i].Name);
                                  printf("请输入新价格: \n");
                                  scanf("%lf",&book[i].Price);
                                  printf("请输入新作者: \n");
                                  scanf("%s",book[i].Author);
                                  printf("请输入新出版社: \n");
                                  scanf("%s",book[i].publish);
                                  writef(book,cnt);
                                  break;
                              }
                          }
                          if(!k){
                              printf("未找到符合要求的图书\n");
                          }
                      }
                      printf("是否继续修改?Y/N\n");
                      char opt;
                      scanf("%c%c",&opt,&opt);
                      if(opt == 'n' || opt == 'N')
                          break;
```

```
                    }
                break;
        //查找图书
        case '4':
            for(;;){
                system("cls");
                printf("查询图书\n\n");
                printf("1.编号查询\n");
                printf("2.书名查询\n");
                printf("0.取消操作\n");
                printf("\n请输入您要进行的操作:");
                char ch3;
                scanf("%c%c",&ch3,&ch3);
                if(ch3 == '0')
                    break;
                if(ch3 == '1'){
                    system("cls");
                    printf("查询图书\n\n");
                    printf("请输入要查询图书的编号:");
                    char in_ISBN[14];
                    scanf("%s",in_ISBN);
                    bool k = false;
                    for(int i = 0;i < N;i++){
                        if(!strcmp(book[i].ISBN,in_ISBN)){
                            k = true;
                            printf("编号: %s\n",book[i].ISBN);
                            printf("书名: %s\n",book[i].Name);
                            printf("价格: %.2lf\n",book[i].Price);
                            printf("作者: %s\n",book[i].Author);
                            printf("出版社: %s\n",book[i].publish);
                            break;
                        }
                    }
                    if(!k){
                        printf("未找到符合要求的图书\n");
                    }
                }
                if(ch3 == '2'){
                    system("cls");
                    printf("查询图书\n\n");
                    printf("请输入要查询图书的书名:");
                    char in_name[20];
                    scanf("%s",in_name);
                    bool k = false;
                    for(int i = 0;i < N;i++){
                        if(!strcmp(in_name,book[i].Name)){
                            k = true;
                            printf("编号: %s\n",book[i].ISBN);
                            printf("书名: %s\n",book[i].Name);
                            printf("价格: %.2lf\n",book[i].Price);
                            printf("作者: %s\n",book[i].Author);
                            printf("出版社: %s\n",book[i].publish);
                            break;
                        }
                    }
                    if(!k){
                        printf("未找到符合要求的图书\n");
                    }
                }
                printf("是否继续查询?Y/N\n");
                char opt;
                scanf("%c%c",&opt,&opt);
                if(opt == 'n'||opt == 'N')
                    break;
            }
```

```
                                    break;
                    //一览图书
                    case '5':
                            system("cls");
                            FILE *fp;
                            if((fp = fopen("book.dat","rb")) == NULL){
                                printf("Cannot open file!");
                                return 0;
                            }
                            printf("编号\t 图书名称\t 图书价格\t 作者\t 出版社\n");
                            int i;
                            for(i = 0;i < N;i++){
                                fseek(fp,i*sizeof(struct Book),0);
                                fread(&book[i],sizeof(struct Book),1,fp);
                                if(book[i].Price != 0.0){
                                printf("%s\t%s\t\t%.2f\t\t%s\t%s\n",
book[i].ISBN,book[i].Name,book[i].Price,book[i].Author,book[i].publish);
                                }
                                else{
                                    break;
                                }
                            }
                            fclose(fp);
                            system("pause");
                    }
                }
            break;
        }
    }
}
```

任务 10-4　购书结算处理

　　购书结算处理包括会员结算、非会员结算和返回等功能。选择会员结算或非会员结算后再输入购买图书的编号、数量信息进行结算，显示购书小票单，并保存购书记录到文件中。程序代码如下：

```
//添加头文件
#include <string.h>
#include <time.h>
//获得会员编号
char* VIP(){
    system("cls");
    char VIPid[10];
    printf("会员登录\n\n");
    printf("请输入您的会员号:");
    scanf("%s",VIPid);
    return VIPid;
}
//保存购书记录并生成购书小票单
void savedata(Book book[100],double sum){
FILE *fp;
fp = fopen("data.txt","a+");
time_t t = time(0);
char tmp[64];
strftime( tmp, sizeof(tmp), "购买时间: %Y/%m/%d",localtime(&t) );
fprintf(fp,"%s\n",tmp);
fprintf(fp,"------------------------------------------\n");
fprintf(fp,"编号\t 书名\t 价格\t 作者\t 出版社\t 数量\n");
for(int i = 0;i < N;i++){
    if(book[i].buy != 0){
        fprintf(fp,"%s\t",book[i].ISBN);
        fprintf(fp,"%s\t",book[i].Name);
        fprintf(fp,"%.2lf\t",book[i].Price);
        fprintf(fp,"%s\t",book[i].Author);
```

```
                fprintf(fp,"%s\t",book[i].publish);
                fprintf(fp,"%d\n",book[i].buy);
                book[i].buy = 0;
        }
}
fprintf(fp,"-------------------------------------------------\n");
fprintf(fp,"总价格%.2lf\n",sum);
fclose(fp);
}
//非会员结算
double Checkout(Book book[100]){
        double sum = 0;
        for(;;){
                system("cls");
                char in_ISBN[14];
                bool k=false;
                printf("非会员结账\n\n");
                printf("请输入你要购买的图书编号: ");
                scanf("%s",in_ISBN);
                for(int i = 0;i < 100;++){
                        if(!strcmp(book[i].ISBN,in_ISBN)){
                                printf("请输入购买数量: ");
                                int in_buy;
                                scanf("%d",&in_buy);
                                book[i].buy += in_buy;
                                printf("编号\t 书名\t 价格\t 作者\t 出版社\t 数量\n");
                                for(int j = 0;j < N;j++){
                                        if(book[j].buy != 0){
                                                printf("%s\t",book[j].ISBN);
                                                printf("%s\t",book[j].Name);
                                                printf("%.2lf\t",book[j].Price);
                                                printf("%s\t",book[j].Author);
                                                printf("%s\t",book[j].publish);
                                                printf("%d\n",book[j].buy);
                                        }
                                }
                                printf("---------------------------------\n");
                                sum+=book[i].Price*book[i].buy;
                                printf("结账信息              总价格: %.2lf\n",sum);
                                k = true;
                                break;
                        }
                }
                if(!k){
                        printf("未发现该书籍\n");
                        printf("是否继续选择图书? Y/N\n");
                        char opt;
                        scanf("%c%c",&opt,&opt);
                        if(opt == 'n'||opt == 'N')
                                return 0;
                        continue;
                }
                printf("是否继续选择图书? Y/N\n");
                char opt;
                scanf("%c%c",&opt,&opt);
                if(opt == 'n'||opt == 'N'){
                        printf("确认结账? Y/N\n");
                        char opt;
                        scanf("%c%c",&opt,&opt);
                        if(opt == 'n'||opt == 'N'){
                                for(int j = 0;j < N;j ++){
                                        book[j].buy = 0;
                                }
                                return 0;
                        }
```

```
                    savedata(book,sum);
                    return 1;
                }
        }
}
//会员购书结算
double Checkout(Book book[100],float Percent){
    double sum=0;
    for(;;){
        system("cls");
        char in_ISBN[14];
        bool k = false;
        printf("会员结账\n\n");
        printf("请输入你要购买的图书编号: ");
        scanf("%s",in_ISBN);
        for(int i = 0;i < 100;i ++){
            if(!strcmp(book[i].ISBN,in_ISBN)){
                printf("请输入购买数量: ");
                int in_buy;
                scanf("%d",&in_buy);
                book[i].buy += in_buy;
                printf("编号\t 书名\t 价格\t 作者\t 出版社\t 数量\n");
                for(int j = 0;j < N;j ++){
                    if(book[j].buy != 0){
                        printf("%s\t",book[j].ISBN);
                        printf("%s\t",book[j].Name);
                        printf("%.2lf\t",book[j].Price);
                        printf("%s\t",book[j].Author);
                        printf("%s\t",book[j].publish);
                        printf("%d\n",book[j].buy);
                    }
                }
                printf("-------------------------------------\n");
                sum += book[i].Price*book[i].buy;
                printf("结账信息   总价格: %.2lf  会员价: %.2lf\n",sum,sum * Percent);
                k = true;
                break;
            }
        }
        if(!k){
            printf("未发现该书籍\n");
            printf("是否继续选择图书? Y/N\n");
            char opt;
            scanf("%c%c",&opt,&opt);
            if(opt == 'n' || opt == 'N')
                return 0;
            continue;
        }
        printf("是否继续选择图书? Y/N\n");
        char opt;
        scanf("%c%c",&opt,&opt);
        if(opt == 'n' || opt == 'N'){
            printf("确认结账? Y/N\n");
            char opt;
            scanf("%c%c",&opt,&opt);
            if(opt == 'n' || opt == 'N'){
                for(int j = 0;j < N;j++){
                    book[j].buy = 0;
                }
                return 0;
            }
            savedata(book,sum*Percent);
            return 1;
        }
    }
}
```

```
}
//在主函数中增加如下代码，实现购书结算处理
int main(){
        //此处省略了其他模块的代码
        case '2':
                for(;;){
                        system("cls");
                        printf("购书结算处理\n\n");
                        printf("1.会员登录\n");
                        printf("2.非会员登录\n");
                        printf("0.返回\n");
                        printf("\n 请输入您要进行的操作:");
                        char ch2;
                        scanf("%c%c",&ch2,&ch2);
                        if(ch2=='0')
                                break;
                        system("cls");
                        if(ch2=='1'){
                                        char VipId[30];
                                        strcpy(VipId,VIP());
                                        if(Checkout(book,0.5)){
                                                system("cls");
                                                printf("购买成功\n");
                                                system("pause");
                                                break;
                                        }
                        }
                        else{
                                if(Checkout(book)){
                                        system("cls");
                                        printf("购买成功\n");
                                        system("pause");
                                        break;
                                }
                        }
                }
                break;
        //此处省略了其他模块的代码
        return 0;
}
```

任务 10-5　售书历史记录处理

售书历史记录处理包括绘制售书曲线图和保存售书历史记录到文件两个部分。绘制售书曲线图通过图形的方式直观地展现出年度、季度和月度的售书情况，以便超市实时调整销售策略，为销售提供决策支持。在购书结算界面，可将购书小票单（售书历史记录）保存到文件中，以便做销售统计、盘点等操作。

绘图函数是编写绘图程序的基础，是所有图形软件的核心内容。EGE 图形库提供了丰富的绘图函数，可帮助用户简单、快捷地绘制各种图形，绘图函数如表 10-4 所示。

表 10-4　绘图函数表

函数	描述
moveto()	点的绝对定位函数，用于移动当前点位置
moverel()	点的相对定位函数
line()	指定两个点绘制直线函数
lineto()	从当前点到指定的点绘制直线的函数，并改变当前点的位置
linerel()	从当前点到指定的点绘制直线函数
getx()、gety()	分别读取当前点的 x、y 坐标值

续表

函数	描述
getmaxx()、getmaxy()	分别读取 x、y 轴的最大坐标值
rectangle()	用于绘制矩形
drawpoly()	用于画一条多边折线
circle()	用于以指定圆心和半径的方式画圆
arc()	用于画圆弧
ellipse()	用于画椭圆
setlinestyle()	用于设置当前画线样式
setfillstyle()	用于设置当前填充样式
floodfill()	对指定的一块有界的封闭区域进行填充操作
fillellipse()	绘制并填充椭圆
sector()	绘制并填充椭圆扇区
fillpoly()	绘制并填充多边形

程序代码如下:

```
//根据售书记录绘制售书曲线图
void OutTable(int num[9],char days[9][6]){
    int i,k;
    initgraph(640, 480); // 初始化 640×480 的绘图屏幕
    setcolor(RED);
    line(100,0,100,480);
    line(0,380,640,380);
    line(0,480,100,380);
    setcolor(BLUE);
    setfont(20, 0, "微软雅黑");
    outtextxy(5,400,"销售量");
    outtextxy(50,450,"日期");
    for(i = 350,k = 1;i > 0;i-=30,k++){
        char a[3];
        a[0] = k / 2 + 48;
        if(k % 2 == 0){
            a[1] = '0';
        }
            else{
            a[1] = '5';
        }
        a[2] = '\0';
        outtextxy(50,i - 8,a);
        line(100,i,640,i);
    }
    int stax = 100,stay = 380;
    setfont(16, 0, "微软雅黑");
    for(i = 130,k = 0;i < 640;i+=60,k++){
        outtextxy(i - 10,430,days[k]);
        setcolor(RED);
        setlinestyle(SOLID_LINE,0,2);
        line(stax,stay,i,380 - num[k] * 6);
        stax = i;
        stay = 380 - num[k] * 6;
        circle(stax,stay,3);
        setcolor(BLUE);
    }
    getch();    // 按任意键
    closegraph();    // 关闭绘图屏幕
}
```

```
//在主函数中增加如下代码，实现购书历史记录处理功能
int main(){
    for(;;){
    printf("图书超市管理系统 v1.0\n\n");
    printf("1.图书基本信息管理\n");
    printf("2.购书结算处理\n");
    printf("3.售书历史记录\n");
    printf("0.退出系统\n");
    printf("\n 请输入您要进行的操作:");
    char ch;
    scanf("%c",&ch);
    switch(ch){
    //此处省略了其他模块的代码
    case '3':{
                system("cls");
                printf("售书历史记录\n\n");
                FILE *fp;
                //days 与 num 分别是用来记录天数和当天的销售量的
                //day 用来记录当前加载到第几天了
                //today 用来记录现在处理的天数
                int num[9] = {0},day = 0;
                char days[9][6] = {"00/00","00/00","00/00","00/00","00/00",
    "00/00","00/00","00/00","00/00"},today[6]="00/00";
                fp = fopen("data.txt","a+");
                for(int k = 0;;k++){
                    char str[100];
                    fscanf(fp,"%s",str);
                    if(feof(fp)){
    //这里的 k 用来记录是第几次读取数据，如果第一次读入就为空，则退出
                        if(k){
                            fclose(fp);
                            break;
                        }else{
                            printf("没有售书历史记录，赶快去购买几本图书吧 O(∩_∩)O~\n\n");
                            fclose(fp);
                            break;
                        }
                    }
                    printf("%s\n",str);//日期是在这里获取
                    for(int ci = 0,cj = 15;cj < 20;ci++,cj++){
                        today[ci] = str[cj];//先让 today 保存现在的日期
                    }
                    //这里比较上一天与今天是否相同
                    if(strcmp(days[day],today)){
                        //如果不相同但是上次天数是默认值，那么则将其覆盖
                        if(!strcmp(days[day],"00/00")){
                            strcpy(days[day],today);
                        }else{
    //如果不相同并且上次天数不是默认值，那么用 day++表示这是一个全新的天数
                            day ++;
    //因为统计的是近 9 天的日销售量，所以当超过 9 天的时候需要替换掉前面的天数
                            if(day > 8){
    //这个方法的时间效率低，但是因为只有 9 次循环，所以这样的代码影响并不大
                                for(int zi = 0;zi < 8;zi++){
                                    num[zi] = num[zi + 1];
                                    strcpy(days[zi],days[zi + 1]);
                                }
                                day --;
                                num[day] = 0;
                            }
                            strcpy(days[day],today);
                        }
                    }
                    scanf(fp,"%s",str);
                    printf("%s\n",str);
```

```
                    for(int i = 1;fscanf(fp,"%s",str);i++){
                if(strcmp(str,"-----------------------------------------------")){
                            printf("%s",str);
                            //这里要获取数量，以便计算日销售量
                            if(i % 6 == 0 && strcmp(str,"数量")){
                                int t = 0;
                                for(int zi = 0;str[zi] != '\0';zi++){
                                    t = t * 10 + str[zi] - 48;
                                }
                                num[day]+=t;
                            }
                        }
                        else
                            break;
                        if(i == 6){
                            printf("\n");
                            i = 0;
                        }else
                            printf("\t");
                    }
                    printf("%s\n",str);
                    fscanf(fp,"%s",str);
                    printf("%s\n\n",str);
                }
                OutTable(num,days);
                system("pause");
                fclose(fp);
                break;
            }
            case '0':
            goto end;
        }
        system("cls");
    }
    end:
        system("cls");
        printf("感谢您使用本软件，该软件为教学版本功能尚不完善。");
        getch();
        return 0;
    return 0;
}
```

单元小结

本单元介绍了图书超市收银系统项目功能描述、系统操作流程、系统各功能界面效果图、EGE 图形库等，通过编写程序实现了系统欢迎界面，以及图书基本信息管理、购书结算处理、售书历史记录处理等功能，完整地完成了图书超市收银系统项目，为开发真实项目奠定了基础。

单元习题

编程题
贪吃蛇小游戏。
功能要求如下。
（1）实现贪吃蛇自动向前移动。
根据时间间隔，每一次将贪吃蛇的每节身体分别向前移动一格。移动方向为贪吃蛇当前行进方向。
（2）对游戏中的规则进行判断。
在游戏中当贪吃蛇碰到墙壁或自己的身体时，宣告贪吃蛇死亡，并结束当前游戏。记录当前分数。

（3）贪吃蛇的操作。

游戏通过键盘上的 W、A、S、D 4 个键控制贪吃蛇当前行进方向，吃掉屏幕上出现的果实。每吃掉一个果实，蛇身增加一节。

（4）果实的出现。

在游戏中，果实的出现应采用随机方式。当一个果实被吃掉时，屏幕上随机出现另一个果实。但要注意，果实不应该出现在贪吃蛇的身体所占用的范围内。

（5）游戏分数的统计方法。

当贪吃蛇吃到果实时就得增加当前玩家分数并将贪吃蛇身体增加一节。游戏中的分数采用如下公式进行计算。

吃到的果实个数×难度分值=分数

其中，贪吃蛇身体长度是由吃掉的果实个数决定的。难度分为简易、一般、困难 3 级，对应分值分别为 10、15、20。

（6）英雄榜的更新。

游戏结束后，就把当前所得分数和当前时间保存下来。

（7）游戏难度的选择。

通过主菜单，玩家在游戏开始前，可以选择贪吃蛇游戏的难度。难度越高，贪吃蛇移动的速度越快，吃到果实的得分也就越高。

（8）游戏支持背景音乐功能。

在游戏开始后，可以播放背景音乐。

（9）游戏提供帮助说明。

在游戏菜单中，提供一个使用说明项，以便使不了解本游戏的玩家了解游戏操作和使用方法。

（10）防沉迷。

为了保护游戏玩家的身心健康，限制玩家玩游戏的场次。限制玩家每天最多玩 10 局贪吃蛇小游戏。

附录 A

——C语言关键字

关键字就是已被编程语言本身使用的标识符，不能用作变量名、函数名等。C 语言的关键字分为 3 类，如表 A–1 所示。

表 A–1　C 语言关键字分类

分类	说明
类型说明符	用于定义、说明变量、函数或其他数据结构的类型，例如 int、double 等
语句定义符	用于表示一个语句的功能
预处理命令字	用于表示一个预处理命令，例如 include

在 C 语言中，由 ANSI 标准定义的关键字共 32 个，如表 A–2 所示。

表 A–2　C 语言关键字与说明

关键字	说明	关键字	说明
auto	声明自动变量	static	声明静态变量
short	声明短整型变量或函数	volatile	声明变量在程序执行中可被隐含地改变
int	声明整型变量或函数	void	声明函数无返回值或无参数，声明无类型指针
long	声明长整型变量或函数	if	条件语句
float	声明浮点型变量或函数	else	条件语句否定分支（与 if 连用）
double	声明双精度变量或函数	switch	开关语句
char	声明字符型变量或函数	case	开关语句分支
struct	声明结构体变量或函数	for	一种循环语句
union	声明共用数据类型	do	循环语句的循环体
enum	声明枚举类型	while	循环语句的循环条件
typedef	用以给数据类型定义别名	goto	无条件跳转语句
const	声明只读变量	continue	结束当前循环，开始下一轮循环
unsigned	声明无符号类型变量或函数	break	跳出当前循环
signed	声明有符号类型变量或函数	default	开关语句中的"其他"分支
extern	声明变量是在其他文件中声明的	sizeof	计算数据类型长度
register	声明寄存器变量	return	子程序返回语句（可以带参数，也可不带参数）

附录 B

表 B-1　ASCII 对应的十进制值

字符	ACSII 十进制值	字符	ACSII 十进制值	字符	ACSII 十进制值	字符	ACSII 十进制值
NUL	0	space	32	@	64	`	96
SOH	1	!	33	A	65	a	97
STX	2	"	34	B	66	b	98
ETX	3	#	35	C	67	c	99
EOT	4	$	36	D	68	d	100
ENQ	5	%	37	E	69	e	101
ACK	6	&	38	F	70	f	102
BEL	7	'	39	G	71	g	103
BS	8	(	40	H	72	h	104
HT	9	)	41	I	73	i	105
LF/NL	10	*	42	J	74	j	106
VT	11	+	43	K	75	k	107
FF/NP	12	,	44	L	76	l	108
CR	13	−	45	M	77	m	109
SO	14	.	46	N	78	n	110
SI	15	/	47	O	79	o	111
DLE	16	0	48	P	80	p	112
DCI/XON	17	1	49	Q	81	q	113
DC2	18	2	50	R	82	r	114
DC3/XOFF	19	3	51	S	83	s	115
DC4	20	4	52	T	84	t	116
NAK	21	5	53	U	85	u	117
SYN	22	6	54	V	86	v	118
ETB	23	7	55	W	87	w	119
CAN	24	8	56	X	88	x	120
EM	25	9	57	Y	89	y	121
SUB	26	:	58	Z	90	z	122
ESC	27	;	59	[	91	{	123
FS	28	<	60	\	92			124
GS	29	=	61	]	93	}	125
RS	30	>	62	^	94	~	126
US	31	?	63	_	95	DEL	127

表 B-2　特殊字符说明表

控制字符	说明	控制字符	说明	控制字符	说明
NUL	空字符	SOH	标题开始	STX	正文开始
ETX	正文结束	EOT	传输结束	ENQ	询问
ACK	响应	BEL	报警	BS	退格
HT	水平制表	LF/NL	换行	VT	垂直制表
FF/NP	换页	CR	回车	SO	移出
SI	移入	DLE	数据链路转义	DC1/XON	设备控制 1/传输开始
DC2	设备控制 2	DC3/XOFF	设备控制 3/传输中断	DC4	设备控制 4
NAK	拒绝接收	SYN	同步空闲	ETB	块传输结束
CAN	取消	EM	介质存储已满/介质中断	SUB	替补/替换
ESC	换码符	FS	文件分隔符	GS	组分隔符
RS	记录分隔符	US	单元分隔符	DEL	删除

附录 C

——常用的C语言库函数

1. 数学函数

调用数学函数时，要求源文件中包含#include <math.h>。数学函数如表 C-1 所示。

表 C-1　数学函数

函数原型说明	功能	返回值	说明
int abs(int x)	求整数 x 的绝对值	计算结果	
double fabs(double x)	求双精度浮点数 x 的绝对值	计算结果	
double acos(double x)	计算 arccox(x)的值	计算结果	$-1 \leq x \leq 1$
double asin(double x)	计算 arcsin(x)的值	计算结果	$-1 \leq x \leq 1$
double atan(double x)	计算 arctan(x)的值	计算结果	
double atan2(double x, double y)	计算 arctan(x/y)的值	计算结果	
double cos(double x)	计算 cos(x)的值	计算结果	x 的单位为弧度
double cosh(double x)	计算双曲余弦函数 cosh(x)的值	计算结果	
double exp(double x)	求 e^x 的值	计算结果	
double fabs(double x)	求双精度浮点数 x 的绝对值	计算结果	
double floor(double x)	求不大于双精度浮点数 x 的最大整数		
double fmod(double x, double y)	求 x/y 的双精度余数		
double frexp(double val, int *exp)	把双精度 val 分解为尾数和指数 n，即 val=x*2^n，n 存放在 exp 所指的变量中	返回尾数 x	$0.5 \leq x < 1$
double log(double x)	求 lnx	计算结果	x>0
double log10(double x)	求 $\log_{10}x$	计算结果	x>0
double modf(double val, double *ip)	把双精度 val 分解成整数部分和小数部分，整数部分存放在 ip 所指的变量中	返回小数部分	
double pow(double x,double y)	计算 x^y 的值	计算结果	
double sin(double x)	计算 sin(x)的值	计算结果	x 的单位为弧度
double sinh(double x)	计算 x 的双曲正弦函数 sinh(x)的值	计算结果	
double sqrt(double x)	计算 x 的平方根	计算结果	$x \geq 0$
double tan(double x)	计算 tan(x)	计算结果	
double tanh(double x)	计算 x 的双曲正切函数 tanh(x)的值	计算结果	

2. 字符函数

调用字符函数时，要求源文件中包含#include <ctype.h>。字符函数如表 C–2 所示。

表 C-2　字符函数

函数原型说明	功能	返回值
int isalnum(int ch)	检查 ch 是否为字母或数字	是，返回 1；否则返回 0
int isalpha(int ch)	检查 ch 是否为字母	是，返回 1；否则返回 0
int iscntrl(int ch)	检查 ch 是否为控制字符	是，返回 1；否则返回 0
int isdigit(int ch)	检查 ch 是否为数字	是，返回 1；否则返回 0
int isgraph(int ch)	检查 ch 是否为 ASCII 值在 0×21 到 0×7e 的可输出字符（即不包含空格字符）	是，返回 1；否则返回 0
int islower(int ch)	检查 ch 是否为小写字母	是，返回 1；否则返回 0
int isprint(int ch)	检查 ch 是否为包含空格在内的可输出字符	是，返回 1；否则返回 0
int ispunct(int ch)	检查 ch 是否为除空格、字母、数字外的可输出字符	是，返回 1；否则返回 0
int isspace(int ch)	检查 ch 是否为空格、制表符或换行符	是，返回 1；否则返回 0
int isupper(int ch)	检查 ch 是否为大写字母	是，返回 1；否则返回 0
int isxdigit(int ch)	检查 ch 是否为 16 进制数	是，返回 1；否则返回 0
int tolower(int ch)	把 ch 中的字母转换成小写字母	返回对应的小写字母
int toupper(int ch)	把 ch 中的字母转换成大写字母	返回对应的大写字母

3. 字符串函数

调用字符串函数时，要求源文件中包含#include <string.h>。字符串函数如表 C–3 所示。

表 C-3　字符串函数

函数原型说明	功能	返回值
char *strcat(char *s1,char *s2)	把字符串 s2 接到 s1 后面	s1 所指地址
char *strchr(char *s,int ch)	在 s 所指字符串中，找出第一次出现字符 ch 的位置	返回找到的字符的地址，找不到返回 NULL
int strcmp(char *s1,char *s2)	对 s1 和 s2 所指字符串进行比较	s1<s2，返回负数；s1==s2，返回 0；s1>s2，返回正数
char *strcpy(char *s1,char *s2)	把s2指向的字符串复制到s1指向的空间	s1 所指地址
unsigned strlen(char *s)	求字符串 s 的长度	返回字符串中字符（不计最后的'\0'）个数
char *strstr(char *s1,char *s2)	在 s1 所指字符串中，找出字符串 s2 第一次出现的位置	返回找到的字符串的地址，找不到返回 NULL

4. 输入输出函数

调用输入输出函数时，要求源文件中包含#include <stdio.h>。输入输出函数如表 C–4 所示。

表 C-4　输入输出函数

函数原型说明	功能	返回值
void clearer(FILE *fp)	清除与文件指针 fp 有关的所有出错信息	无
int fclose(FILE *fp)	关闭 fp 所指的文件，释放文件缓冲区	出错返回非 0，否则返回 0
int feof (FILE *fp)	检查文件是否结束	若文件结束返回非 0，否则返回 0
int fgetc (FILE *fp)	从 fp 所指的文件中读取下一个字符	出错返回 EOF，否则返回所读字符
char *fgets(char *buf, int n, FILE *fp)	从 fp 所指的文件中读取一个长度为n-1的字符串，将其存入 buf 所指存储区	返回 buf 所指地址,若文件结束或出错返回 NULL

续表

函数原型说明	功能	返回值
FILE *fopen(char *filename, char *mode)	以 mode 指定的方式打开名为 filename 的文件	成功，返回文件指针（文件信息区的起始地址），否则返回 NULL
int fprintf(FILE *fp, char *format, args, ...)	把 "args, ..." 的值以 format 指定的格式输出到 fp 指定的文件中	实际输出的字符数
int fputc(char ch, FILE *fp)	把 ch 中的字符输出到 fp 指定的文件中	成功，返回相应字符，否则返回 EOF
int fputs(char *str, FILE *fp)	把 str 所指字符串输出到 fp 所指文件中	成功，返回非负整数，否则返回-1（EOF）
int fread(char *pt, unsigned size, unsigned n, FILE *fp)	从 fp 所指文件中读取几个长度为 size 字节的数据项并存到 pt 所指文件中	读取的数据项个数
int fscanf (FILE *fp, char *format, args, ...)	从 fp 所指的文件中按 format 指定的格式把输入数据存入 "args, ..." 所指的内存中	已输入的数据个数，若文件结束或出错返回 0
int fseek (FILE *fp,long offer, int base)	移动 fp 所指文件的位置指针	成功返回当前位置，否则返回非 0
long ftell (FILE *fp)	求出 fp 所指文件当前的读写位置	读写位置，出错返回 -1L
int fwrite(char *pt, unsigned size, unsigned n, FILE *fp)	把 pt 所指向的 n 个长度为 size 字节的数据项输入 fp 所指文件	输出的数据项个数
int getc (FILE *fp)	从 fp 所指文件中读取一个字符	返回所读字符，若出错或文件结束返回 EOF
int getchar(void)	从标准输入设备读取下一个字符	返回所读字符，若出错或文件结束返回 -1
char *gets(char *s)	从标准设备读取一行字符串放入 s 所指存储区，用\0'替换读入的换行符	返回 s，出错返回 NULL
int printf(char *format, args, ...)	把 "args, ..." 的值以 format 指定的格式输出到标准输出设备	输出字符的个数
int putc (int ch, FILE *fp)	同 fputc	同 fputc
int putchar(char ch)	把 ch 输出到标准输出设备	返回输出的字符，若出错则返回 EOF
int puts(char *str)	把 str 所指字符串输出到标准设备，将\0'转成换行符	返回换行符，若出错，返回 EOF
int rename(char *oldname, char *newname)	把 oldname 所指文件名改为 newname 所指文件名	成功返回 0，出错返回-1
void rewind(FILE *fp)	将文件位置指针置于文件开头	无
int scanf(char *format, args, ...)	从标准输入设备按 format 指定的格式把输入数据存入 "args, ..." 所指的内存中	已输入的数据的个数

5. 动态分配函数和随机函数

调用动态分配函数和随机函数时，要求源文件中包含#include <stdlib.h>。动态分配函数和随机函数如表 C-5 所示。

表 C-5　动态分配函数和随机函数

函数原型说明	功能	返回值
void *calloc(unsigned n, unsigned size)	分配 n 个数据项的内存空间，每个数据项的长度为 size 个字节	分配内存单元的起始地址；若不成功，则返回 0
void *free(void *p)	释放 p 所指的内存区	无
void *malloc(unsigned size)	分配 size 个字节的存储空间	分配内存空间的地址；若不成功，则返回 0
void *realloc(void *p, unsigned size)	把 p 所指内存区的大小改为 size 个字节	新分配内存空间的地址；若不成功，则返回 0
int rand(void)	产生 0～32767 的随机整数	返回一个随机整数
void exit(int state)	程序终止执行，返回调用过程，state 为 0 正常终止，非 0 则非正常终止	无

附录 D

——运算符

优先级	运算符	含义	要求运算对象的个数	结合方向
1	()	圆括号		自左向右
	[]	下标运算符		
	->	指向结构体成员运算符		
	.	结构体成员运算符		
2	!	逻辑非运算符	1（单目运算符）	自右向左
	~	按位取反运算符		
	++	自加运算符		
	--	自减运算符		
	-	负号运算符		
	（类型）	类型转换运算符		
	*	指针运算符		
	&	取地址运算符		
	sizeof	长度运算符		
3	*	乘法运算符	2（双目运算符）	自左向右
	/	除法运算符		
	%	求余运算符		
4	+	加法运算符	2（双目运算符）	自左向右
	-	减法运算符		
5	<<	左移运算符	2（双目运算符）	自左向右
	>>	右移运算符		
6	<、<=、>、>=	小于、小于或等于、大于、大于或等于运算符	2（双目运算符）	自左向右
7	==	等于运算符	2（双目运算符）	自左向右
	!=	不等于运算符		
8	&	按位与运算符	2（双目运算符）	自左向右
9	^	按位异或运算符	2（双目运算符）	自左向右
10	|	按位或运算符	2（双目运算符）	自左向右
11	&&	逻辑与运算符	2（双目运算符）	自左向右

续表

优先级	运算符	含义	要求运算对象的个数	结合方向
12	||	逻辑或运算符	2（双目运算符）	自左向右
13	?:	条件运算符	3（三目运算符）	自右向左
14	=、+=、-=、*=、/=、%=、>>=、<<=、&= 、^=、!=	赋值运算符	2（双目运算符）	自右向左
15	,	逗号运算符（顺序求值运算符）		自左向右

说明如下。

（1）同一优先级的运算符，运算次序由结合方向决定。例如，*与/具有相同的优先级别，其结合方向为自左至右，因此 3*5/4 的运算次序是先乘后除。-（负号）和++为同一优先级，结合方向为自右至左，因此 -i++相当于-(i++)。

（2）不同的运算符要求有不同的运算对象个数，例如+（加）和-（减）为双目运算符，要求在运算符两侧各有一个运算对象（如 3+5、8-3 等）。而++和-（负号）运算符是单目运算符，只能在运算符的一侧出现一个运算对象（如-a、i++、--i、(float)i、sizeof(int) 、*p 等）。条件运算符是 C 语言中唯一的三目运算符，例如 x?a:b。

（3）从上表中可以大致归纳出各类运算符的优先级：

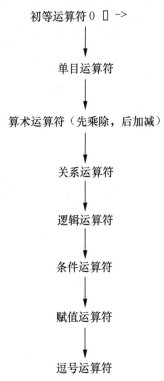

初等运算符 0 [] ->
↓
单目运算符
↓
算术运算符（先乘除，后加减）
↓
关系运算符
↓
逻辑运算符
↓
条件运算符
↓
赋值运算符
↓
逗号运算符

以上的优先级别由上到下递减。初等运算符优先级最高，逗号运算符优先级最低。位运算符的优先级比较分散，有的在算术运算符之前（如~）；有的在关系运算符之前（如<<和>>）；有的在关系运算符之后（如&、^、|）。为了便于记忆，使用位运算符时可加圆括号。